局在・量子ホール効果・密度波

現代物理学叢書

局在・量子ホール効果・密度波

長岡洋介・安藤恒也・高山　一著

岩波書店

現代物理学叢書について

小社は先年，物理学の全体像を把握し次世代への展望を拓くことを意図し，第一級の物理学者の絶大な協力のもとに，岩波講座「現代の物理学」(全21巻)を2度にわたって刊行いたしました．幸い，多くの読者の厚いご支持をいただき，その後も数多くの巻についてさらに再刊を望む声が寄せられています．そこで，このご要望にお応えするための新しいシリーズとして，「現代物理学叢書」を刊行いたします．このシリーズには，読者のご要望に応じながら，岩波講座「現代の物理学」の各巻を順次できるかぎり収めてまいります．装丁は新たにしましたが，内容は基本的に岩波講座の第2次刊行のものと同一です．本シリーズによって貴重な書物群が末永く読みつがれることを願ってやみません．

●執筆分担

第I部　長岡洋介

第II部　安藤恒也

第III部　高山　一

まえがき

この講座では，本書のほか第7,16,17巻が主として固体物理の問題を扱っている．その中で，他の巻がそれぞれまとまったテーマをもつのに対して，この巻だけが3つのテーマを並列する形になった．構造と物性，電子相関，超伝導などが固体物理の中心的な課題であることは疑いないが，ここ十数年の間にそれから少しはずれたところで，いくつかの画期的な発展があったことにも注目したい．本講座はその中からこの巻で扱う3つのテーマを選んだのである．

しかし，そうはいっても，最近の発展の中から面白そうな話題を3つ，たがいの関連も考えず三題噺のように並べたわけではない．3つのテーマの共通性をキイワードとしてあげるなら，低次元，不規則性，量子効果，電気伝導，金属-絶縁体転移――といったところだろうか．これまでの伝統的な固体電子論が対象としてきたものは，3次元的な広がりをもつ完全結晶という理想的な舞台の上での電子の振舞いであった．それに対して，本書でとり上げた固体物理の新しい展開は，1次元ないし2次元的な広がりしかもたない風変りな物質，あるいは強い異方性のある物質や，きれいな周期性のない乱れた物質に関するものである．その状況に応じて現われるさまざまな量子効果が，例えば金属を絶縁体に変えるというように，固体電子の振舞いを大きく変化させるのである．

3つのテーマの中では，とくに第Ⅰ部と第Ⅱ部は関連が深い．この2つは

「量子伝導現象」としてひとくくりにすることもできる．そこで扱われる現象の共通点として，マクロな電気伝導に素電荷 e，Planck 定数 h という普遍定数が直接かかわっていることがあげられよう．しかし同時に，量子効果の現われ方にそれぞれ特徴があることにも注目したい．第 I 部の Anderson 局在の問題では，電子の波としての性質が重要であり，電子波の干渉効果が電気伝導に姿を見せる．第 II 部の量子 Hall 効果では，マクロな物体全体にわたる電子状態の量子化が問題の本質である．

第 III 部で扱われる電荷密度波，スピン密度波の問題は第 I 部，第 II 部とは独立なテーマである．しかし，これを相互作用によって電子系に生じる秩序が伝導現象にどう影響するか，という問題として見れば，そこには第 II 部の分数量子 Hall 効果と共通する物理がある．第 III 部では，電気伝導には個々の電子が動くというタイプのもののほかに，電荷密度波のスライディングとして，電子系全体が相関を保ちながら移動する場合もあることが示される．これは，第 I 部でとり上げたメゾスコピック系の伝導が 1 電子の量子力学的な運動として理解されることと並んで，電気伝導という現象にもいかに多様な形態があるかを私たちに教える．これにもう 1 つ，別のタイプの伝導現象として超伝導を加えることができるはずである．

3 つのテーマを「科学史」的に見ることも興味深い．Anderson 局在は，古く 1958 年に P. W. Anderson によって，また電荷密度波形成のもとになる Peierls 転移は 1950 年代に R. E. Peierls によって理論的に提起された問題である．量子 Hall 効果は，1975 年安藤恒也，松本幸雄，植村泰忠によって理論的にその可能性が指摘された．これらの理論的予測が，局在の問題では 20 年以上も経てから，理論的手法と実験技術の進歩，新しい物質の開発に助けられて確められ，爆発的な研究の発展を生み出したのである．新しい光が当てられると，おそらくこれらの理論家たちも予想していなかったような新しい物理が，そこから生まれてきたのであった．このような歴史を見ていると，理論のもつ力と，それを上まわる自然の豊かさというものを感じずにはいられない．

上に述べたように，3 つのテーマはたがいに関連しているが，本書では 3 部を3人の著者が分担して執筆した．とくに第I部と第II部は関連が深く，重複する部分もあるが，それぞれを独立なテーマとして読むこともできるように，重複をすべて避けることはしていない．しかし，ひとつの限定したテーマについて述べるにしても，それは他の多くの問題と深くつながっているのが常である．それを限られた紙数の中でつくすことは不可能であり，各部はそれぞれに不完全さを残しているといわざるをえない．この講座の他の巻との関連についていえば，まず固体における現象として『固体―構造と物性』(第7巻)と深くかかわっている．理論的方法に関しては，Green関数についてこの巻ではその一側面に触れたのみであり，詳しくは『電子相関』(第16巻)を参照していただきたいと思う．このほか，同じ物質，同じ自然を相手とする物理として，関連は縦横に網の目をなしている．必要に応じ他の巻を参照しつつ読みすすめられることを読者に期待したい．

本書の執筆に当り，各著者はそれぞれに多くの方から有益なご教示，ご助言をいただいた．著者を代表してこれらの方々に深く感謝の意を表したい．また，出版に当りお世話になった岩波書店編集部のみなさんに心からお礼を申しあげる．

1992年10月

著者を代表して

長岡洋介

目次

I

Anderson局在と量子伝導

固体の電子はイオンによるポテンシャル中を量子力学に従って運動しており，運動は電子波の伝播として見なければならない．電子間相互作用を無視した場合，完全結晶の電子状態が結晶全体に広がるBloch波になることは，よく知られている．このとき，電子波は波長がBragg条件を満たさない限り，散乱を受けることなく結晶中を伝わる．

では，現実の結晶ではどうか．電子は他の電子との衝突やイオンの熱振動によって散乱されるから，結晶の端から端までひとつの波として伝わることはない．したがって，電子の運動は波束の伝播として，すなわち古典的な粒子像によってとらえる方が，むしろ現実的である．電子の波としての性質は途中で忘れられる．

だが，このような見方はいつでも許されるのだろうか．他の電子やイオンの熱振動による非弾性散乱は低温ほど起きにくい．固体を低温にすれば，いつかは，電子は不純物などの影響は受けながらも，結晶全体でひとつの波として振る舞うようになるだろう．波の最も重要な性質は干渉である．低温のこのような状況では，電子波の干渉効果を無視することはできない．

もちろん，不純物などによる不規則性のある結晶中の電子状態は，低温であっても平面波ではありえない．それは，乱れた媒質中の波の伝播である．このような複雑な状況下でも電子波の干渉が物理現象としてとらえうることは，じつは近年までわかっていなかった．それはまず，不規則性による電子状態の局在とからんだ低温の伝導現象として見出された．さらに，微細加工技術の進歩によって微小な試料がつくられるようになると，電子波が実際に試料全体に広がった場合の伝導としてとらえられた．第I部では，固体電子がいわば“波としての素顔”を示す量子伝導現象を，前半第1章～第3章ではAnderson局在の問題として，後半第4章ではメゾスコピック系の伝導として紹介する．

1 Anderson局在とは何か

不規則ポテンシャル中では電子状態の局在が起こる．この“Anderson 局在”とはどんなものか，またその効果はどのような現象に現われるかについて，物理的な考察を行なう．

1-1 はじめに

金属や半導体の結晶中を運動する電子の状態は，周期ポテンシャル中の1電子問題として求めることができ，結晶全体に広がった**Bloch 状態**になる．外から電場を加えると，電子は電場によって加速され，電流が流れる．完全結晶では，電子の運動を邪魔するものはなく，電気抵抗は0になる．

しかし，現実の結晶ではこうはならない．イオンの完全に周期的な配列は理想化されたモデルとしてしか存在しないからである．イオン配列の周期性を乱すものとして，第1に，有限の温度ではイオンの熱振動があり，第2に，どのように注意深く作成された単結晶にも必ず多少は含まれる不純物や格子欠陥の存在がある．

このような周期性の乱れの効果は，電気抵抗の温度変化に現われ，金属の電気抵抗は温度が下がるとともに減少し，絶対零度で一定値に達する．イオンの熱振動は低温ほど弱く，したがって電子の散乱も小さい．おおまかにいえば，抵抗の温度変化する分がイオンの熱振動によるもの，**残留抵抗**，すなわち絶対零度で残る電気抵抗が，結晶の含んでいる不純物や格子欠陥によるものである．

絶対零度の残留抵抗に注目しよう．簡単のため，試料には同一種類の不純物が少量含まれているとする．1つの Bloch 状態にある電子が不純物によって散乱される緩和時間 τ は，不純物の濃度を n_{i}，1個の不純物によるポテンシャルの強さを v とすれば，およそ

$$\frac{1}{\tau} \propto n_{\mathrm{i}}|v|^2 \tag{1.1}$$

となる．電子の電荷を $-e$，質量を m，密度を n とすれば，**電気伝導率** σ はいわゆる **Drude の公式**

$$\sigma = \frac{ne^2\tau}{m} \tag{1.2}$$

により与えられる．したがって，残留抵抗は不純物濃度に比例することになる．

この考え方では，残留抵抗は不純物の量が増すほど大きくなるが，不純物濃度が有限なかぎり有限である．この結論はどんなに不純物濃度が増しても正しいだろうか．

金属の電気抵抗に寄与する電子は Fermi 面上のもので，その速さは Fermi 速度 v_{F} である．したがって，電子の**平均自由行程** l は，

$$l = v_{\mathrm{F}}\tau \tag{1.3}$$

としてよい．不純物濃度が増せば，緩和時間 τ が短くなり，l も短くなる．上の考察は金属の描像，すなわち1つの Bloch 状態にある電子が不純物によって別の Bloch 状態に散乱されるという見方でなされている．それが許されるには，電子が自由に運動する距離 l が Bloch 状態の波長に比べて十分長くなければならない(図 1-1)．すなわち，Fermi 波数を k_{F} として

$$k_{\mathrm{F}}l \gg 1 \tag{1.4}$$

の条件が必要である．条件は

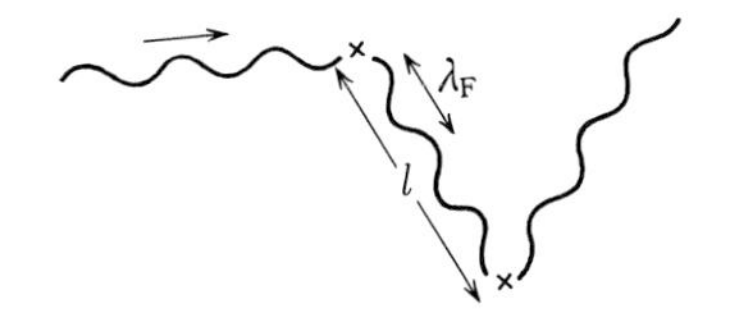

図 1-1 金属描像が成り立つ条件は λ_F(Fermi 波長)$\ll l$(平均自由行程). $\lambda_F=2\pi/k_F$.

$$\frac{\hbar}{E_F\tau} \ll 1 \tag{1.5}$$

と書いてもよい．ただし，E_F は Fermi エネルギー $E_F=\hbar^2 k_F{}^2/2m$ である．不純物濃度が増し，式(1.4)または(1.5)の条件が満たされなくなれば，金属の見方に立つ考察は，根本的に考えなおす必要がある．

では，そのとき何が起こるか．それがここで考えようとしている問題である．

まず結論を述べよう．ポテンシャルの不規則さが強くなると，電子の状態は結晶全体に広がったものから，広がりの有限な局在した状態に変わる．この現象が，その可能性を最初に指摘した P. W. Anderson * にちなんで **Anderson 局在**とよばれるものである．局在した電子は電流を運ぶことができないから，金属は絶縁体に変わり，絶対零度で電気抵抗は無限大になる．

この現象で注目されることは，条件(1.4)または(1.5)が成り立っていて物質が金属的に振る舞う領域でも，局在の前触れが見えることである．それは**弱局在効果**とよばれ，特にこの分野の研究が近年大きく発展した．ここでは，弱局在効果の問題を中心にとり上げる．

Anderson 局在は，粒子が引力ポテンシャルによって束縛される，古典力学でも起きる現象とは違ったものであることにあらかじめ注意しておきたい．それは，局在が問題となる条件に電子の波数が関与し，あるいは Planck 定数が現われることからもわかるように，本質的に量子力学の効果なのである．電子の波が不規則な媒質中を伝播するときに現われる現象といってもよい．この現象は，電子の波動性が電気伝導のような物質のマクロな性質に現われたものという点に，きわ立った特徴があるといえよう．

---

* P. W. Anderson : Phys. Rev. **109**(1958)1492.

1-2 局在と拡散

初めに，簡単なモデルに基づいて，電子状態の局在とは何かについて，定性的な考察をしよう．

話を簡単にするため，電子を tight-binding 模型で扱い，結晶の各格子点には1つずつ電子の軌道状態があり，電子は隣りあう格子点の間を行列要素 t でとび移りながら運動しているとする．各格子点の軌道状態が同じものであれば(図1-2(a))，バンド理論が示すように，電子の状態は波動関数が結晶全体に広がった Bloch 状態になり，幅が $2z|t|$(z は最隣接格子点の数)のバンドを形成する．電子が各格子点にある確率はすべて等しい．

不純物などによる不規則性の効果は，各格子点における軌道状態のエネルギーが格子点ごとに異なるとしてとり入れる(図1-2(b))．このとき何が起こるかを見るために，まず格子点が2個の場合を考えよう．2つの格子点の軌道状態を $\phi_1(\boldsymbol{r}), \phi_2(\boldsymbol{r})$，エネルギーを E_1, E_2 ($E_1 < E_2$)とする．この問題は簡単に解くことができて，固有状態の波動関数を

$$\psi(\boldsymbol{r}) = c_1\phi_1(\boldsymbol{r}) + c_2\phi_2(\boldsymbol{r}) \tag{1.6}$$

エネルギーを E とすれば，$E_2 - E_1 = \Delta E$ とおいて

$$E_\pm = \frac{1}{2}\{E_1 + E_2 \pm \sqrt{\Delta E^2 + 4|t|^2}\} \tag{1.7}$$

$$\left(\frac{c_1}{c_2}\right)_\pm = \frac{\Delta E \mp \sqrt{\Delta E^2 + 4|t|^2}}{2|t|} \tag{1.8}$$

となる(複号同順)．ごくおおまかにまとめれば，

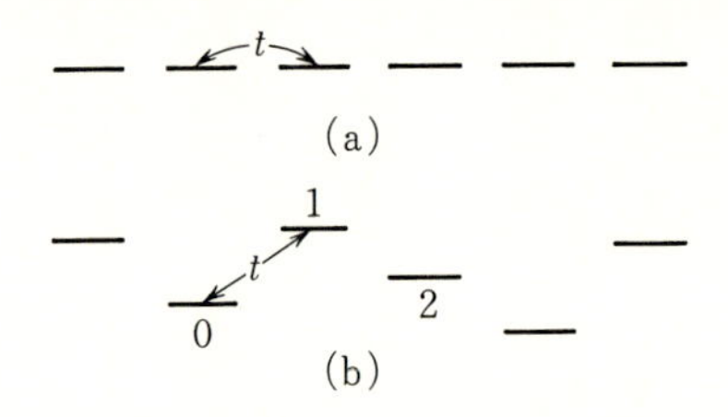

図1-2 電子の tight-binding 模型．横棒は各格子点の軌道状態を表わす．(a) 軌道状態のエネルギーがすべて等しい場合(完全結晶)，(b) 軌道状態のエネルギーが格子点により異なる場合(不規則結晶)．

(a)　$|t| \gg \Delta E$　のとき，$|c_1| \cong |c_2|$

(b)　$|t| \ll \Delta E$　のとき，$|c_1| \gg |c_2|$　または　$|c_1| \ll |c_2|$

となる．すなわち，(a)の条件では，固有状態の波動関数は2つの格子点にほぼ均等に広がり，(b)の条件では，一方の格子点に局在する(図1-3)．

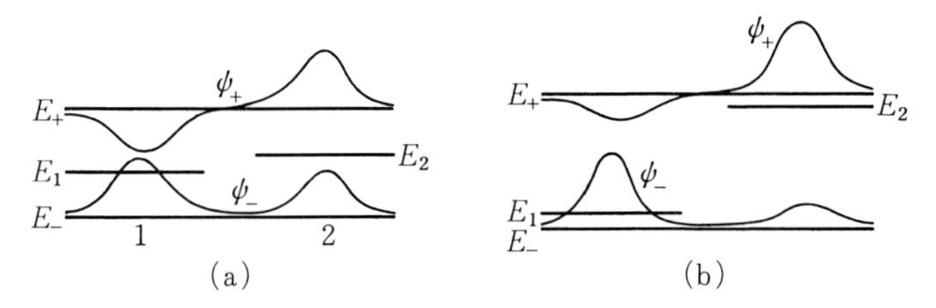

図1-3　2準位系の波動関数．(a) $|t| \gg \Delta E$ の場合，(b) $|t| \ll \Delta E$ の場合．

このような格子点が2つだけの場合の考察に基づいて，多数の格子点がある一般の場合(図1-2(b))を考えてみよう．任意に1つの格子点(格子点0とする)を選び，その軌道状態にある電子に注目する．この電子が隣りの格子点(格子点1)まで広がるには，2つの格子点の間で(a)の条件が成り立っていなければならない．各格子点における軌道状態のエネルギーは不規則にいろいろな値をとるが，それは幅 W の中に一様な確率分布をしていると仮定する．そうすれば，格子点0と格子点1の軌道状態のエネルギーの差が $|t|$ より小さい確率 P_1 はおよそ

$$P_1 \cong \begin{cases} 1 & (|t| > W) \\ |t|/W & (|t| < W) \end{cases} \tag{1.9}$$

である．同様に考えて，電子がさらに隣りの格子点(格子点2)まで広がる確率 P_2 は

$$P_2 \cong \begin{cases} 1 & (|t| > W) \\ (|t|/W)^2 & (|t| < W) \end{cases} \tag{1.10}$$

となる．

$|t| < W$ のとき，格子点1の軌道状態のエネルギーが格子点0のそれから離れていても，電子が格子点1の軌道状態を中間状態とした2次摂動の過程で格子点2に移る可能性もある．しかし，このときの確率 P_2 もおよそ式(1.10)で

与えられることがわかる．

同様に考えて，$|t|<W$ のとき，電子が格子点の上をとび移りながら n ステップ先の格子点まで達する確率は

$$P_n \cong \left(\frac{|t|}{W}\right)^n = \exp\left[-n \log\left(\frac{W}{|t|}\right)\right] \tag{1.11}$$

としてよい．確率はステップ数の増大とともに指数関数的に減少する．実際には，格子点 n に達する経路がいろいろあれば，確率 P_n には経路の数による係数がつき，係数は n とともに増大すると思われる．しかし，係数は n のベキに比例するだろうから，式(1.11)の指数関数的な減少にかつことはできない．結局，$|t|<W$ のとき電子が無限に遠くまで移動する確率は 0 であると考えてよい．

一方，不規則ポテンシャルが弱く $|t|>W$ であれば，式(1.9)，(1.10)が示すように，電子が格子点をとび移っていく確率はほぼ 1 であるとみてよい．したがって，電子はどこまでも移動することができる．

以上の議論は，別の言葉でいえば，不規則な格子の上におかれた電子が量子力学的な過程で拡散(**量子拡散**)するための条件を求めるものであった．得られた結論はつぎのようにまとめることができる．比 $|t|/W$ には 1 のオーダーの臨界値 $(|t|/W)_c$ があり，

(a)　$|t|/W>(|t|/W)_c$　のとき，拡散が起きる

(b)　$|t|/W<(|t|/W)_c$　のとき，拡散が起きない

電子の拡散が起きない――とは何を意味するだろうか．このことを少し異なった角度から考えてみよう．不規則ポテンシャル中の電子の問題は，複雑ではあるが原理的には解くことができて，すべての 1 電子固有状態を求めることができるはずである．その電子状態がすべて局在するものとして，その様子を模式的に図 1-4 に示す．横軸は空間座標(格子点)，縦軸はエネルギーを表わし，各横棒の長さが電子状態の空間的な広がり，高さがそのエネルギーを示す．

初め電子は格子点 0 にあったとしよう．時間とともに電子は量子拡散によって格子点 0 を離れる．十分に時間が経過すれば，電子は格子点 n_1，または n_2

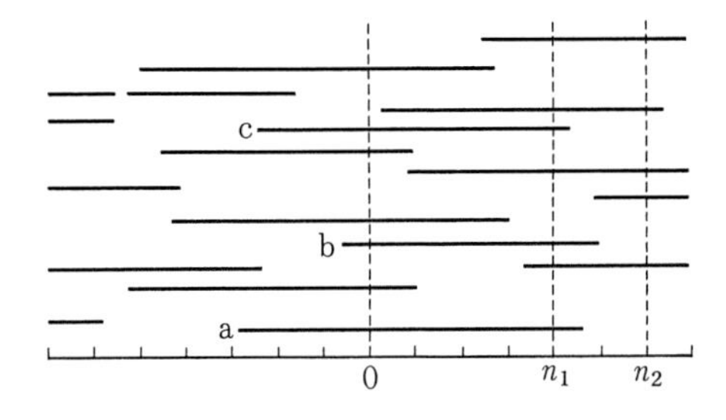

図 1-4 局在状態と拡散．横棒は局在状態の空間的な広がり（高さはそのエネルギー）を表わす．初め 0 にあった電子は n_1 までは拡散するが，n_2 までは拡散しない．

に達するだろうか．その確率が 0 でないためには，両方の格子点に振幅をもつ電子状態が存在する必要がある．図 1-4 の場合，そのような状態が 0 と n_1 の間にはある（状態 a, b, c）が，0 と n_2 の間にはない．したがって，格子点 0 から拡散によって n_1 まで達することはできるが，n_2 まではできないのである．電子がどこまでも拡散できるためには結晶全体に広がった状態が必要であり，逆に拡散が起きないことは，すべての電子状態が局在することを意味する．

この議論は，1 つの興味深い現象を予想させる．不規則ポテンシャルがあまり強くないときは，電子状態が局在したとしても，それはかなり広がったものになるだろう．波動関数の広がり（**局在長**）の程度を ξ とし，また系は有限な大きさ L をもつとしよう．$L \gg \xi$ であれば，系の端から端まで広がった状態が存在しないから，系は絶縁体である．逆に $L \ll \xi$ のときは，ほぼすべての状態が系全体に広がっているとみてよく，系は金属として振る舞う．系の大きさ L がこの金属的な領域からだんだん大きくなっていくと，L の増大とともに系全体に広がった状態の数が減少し，それに伴って電子の拡散が起きにくくなり，電流が流れにくくなると予想される．電気伝導率が系の大きさ L に依存し，L の増大とともに減少するのである．前節で「局在の前触れ」と述べたのはこのことで，この前触れの現われ方を調べることによって，電子状態に関するさまざまな情報を得ることができる．

ここまでの定性的な議論では，局在の条件と系の次元との関係は不問にされていた．しかし，系の次元が高いほど，電子の移動する向き，経路が多く，したがって拡散が起きやすい．局在の条件は系の次元と密接に関係しているはず

である．実際，2-2 節で見るように，くわしい理論的な分析によって，臨界値 $(|t|/W)_c$ が存在するのは 3 次元の場合だけで，1, 2 次元では不規則ポテンシャルの強さによらず電子状態はつねに局在することが明らかになる．

1-3 移動度端と最小金属伝導率

不規則ポテンシャルの中では電子が拡散しなくなる場合があることを初めて指摘したのは Anderson であった．Mott * はこの Anderson の議論から出発し，局在の効果がいろいろな物質においてどのように現われるかを考察した．

初めに，不規則ポテンシャル中の 1 電子固有状態がどのように分布するかを見よう．不規則ポテンシャルが弱く，$|t| \gg W$ であれば，固有状態のエネルギー分布は Bloch 状態のバンドとあまり変わらないと見てよい．しかし，バンドの両端の状態は Bloch 状態とは本質的に異なったものになることが，つぎのような考察からわかる．

各格子点の軌道状態のエネルギーが不規則に分布していると，低いエネルギーの軌道状態をもつ格子点が偶然近くに集まっている領域が存在するだろう．その領域に広がったノードのない電子状態では，運動エネルギーは Bloch 状態のバンドの底にほぼ等しく，全エネルギーはそれよりポテンシャルエネルギーの分だけ低いとしてよい．注目している領域の周囲の格子点は，高いエネルギーの軌道状態をもつから，この電子状態はその領域内に局在する．つまり，バンドの底は Bloch 状態のバンドよりもエネルギーの低い方に裾を引き，その底の部分の電子状態は局在していると考えられる．バンドの上端の部分も同様である．

不規則ポテンシャルが弱ければ，バンドの中央部の電子状態は広がっているが，このエネルギー領域に局在した状態が混在していることはない．かりに広がった状態と同じエネルギー領域に局在した状態があると，選択律が働かない

* N.F. Mott : Rev. Mod. Phys. 50(1978)203.

限り状態の混合が起こるはずで，その結果，状態はともに広がってしまうからである．したがって，バンドは両端の局在領域と中央の広がった領域とに，あるエネルギー E_c ではっきり区分されることになる．不規則ポテンシャルが強くなるにしたがって局在領域が広がり，比 $|t|/W$ が臨界値 $(|t|/W)_c$ に達したときすべての電子状態が局在する——と期待される．

不規則ポテンシャルが弱い場合，電子の移動度 μ をエネルギーの関数としてみると，エネルギーが中央領域にあれば μ は0でなく，局在領域にあれば $\mu=0$ となる．境のエネルギー E_c は**移動度端**とよばれる．移動度端で電気伝導率 σ はどのように変わるだろうか．Mott はつぎのような定性的な考察から，変化は不連続に起こると予想した．

1-1 節で述べたように，伝導率 σ に対する式(1.2)が成り立つには，電子系が金属的に振る舞うための条件(1.4)が必要である．これは，電子が周期ポテンシャル中を運動していて，ときどき散乱されるという状況に当っている．

さて，不規則ポテンシャルが強くなり，あるいは Fermi エネルギーが減少して，電流を運ぶ電子のエネルギーが移動度端に近づくと，不規則ポテンシャルによる散乱が強まり，平均自由行程 l は短くなっていくだろう．移動度端は金属的な伝導が可能な限界と考えられるから，その点は $l=0$ に当るのではなく，むしろ式(1.4)が成り立たなくなる限界

$$k_F l \cong 1 \tag{1.12}$$

に当るはずである(と Mott は考えた)．伝導率 σ の式(1.2)で，電子密度 n を Fermi 波数 k_F で表わすと，系の次元を d として，1のオーダーの係数を別にすれば

$$n \cong k_F{}^d \tag{1.13}$$

である．平均自由行程は $l=\hbar k_F \tau/m$ と表わされるから，

$$\sigma \cong \frac{e^2}{\hbar} k_F{}^{d-1} l \tag{1.14}$$

となる．移動度端での伝導率 $\sigma_{\min}$ は，ここで $k_F l \cong 1$ とおいて

$$\sigma_{\min} \cong \frac{e^2}{\hbar} k_{\mathrm{F}}{}^{d-2} \tag{1.15}$$

と表わされる．Mott によれば，これが 0 でない伝導率の最小値，すなわち**最小金属伝導率**である．伝導率は移動度端でこの値から 0 へ不連続にとぶことになる．

Mott のこの考えは後のスケーリング理論によって否定され，伝導率は移動度端で連続的に 0 になることが明らかにされた．Mott の議論の不十分な点は，伝導率が 0 でない領域では必ず金属的な描像が成り立つとしたところにあるといえよう．伝導率が式(1.15)の値より小さくなる領域では，電子系は通常の意味での金属的状態にあるとはいいがたい．絶縁体領域とふつうの金属領域の間に，こうした遷移領域(一種の臨界領域)があるのである．移動度端で伝導率が不連続に変わるという Mott の結論は間違っていたが，移動度端で起こることへの洞察を与えた点で，議論そのものは重要な意味をもっていた．

2

局在のスケーリング理論

局在の効果を最も明瞭に示す物理量はコンダクタンスである．コンダクタンスは系を大きくしていくとどのように変化するだろうか．そのことを考察することによって，局在効果の全体像が浮かび上がる．

2-1 スケーリング理論

完全結晶中の電子のように，電子に働くポテンシャルがなんらかの対称性(周期性，回転対称性など)をもつ場合は，問題を解くことが比較的容易である．不規則ポテンシャルの問題でも，平均的な性質のみに注目するのであれば，不規則ポテンシャルをある種の平均に置きかえる有力な近似(CPA)がある．しかし，電子状態の局在の問題では，いわば不規則さそのものが係わっており，平均化は許されない．このため，Anderson の理論以後，たとえば臨界値$(|t|/W)_c$を実際に求めることなど，主として数値計算による研究が進められた．

このような中で，理論の発展に突破口を開いたのは，Abrahams ら* による

* E. Abrahams, P. W. Anderson, D. C. Licciardello and T. V. Ramakrishnan : Phys. Rev. Lett. **42**(1979)673.

スケーリング理論であった．それは，**コンダクタンス**が系の大きさによってどのように変わるかを見ようというものである．

1辺の長さが L の d 次元の立方体を考え，そのコンダクタンスを L の関数として $G(L)$ と書こう．系が金属であれば，L に依存しない電気伝導率 σ があり，コンダクタンスは断面積 L^{d-1} に比例し，長さ L に反比例するから，

$$G = \sigma L^{d-2} \tag{2.1}$$

と表わされる．L を大きくしたとき，コンダクタンスがこれより小さくなる傾向を示すなら，それは電子状態が局在し，系が絶縁体になることを意味するとしてよい．

ここで，コンダクタンスの次元をもつ普遍量 $e^2/\hbar$ を用いて，無次元のコンダクタンス g を次式により定義する*．

$$g(L) = \frac{G(L)}{e^2/\hbar} \tag{2.2}$$

さて，図2-1のように1辺 L_1 の立方体を 2^d 個集めて1つにし，1辺 $2L_1$ の立方体を作ったら，そのコンダクタンスはどうなるだろうか．もとの立方体の大きさ L_1 が電子の Fermi 波長，平均自由行程などのミクロな長さに比べて十分大きければ，$g(2L_1)$ を求めるには $g(L_1)$ さえわかっていればよく，系のミクロな構造に対する知識はいらないと考えてよいだろう．そうだとすれば，L_1 以外に長さの次元をもつ量はなく，無次元の量 $g(2L_1)$ はあらわに L_1 に依存することはない．すなわち，$g(2L_1)$ は $g(L_1)$ だけの関数として決まることになる．もっと一般的に，1辺の長さを ν 倍の $L_2=\nu L_1$ にしたとすれば，$g_2=g(L_2)$ は $g_1=g(L_1)$ と $\nu=L_2/L_1$ だけで決まるとしてよい．これが**スケーリングの仮定**である．その関数を

$$\frac{g_2}{g_1} = f(g_1, \nu) \tag{2.3}$$

---

* g は，電子状態間の平均のエネルギー間隔 W と，境界条件を周期的条件から反周期的条件に変えたときに生じるエネルギーシフト V の比として定義される Thouless 数 $g=V/W$ に一致する(6-3節 a 参照)．

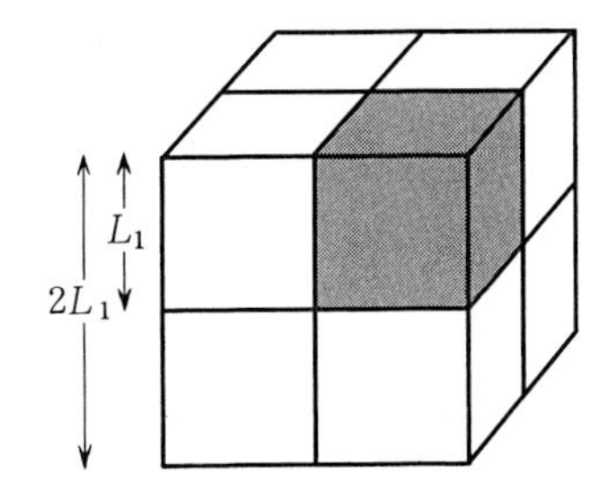

図 2-1　1辺 L_1 の立方体を合わせて，1辺 $2L_1$ の立方体を作る．

と書こう．ここで少し飛躍して，ν を連続変数とし，関係を微分方程式に書きかえる．そのために，式(2.3)の対数をとり，$\log\nu$ で割って $\nu\to1$ の極限をとる．このとき，左辺は

$$\lim_{\nu\to1}\frac{\log(g_2/g_1)}{\log\nu}=\lim_{L_2\to L_1}\frac{\log g_2-\log g_1}{\log L_2-\log L_1}=\left(\frac{d\log g}{d\log L}\right)_{L=L_1}$$

また，右辺は g_1 だけの関数になるから，その関数を $\beta(g_1)$ とおいて，微分方程式として

$$\frac{d\log g}{d\log L}=\beta(g) \tag{2.4}$$

が得られる．

もちろん，関数 $\beta(g)$ はまだ得られていないから，これで問題が解決したわけではない．しかし，以下のような議論によって $\beta(g)$ のおおよその振舞いを知ることができ，それに基づいていくつかの重要な結論を導くことができる．

まず，コンダクタンス g が十分に大きい領域を考えると，そこでは系は金属的だと考えられる．したがって，式(2.1)が示すように

$$g\propto L^{d-2} \tag{2.5}$$

でなければならない．したがって，関数 $\beta(g)$ は

$$\beta(g)=d-2 \qquad (g\to\text{大}) \tag{2.6}$$

となる．

g が小さい場合は絶縁体に当る．それは不規則ポテンシャルが十分に強く，電子状態は局在していて，系の大きさ L が局在状態の波動関数の広がり(局在長) ξ よりも大きい場合である．波動関数の裾は指数関数的に減衰しており，

電流はそれが系の両端で振幅をもつ程度に応じて流れる．したがって，コンダクタンスは系が大きくなるとともに指数関数的に減少し，およそ

$$g \cong g_0 e^{-\alpha L/\xi} \tag{2.7}$$

と表わされる．ここで，g_0 は $L \cong \xi$ におけるコンダクタンス，α は1のオーダーの係数である．したがって，関数 $\beta(g)$ はこの領域で

$$\beta(g) = \log\left(\frac{g}{g_0}\right) \qquad (g \to 小) \tag{2.8}$$

となり，$g \to 0$ では負で発散することがわかる．$g(L)$ の形を少々変えてもこの結論は変わらない．

$\beta(g)$ の両極限における振舞いがわかったから，その間が滑らかにつながると仮定すれば，$\beta(g)$ のだいたいの様子を全領域で描くことができる．それが図2-2で，この図からいくつかの重要な結論が導かれる．

(1) 1,2次元では電子状態はつねに局在する．

$\beta(g)$ の値はつねに負である．したがって，L の初期値 L_0 における g の値 $g_0 = g(L_0)$ がどうであっても，式(2.4)により，L が増大するとともに g は減少し，0に近づく．これは，十分に大きな系は絶縁体になること，すなわち，不規則ポテンシャルの強さによらず，電子状態はつねに局在することを意味する．

(2) 3次元では**金属-絶縁体転移**が起こる．

関数 $\beta(g)$ には境界値 g_c があり，$g < g_c$ のとき $\beta(g) < 0$，$g > g_c$ のとき $\beta(g) > 0$ である．したがって，初期値 g_0 が $g_0 < g_c$ であれば，1,2次元の場合と同様に，L の増大とともに g は減少し，系は絶縁体になる．しかし，$g_0 > g_c$ のときは，逆に L の増大とともに g も増大し，系は金属的になる．不規則ポテンシャル

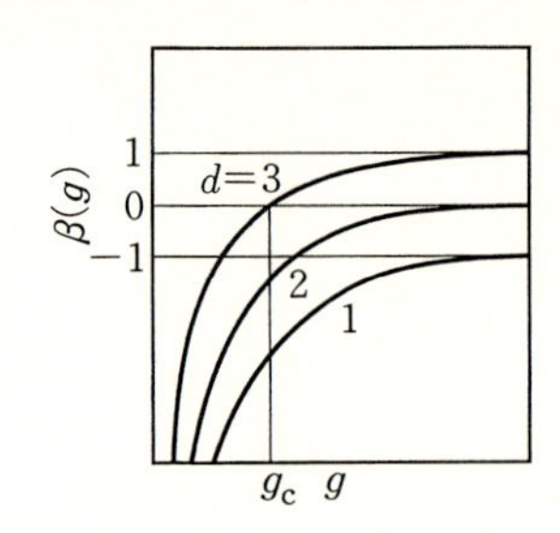

図2-2 関数 $\beta(g)$ の振舞い．d は系の次元．

の強さや電子のエネルギーが変化すると g_0 が変わるが，それが g_0 を超えるところで，電子状態の局在に伴う金属-絶縁体転移が起こるわけである．

実をいうと，2次元の場合は $\beta(\infty)$ が0になることからもわかるように，事情が微妙で，上の結論には留保が必要である．このことについては第3章で論じる．しかし，いずれにしても，コンダクタンス $g(L)$ の振舞いは系の次元により大きく異なることがわかった．1次元は問題が若干特殊なので，これ以上立ち入ることはやめ，2次元と3次元の場合について，少し詳しく検討しよう．

2-2　2,3次元における弱局在効果

2次元でコンダクタンスが十分に大きく，系が金属的に振る舞っている領域に注目しよう．前節で示したように，2次元では電子状態はすべて局在するから，系が金属的であるのは，系の大きさ L が局在状態の波動関数の広がり ξ よりも十分小さい場合である．

式(2.6)が示すように，2次元では $\beta(\infty)=0$ である．したがって，$\beta(g)$ が g の大きい領域で $1/g$ で展開できるものとし，展開の第1項のみを残すと，$\beta(g)$ は

$$\beta(g) \cong -\frac{a}{g} \qquad (g\to\text{大}) \tag{2.9}$$

と表わされる．ただし，a は正の数で，大きさは1のオーダーと思ってよい．a を正としたのは，図2-2が示すように，$\beta(g)$ はこの領域で負としたからである．

式(2.9)を式(2.4)に代入し，初期条件を $g(L_0)=g_0$ として積分すると

$$g(L) = g_0 - a\log\left(\frac{L}{L_0}\right) \tag{2.10}$$

が得られる．系の大きさが増すとともに，コンダクタンスは対数的に減少することがわかる．この減少は，系が金属的に振る舞う領域で見られる局在の前触れであるといってよい．この補正を**弱局在効果**とよぶ．

3次元で不規則ポテンシャルが弱い場合は電子状態が局在するわけではないが，それでも電子を局在させる機構が電気伝導に影響を及ぼす．

コンダクタンス g が十分に大きい場合，関数 $\beta(g)$ は式(2.9)と同様に考えて，

$$\beta(g) \cong 1-\frac{c}{g} \qquad (g\to\text{大}) \tag{2.11}$$

と表わすことができる．c は1のオーダーの正の数である．式(2.11)を式(2.4)に代入して整理すると

$$\frac{dg}{g-c}=\frac{dL}{L} \tag{2.12}$$

$L\to\infty$ におけるコンダクタンスを $\sigma_0 L$ とおき，$g=\sigma L$ とおいて伝導率 σ を考えると*，

$$\sigma \cong \sigma_0+\frac{c}{L} \tag{2.13}$$

となる．

式(2.13)が示すように，3次元の金属的な領域でも，伝導率は系が大きくなるとともに減少する．この系の大きさに依存する部分が3次元における弱局在効果である．

2-3 3次元における金属-絶縁体転移

つぎに，3次元でコンダクタンス g が臨界値 g_c に近い転移領域に注目しよう．

この付近で関数 $\beta(g)$ は近似的に

$$\beta(g) \cong \gamma(g-g_c) \tag{2.14}$$

と書くことができる．ただし

$$\gamma=\left(\frac{d\beta}{dg}\right)_{g=g_c} \tag{2.15}$$

---

* コンダクタンス g が無次元にしてあるので，ここで定義される伝導率は（長さ）$^{-1}$ の次元をもつ量である．通常の伝導率は $(e^2/\hbar)\sigma$ である．

である．一方，式(2.4)を，初期値を $g(L_0)=g_0$ として積分すれば

$$\int_{g_0}^{g} \frac{dg}{g\beta(g)} = \int_{L_0}^{L} \frac{dL}{L} = \log\left(\frac{L}{L_0}\right) \tag{2.16}$$

となる．ここで初期値 g_0 が $g_0>g_c$ で，g_c に十分近いとしよう．g_1 を $g_1>g_0$ で式(2.14)の近似がよい領域にとると，式(2.16)の左辺は次のように計算できる．

$$\begin{aligned}\int_{g_0}^{g} \frac{dg}{g\beta(g)} &= \int_{g_0}^{g_1} \frac{dg}{g\beta(g)} + \int_{g_1}^{g} \frac{dg}{g\beta(g)} \\ &\cong \frac{1}{\gamma}\int_{g_0}^{g_1} \frac{dg}{g(g-g_c)} + \int_{g_1}^{g} \frac{dg}{g} + \int_{g_1}^{g} \frac{1}{g}\left(\frac{1}{\beta(g)}-1\right)dg\end{aligned}$$

ここで，系は大きく，したがってコンダクタンス g も十分に大きい場合を考えると，第3項は積分が収束するので一定値としてよい．第1項，第2項は簡単に積分できて，式(2.16)は

$$\frac{1}{\gamma g_c}\log\frac{(g_1-g_c)g_0}{(g_0-g_c)g_1} + \log\frac{g}{g_1} + \text{const.} = \log\frac{L}{L_0}$$

となる．したがって $g_0 \to g_c$ のとき，伝導率 $\sigma=g/L$ は次のように表わされる．

$$\sigma = \text{const.} \times (g_0-g_c)^{\delta}, \qquad \delta = \frac{1}{\gamma g_c} \tag{2.17}$$

コンダクタンスの初期値 g_0 は，電子の Fermi エネルギー，不規則ポテンシャルの強さなど，系に含まれる種々のパラメターによって決まる量である．パラメターを x で表わし，$g_0(x)=g_c$ となる x の値を x_c と書けば，$x=x_c$ の近くで $g_0(x)$ は

$$g_0(x)-g_c \propto |x-x_c| \tag{2.18}$$

となるだろう．したがって，伝導率を x の関数として表わすと，$x=x_c$ の近くで

$$\sigma = \text{const.} \times |x-x_c|^{\delta} \tag{2.19}$$

となる．

この結果からわかることは，第1に，指数 δ は正で有限な数であるから，パラメターが金属-絶縁体転移の臨界値に近づくと，伝導率は連続的に0に近づくことである．これは，Mott の予想した不連続な転移，すなわち最小金属伝

導率の存在を否定している．

指数 δ は**くりこみ群**の方法を用いて計算されており，理論の結論は $\delta=1$ である*．実験結果の多くはこの理論の結果を支持しているが，これと異なる実験($\delta=1/2$)もあり，この問題はまだ解決していない．

不規則系における金属-絶縁体転移の1つの実例を見よう．半導体に不純物を高濃度で加えると，不純物状態の波動関数の間に重なりが生じ，不純物バンドが形成されて，電子がその中を動きまわることによる**不純物伝導**が見られる．不純物濃度を増しながら絶対零度の伝導率の変化を見ていくと，絶縁体から金属への転移が生じるのである．図2-3はシリコンにリンを不純物として加えたときの実験結果である．リンの濃度が $4\times10^{18}\,\mathrm{cm}^{-3}$ の付近で，伝導率の急激な変化が見られ，これが状態の局在による金属-絶縁体転移と考えられている**．初期の実験では，Mott がいうように転移は不連続だとされたが，その後の実験で最小金属伝導率の存在は否定された．この実験では $\delta=1$ である．

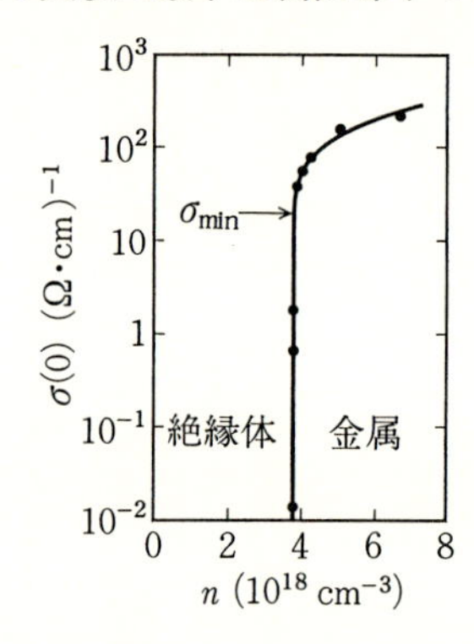

図2-3 Si に P をドープした試料の金属-絶縁体転移．絶対零度における伝導率 $\sigma(0)$ を不純物濃度 n の関数としてみたもの．転移は急激だが，$\sigma(0)$ は $\sigma_{\min}$ より小さいところまで連続に変化している．(T.F. Rosenbaum, K. Andres, G.A. Thomas and R.N. Bhatt : Phys. Rev. Lett. 45 (1980) 1723)

2-4 有限温度における弱局在効果

前節までは，絶対零度において有限系のコンダクタンスが系の大きさ L の関数としてどのように振る舞うかを見た．実際の実験では，有限な温度でマクロ

* 式(2.11)が $g=g_c$ まで成り立つと仮定すれば，$\delta=1$ が得られる．

** この現象では電子間相互作用の効果も無視できないが，ここではその問題には立ち入らない．

な系について測定を行なっている．では，前節までの議論は“机上の空論”なのだろうか．実はそうではなく，有限温度ではコンダクタンスのサイズ依存性が温度依存性として測定されることが，以下のような考察によってわかる．

有限温度では，電子は不規則ポテンシャルによる弾性散乱だけでなく，他の電子や格子振動との相互作用による**非弾性散乱**を受ける．1個の電子に注目すれば，どちらの場合も電子が散乱されることに変りはない．しかし，電気伝導の現象では多数の電子がつぎつぎに物体の中を通過し，伝導に寄与している．それら多数の電子がそれぞれどのように散乱されるかを見なければならない．

低温では，伝導にかかわる電子はFermi面の近くのものだけであるから，電子はすべて同じエネルギーE_{F}を持つと考えてよい．不規則ポテンシャルの場合，同じ条件で入射した電子はすべて同じ散乱を受ける．したがって，エネルギーE_{F}で入射した1個の電子が不規則ポテンシャル中をどのように伝播するかによって，コンダクタンスが定まることになる．非弾性散乱が起こる場合はそうはいかない．電子が同じ条件で入射しても，それを散乱する格子や他の電子の運動は時間的に変動しており，散乱の起き方が時間的に変化し，入射電子ごとに異なるからである．単純な1電子問題として考えることはできない．

しかし，非弾性散乱の緩和時間をτ_εとすると，τ_εより短い時間間隔では非弾性散乱は起きないと考えてよい．その間，電子は不規則ポテンシャルのみを受けて運動する．電子の運動は量子的な拡散になるから，時間τ_εの間に電子が一方向に移動する距離L_εは，**拡散係数**をDとして

$$L_\varepsilon = \sqrt{D\tau_\varepsilon} \tag{2.20}$$

と表わされる．ここで，d次元における拡散係数は

$$D = \frac{1}{d}{v_{\mathrm{F}}}^2\tau \tag{2.21}$$

と与えられる．v_{F}はFermi速度，τは不規則ポテンシャルによる緩和時間である．

L_εは非弾性散乱が起きない空間的な領域の広がりを与える．それは電子波の位相の記憶が保たれる長さであり，**位相緩和長**とよばれる．この領域の中で

は，電子は不規則ポテンシャルのみを受けて運動するから，前節までの議論がそのまま適用できると考えてよい．電子はこの領域の外に出ると非弾性散乱を受け，電子波の位相の記憶はそこで打ち切られて，あらためて量子力学的な運動(波の伝播)を始めることになる．したがって，有限温度におけるマクロな系は，1辺の長さがL_εの独立なブロックの集りとみなしてよいであろう*．

各ブロックのコンダクタンスは，2-2節で得た有限系のコンダクタンスの式(2.10)，(2.13)で，系の長さLをL_εに置きかえることによって得られる．大きさLの系は，このブロックを$(L/L_\varepsilon)^d$個集めたもので，そのコンダクタンスは

$$g(L_\varepsilon)\left(\frac{L}{L_\varepsilon}\right)^{d-2} \tag{2.22}$$

と表わされる．

式(2.1)から，2次元ではコンダクタンスは伝導率に一致する．そこで，式(2.10)を伝導率σに対する式とし，係数$e^2/\hbar$を復活させて書くと，伝導率に対する弱局在効果による補正項は

$$\varDelta\sigma_2 = -\frac{ae^2}{\hbar}\log\left(\frac{L_\varepsilon}{L_0}\right) \tag{2.23}$$

となる．同様に，3次元における補正項は，式(2.13)から長さに依存する項をとり出し，

$$\varDelta\sigma_3 = \frac{ce^2}{\hbar}\frac{1}{L_\varepsilon} \tag{2.24}$$

と表わされる．

非弾性散乱は低温ほど起こりにくい．したがって，その緩和時間τ_εは低温ほど長く，絶対零度で無限大になる．そこで，これを

$$\frac{1}{\tau_\varepsilon} = \varGamma T^p \tag{2.25}$$

* 言いかえれば，マクロな系とはL_εよりも大きい系を意味する．L_εより小さい系はメゾスコピック系とよばれ，その性質は第4章で考察する．

とおく．指数pは散乱の機構によって決まる数である*．式(2.23)，(2.24)から，温度に依存する部分だけぬき出して書くと，2次元では

$$\varDelta\sigma_2 = \frac{ape^2}{2\hbar}\log T \qquad (2.26)$$

3次元では，

$$\varDelta\sigma_3 = \frac{ce^2}{\hbar}\sqrt{\frac{\varGamma}{D}}\,T^{p/2} \qquad (2.27)$$

となる．

これらの結果で，係数のa, cは関数$\beta(g)$によって決まる定数で，個々の系の性質にはよらない．2次元の場合とくに興味深い点は，補正項が定数pを別にすれば普遍的な量だけで表されることである．不規則ポテンシャルの強さにも依存しない**．

2次元ですべての電子状態が局在するにもかかわらず，有限温度では電流が流れるという以上の結果は，別の角度からつぎのように理解することもできる．図1-4のように，電子状態が局在すると，電子は拡散によって遠くまで移動することができない．しかし，有限温度では途中で非弾性散乱が起きて，電子は他の準位へ遷移する．こうして，電子は非弾性散乱によって局在した準位間をわたり歩きながら，どこまでも移動できるのである．

この章における議論は現象論であり，いくつかの仮定に基づいていた．また，定数a, cなども定められていない．より定量的な結果を得るには，ミクロな理論へすすむことが必要である．式(2.26)，(2.27)の温度依存性は実験によって見事に検証されたのであるが，そのことも，次章でミクロ理論の紹介のあとで述べることにしたい．

---

* 散乱が電子間相互作用による場合，Fermi液体論によれば$p=2$であるが，不規則系では$p<2$となる．

** このことは次元解析的な考え方からも予想される．式(1.14)のように，2次元における伝導率の古典値は$(e^2/\hbar)k_{\mathrm{F}}l$のオーダーである．この結果は式(1.4)の条件のもとで成り立つ．したがって，これに対する補正項は$(k_{\mathrm{F}}l)^{-1}$について次のオーダー，$e^2/\hbar$になると予想される．

3 弱局在のミクロ理論

局在効果の弱い領域に限定すれば，ミクロな立場からの摂動理論の展開が可能になる．とくに，磁性不純物，スピン-軌道相互作用，磁場の効果が興味深い．その分析によって，電子の波動関数の干渉にかかわる諸現象が明らかになる．

3-1 Drudeの公式

電気伝導率の計算は通常 **Boltzmann 方程式**に基づいて行なわれ，Drude の公式

$$\sigma = \frac{ne^2\tau}{m} \tag{3.1}$$

が得られる．ここで，τ は電子の緩和時間で，散乱が不純物による場合には，状態 $\boldsymbol{k}$ から $\boldsymbol{k}'$ への散乱確率を $W(\boldsymbol{k}, \boldsymbol{k}')$ として，

$$\frac{1}{\tau} = \sum_{\boldsymbol{k}'} W(\boldsymbol{k}, \boldsymbol{k}')(1-\cos\theta_{\boldsymbol{k}\boldsymbol{k}'}) \tag{3.2}$$

と表わされる．$\theta_{\boldsymbol{k}\boldsymbol{k}'}$ は波数ベクトル $\boldsymbol{k}, \boldsymbol{k}'$ のなす角である．

同種の不純物がランダムに分布している場合，不純物ポテンシャルは

$$V(\boldsymbol{r}) = \sum_i v(\boldsymbol{r}-\boldsymbol{R}_i) \tag{3.3}$$

と与えられる．$v(\boldsymbol{r})$は1不純物のポテンシャル，$\boldsymbol{R}_i$は不純物の位置を表わす．散乱確率をBorn近似で求めると，不純物分布について平均して

$$W(\boldsymbol{k},\boldsymbol{k}') = \frac{2\pi}{\hbar}\langle|\langle \boldsymbol{k}'|V|\boldsymbol{k}\rangle|^2\rangle_{\mathrm{imp}}\delta(E_{\boldsymbol{k}}-E_{\boldsymbol{k}'}) \tag{3.4}$$

となる．$\langle\cdots\rangle_{\mathrm{imp}}$は不純物分布についての平均を表わす．ポテンシャルの行列要素$\langle \boldsymbol{k}'|V|\boldsymbol{k}\rangle$は，不純物ポテンシャルのFourier変換を$v_{\boldsymbol{k}}$，系の体積を$\Omega$として

$$\begin{aligned}\langle \boldsymbol{k}'|V|\boldsymbol{k}\rangle &= \frac{1}{\Omega}\int V(\boldsymbol{r})e^{i(\boldsymbol{k}-\boldsymbol{k}')\cdot\boldsymbol{r}}d^3\boldsymbol{r} \\ &= \frac{1}{\Omega}v_{\boldsymbol{k}-\boldsymbol{k}'}\rho_{\boldsymbol{k}-\boldsymbol{k}'}\end{aligned} \tag{3.5}$$

$$\rho_{\boldsymbol{k}-\boldsymbol{k}'} = \sum_i e^{i(\boldsymbol{k}-\boldsymbol{k}')\cdot\boldsymbol{R}_i} \tag{3.6}$$

と表わされる．したがって，式(3.4)を計算するには

$$\langle|\rho_{\boldsymbol{k}-\boldsymbol{k}'}|^2\rangle_{\mathrm{imp}} = \left\langle\sum_i\sum_j e^{i(\boldsymbol{k}-\boldsymbol{k}')\cdot(\boldsymbol{R}_i-\boldsymbol{R}_j)}\right\rangle_{\mathrm{imp}}$$

を求めなければならない．ここで$\boldsymbol{k}\neq\boldsymbol{k}'$とする*．右辺の和のうち，$i=j$の項は不純物の数$N_{\mathrm{i}}$を与える．$i\neq j$の項は複素平面の単位円上の点をランダムにとるから，不純物分布で平均すると打ち消しあって0になる．したがって，平均値は

$$\langle|\rho_{\boldsymbol{k}-\boldsymbol{k}'}|^2\rangle_{\mathrm{imp}} = N_{\mathrm{i}} \tag{3.7}$$

となる．これらの結果を式(3.2)に代入し，

$$\frac{1}{\tau} = \frac{2\pi n_{\mathrm{i}}}{\hbar\Omega}\sum_{\boldsymbol{k}'}|v_{\boldsymbol{k}-\boldsymbol{k}'}|^2\delta(E_{\boldsymbol{k}}-E_{\boldsymbol{k}'})(1-\cos\theta_{\boldsymbol{k}\boldsymbol{k}'}), \qquad n_{\mathrm{i}} = \frac{N_{\mathrm{i}}}{\Omega} \tag{3.8}$$

---

* $\boldsymbol{k}=\boldsymbol{k}'$の項は電子に対する一様なポテンシャルとなり，電子のエネルギーを一定値ずらすだけなので，この項は1電子のエネルギーに含め，$v_0=0$としてよい．

が得られる．さらに，不純物ポテンシャル $v(\boldsymbol{r})$ の到達距離が非常に短いとして，$v_{\boldsymbol{k}-\boldsymbol{k}'}$ の波数依存性を無視し，

$$|v_{\boldsymbol{k}-\boldsymbol{k}'}| = |v| \tag{3.9}$$

とおけば，式(3.8)で $\cos\theta_{\boldsymbol{k}\boldsymbol{k}'}$ からの寄与は消え，

$$\frac{1}{\tau} = \frac{2\pi}{\hbar} n_{\mathrm{i}}|v|^2\rho \tag{3.10}$$

となる．ρ は電子の Fermi 面における単位体積，1 スピン当りの状態密度である．これが式(1.1)の結果にほかならない．

3-2　久保公式による計算

Boltzmann 方程式による方法は，波数ベクトル $\boldsymbol{k}$ の Bloch 状態にある電子が不純物によって他の Bloch 状態へ散乱されるという金属的な描像に基づいている．局在の問題ではそのような枠組み自体が検討されなければならない．したがって，伝導率の計算においても，より基本的な立場に戻る必要がある．伝導率を与える基本式は，**線形応答理論**に基づく**久保公式**である．

久保公式によれば，補遺で示したように，直流伝導率 σ は，電流の演算子を $\boldsymbol{J}$ として

$$\sigma = \lim_{\omega\to 0}\frac{1}{i\omega}[K(\omega)-K(0)] \tag{3.11}$$

$$K(\omega) = -\frac{1}{i\hbar\Omega}\int_0^\infty \langle[J_x(t), J_x]\rangle e^{i\omega t-\varepsilon t}dt \tag{3.12}$$

と表わされる．ここでは $\langle\cdots\rangle$ は熱平衡の統計平均と不純物分布についての平均を示す．とくに，電子の散乱が不純物のみによる場合は，伝導率を **1 電子 Green 関数**

$$G_\pm(\boldsymbol{k}, \boldsymbol{k}'; E) = \left\langle \boldsymbol{k} \left| \frac{1}{E-H\pm i\delta} \right| \boldsymbol{k}' \right\rangle \tag{3.13}$$

を使って表わすことができ，低温では次のようになる．

$$\sigma=\frac{\hbar e^2}{\pi\Omega}\sum_{\boldsymbol{k}}\sum_{\boldsymbol{k}'}\left(\frac{\hbar}{m}\right)^2 k_x k_x' \langle G_+(\boldsymbol{k},\boldsymbol{k}'\,;E_{\mathrm{F}})G_-(\boldsymbol{k}',\boldsymbol{k}\,;E_{\mathrm{F}})\rangle_{\mathrm{imp}} \quad (3.14)$$

式(3.13)の1電子 Green 関数は，不純物による不規則ポテンシャル V を含む1電子のハミルトニアン

$$H=H_0+V \quad (3.15)$$

により定義されている．金属領域では，不規則ポテンシャルが弱いから，V についての**摂動展開**が可能で，伝導率は摂動展開により求めることができる．まず，式(3.14)から出発した最低次の近似で，Drude の公式(3.1)が得られることを示そう．

演算子としての摂動展開

$$\frac{1}{z-H_0-V}=\frac{1}{z-H_0}+\frac{1}{z-H_0}V\frac{1}{z-H_0}+\frac{1}{z-H_0}V\frac{1}{z-H_0}V\frac{1}{z-H_0}+\cdots \quad (3.16)$$

$$(z=E\pm i\delta)$$

を用いて，Green 関数の展開式

$$\begin{aligned}\left\langle\boldsymbol{k}\left|\frac{1}{z-H_0-V}\right|\boldsymbol{k}'\right\rangle&=\left\langle\boldsymbol{k}\left|\frac{1}{z-H_0}\right|\boldsymbol{k}'\right\rangle+\sum_{\boldsymbol{k}_1\boldsymbol{k}_2}\left\langle\boldsymbol{k}\left|\frac{1}{z-H_0}\right|\boldsymbol{k}_1\right\rangle\langle\boldsymbol{k}_1|V|\boldsymbol{k}_2\rangle\\&\quad\times\left\langle\boldsymbol{k}_2\left|\frac{1}{z-H_0}\right|\boldsymbol{k}'\right\rangle\\&\quad+\sum_{\boldsymbol{k}_1\boldsymbol{k}_2\boldsymbol{k}_3\boldsymbol{k}_4}\left\langle\boldsymbol{k}\left|\frac{1}{z-H_0}\right|\boldsymbol{k}_1\right\rangle\langle\boldsymbol{k}_1|V|\boldsymbol{k}_2\rangle\left\langle\boldsymbol{k}_2\left|\frac{1}{z-H_0}\right|\boldsymbol{k}_3\right\rangle\\&\quad\times\langle\boldsymbol{k}_3|V|\boldsymbol{k}_4\rangle\left\langle\boldsymbol{k}_4\left|\frac{1}{z-H_0}\right|\boldsymbol{k}'\right\rangle\\&\quad+\cdots\end{aligned} \quad (3.17)$$

が得られる．ここで自由電子の Green 関数は

$$\left\langle\boldsymbol{k}\left|\frac{1}{z-H_0}\right|\boldsymbol{k}'\right\rangle=G_0(\boldsymbol{k}\,;z)\delta_{\boldsymbol{k}\boldsymbol{k}'} \quad (3.18)$$

$$G_0(\boldsymbol{k}\,;z)=\frac{1}{z-E_{\boldsymbol{k}}} \quad (3.19)$$

不純物ポテンシャルの行列要素は式(3.5)で与えられるから，展開は次のようになる．

$$G(\boldsymbol{k},\boldsymbol{k}') = G_0(\boldsymbol{k})\delta_{\boldsymbol{k}\boldsymbol{k}'} + \frac{1}{\Omega}G_0(\boldsymbol{k})v_{\boldsymbol{k}-\boldsymbol{k}'}\rho_{\boldsymbol{k}-\boldsymbol{k}'}G_0(\boldsymbol{k}')$$
$$+\frac{1}{\Omega^2}\sum_{\boldsymbol{k}_1}G_0(\boldsymbol{k})v_{\boldsymbol{k}-\boldsymbol{k}_1}\rho_{\boldsymbol{k}-\boldsymbol{k}_1}G_0(\boldsymbol{k}_1)v_{\boldsymbol{k}_1-\boldsymbol{k}'}\rho_{\boldsymbol{k}_1-\boldsymbol{k}'}G_0(\boldsymbol{k}')+\cdots \quad (3.20)$$

この式は，グラフでは図3-1のように表わすことができる．

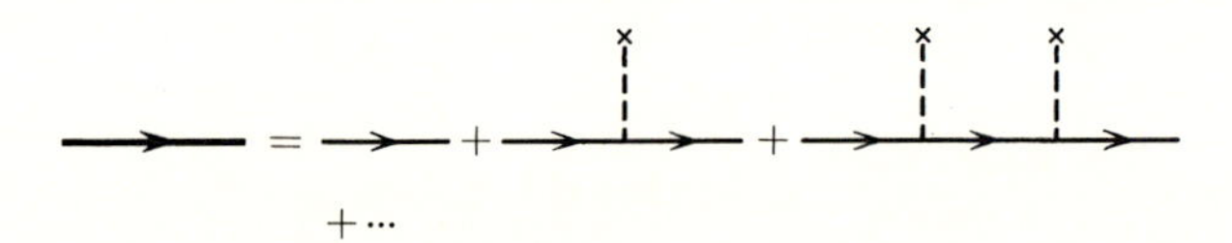

図3-1 Green関数の摂動展開(式(3.20))．細い実線は自由電子のGreen関数 G_0，点線は不純物との相互作用を表わす．

式(3.20)を不純物の分布について平均し，

$$\langle G(\boldsymbol{k},\boldsymbol{k}';z)\rangle_{\mathrm{imp}} = \tilde{G}(\boldsymbol{k};z)\delta_{\boldsymbol{k}\boldsymbol{k}'} \quad (3.21)$$

を求めてみよう．$\boldsymbol{k}\neq\boldsymbol{k}'$ のとき

$$\langle\rho_{\boldsymbol{k}-\boldsymbol{k}'}\rangle_{\mathrm{imp}} = 0 \quad (3.22)$$

なので，式(3.20)の第2項の平均は消える(25ページ脚注参照)．第3項では，式(3.7)と同様に $i=j$ の項のみが残る．このように同じ不純物と2回相互作用する項のみが残る事情を，グラフでは図3-2のように表わす．3次以上の項では3個以上の $\rho_{\boldsymbol{k}_1-\boldsymbol{k}_2}$ の積の平均から，同じ不純物と3回以上相互作用する項も残るが，1不純物のつくるポテンシャルが弱いとすれば，それは無視してよい*．結局，不純物を2個ずつ対にした平均を求めればよく，例えば4次の項

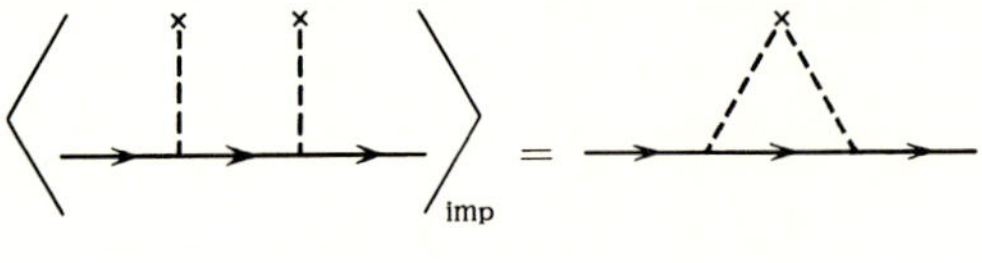

図3-2 Green関数の不純物分布平均．

* ポテンシャルが強いときは，高次項は行列要素 $v_{\boldsymbol{k}}$ を t 行列に置きかえることによって取り入れることができる．

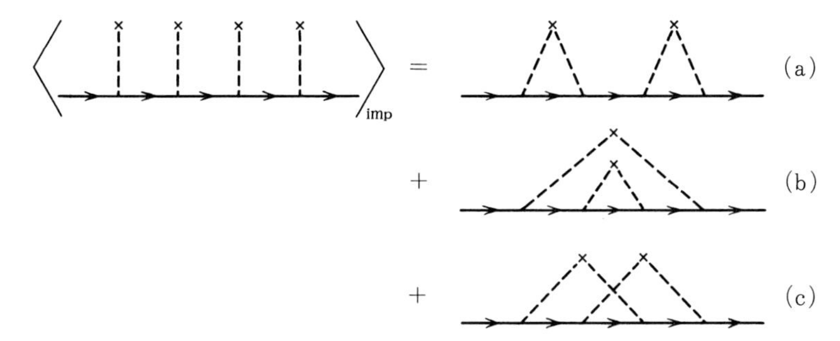

図 3-3 4次の項の平均. 3種類の項が現われる.

では図3-3の3つのタイプの項が残ることになる. 各対のところには

$$\frac{n_{\mathrm{i}}}{\Omega}|v_{\boldsymbol{k}_1-\boldsymbol{k}_2}|^2 \tag{3.23}$$

がつく.

図3-3でまず(a)の項に注目しよう. 同じタイプの項は各偶数次に現われ, それだけを集めると, 図3-4のような無限級数になる. 式に書くと等比級数になり, 和が

$$\begin{aligned}
&G_0(\boldsymbol{k})+G_0(\boldsymbol{k})\frac{n_{\mathrm{i}}}{\Omega}\sum_{\boldsymbol{k}'}|v_{\boldsymbol{k}-\boldsymbol{k}'}|^2G_0(\boldsymbol{k}')G_0(\boldsymbol{k}) \\
&\quad +G_0(\boldsymbol{k})\left[\frac{n_{\mathrm{i}}}{\Omega}\sum_{\boldsymbol{k}'}|v_{\boldsymbol{k}-\boldsymbol{k}'}|^2G_0(\boldsymbol{k}')G_0(\boldsymbol{k})\right]^2 \\
&\quad +\cdots \\
&= G_0(\boldsymbol{k})\left[1-\frac{n_{\mathrm{i}}}{\Omega}\sum_{\boldsymbol{k}'}|v_{\boldsymbol{k}-\boldsymbol{k}'}|^2G_0(\boldsymbol{k}')G_0(\boldsymbol{k})\right]^{-1}
\end{aligned}$$

と得られる. したがって, この近似では $\tilde{G}(\boldsymbol{k}\,;z)$ が

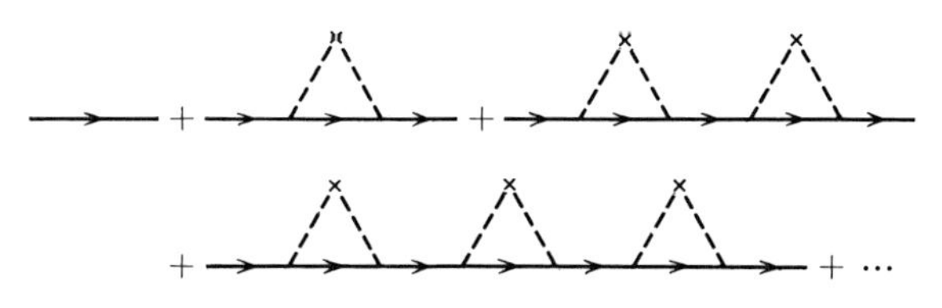

図 3-4 2次の自己エネルギーをもつ Green 関数.

$$\tilde{G}(\boldsymbol{k}\,;z)=\frac{1}{z-E_{\boldsymbol{k}}-\Sigma_0(\boldsymbol{k}\,;z)} \tag{3.24}$$

$$\Sigma_0(\boldsymbol{k}\,;z)=\frac{n_{\mathrm{i}}}{\Omega}\sum_{\boldsymbol{k}'}|v_{\boldsymbol{k}-\boldsymbol{k}'}|^2G_0(\boldsymbol{k}'\,;z) \tag{3.25}$$

と表わされる．$\Sigma_0(\boldsymbol{k})$ を**自己エネルギー**とよぶ．

つぎに，図 3-3 (b)の寄与を考える．このタイプの項は，自己エネルギーのグラフに含まれるグリーン関数にさらに自己エネルギーがついた形をしている．したがって，その寄与を含めるには自己エネルギーの式(3.25)で，$G_0(\boldsymbol{k})$ を $\tilde{G}(\boldsymbol{k})$ におきかえればよい．結局，図 3-3 (c)のタイプの項を無視する近似で，

$$\tilde{G}(\boldsymbol{k}\,;z)=\frac{1}{z-E_{\boldsymbol{k}}-\Sigma(\boldsymbol{k}\,;z)} \tag{3.26}$$

$$\Sigma(\boldsymbol{k}\,;z)=\frac{n_{\mathrm{i}}}{\Omega}\sum_{\boldsymbol{k}'}|v_{\boldsymbol{k}-\boldsymbol{k}'}|^2\tilde{G}(\boldsymbol{k}\,;z) \tag{3.27}$$

が得られる．次節でみるように，(c)のタイプの項は不純物が希薄で式(1.4)の条件が成り立つときは無視できる．

ここで，不純物ポテンシャルが短距離力の場合を考え，その Fourier 変換を式(3.9)のように近似してよいとしよう．まず式(3.25)により自己エネルギーを求める．$z=E\pm i\delta$ ($\delta\to+0$)とおき，公式

$$\frac{1}{x\pm i\delta}=\frac{P}{x}\mp i\pi\delta(x) \tag{3.28}$$

を用いると，式(3.25)は

$$\Sigma_0(\boldsymbol{k}\,;E\pm i\delta)=\frac{n_{\mathrm{i}}|v|^2}{\Omega}\sum_{\boldsymbol{k}'}\frac{P}{E-E_{\boldsymbol{k}'}}\mp i\pi\frac{n_{\mathrm{i}}|v|^2}{\Omega}\sum_{\boldsymbol{k}'}\delta(E-E_{\boldsymbol{k}'}) \tag{3.29}$$

となる．第 1 項の実数部は 1 電子エネルギーに小さな補正を与えるだけであり，重要でない．そこで虚数部のみを残すと，1 電子 Green 関数は

$$\tilde{G}(\boldsymbol{k}\,;E\pm i\delta)=\frac{1}{E-E_{\boldsymbol{k}}\pm i\hbar/2\tau} \tag{3.30}$$

と表わされる．τ は式(3.10)で与えられ，不純物散乱によって生じた Bloch 状

態の寿命とみることができる.

式(3.27)による場合は, $\tilde{G}$ が式(3.30)によって与えられるとして計算すればよい. このとき, 式(3.29)の第2項の δ 関数は幅のある関数に置きかわるが, 状態密度 ρ のエネルギー依存性が小さいとすれば, 自己エネルギーとして同じ結果が得られる.

実際に電気伝導率を求めるために必要なものは, Green 関数の積の平均

$$Q(\boldsymbol{k}, \boldsymbol{k}'; E) = \langle G_+(\boldsymbol{k}, \boldsymbol{k}'; E) G_-(\boldsymbol{k}', \boldsymbol{k}; E) \rangle_{\mathrm{imp}} \tag{3.31}$$

である. このときも, 式(3.20)によって $G_\pm$ を V について展開すればよい. 6次の項の1つを図示したのが図3-5の左辺である. この不純物平均をとるには, 不純物(×印)を2つずつ組にしてまとめればよい. まとめ方のいくつかを図3-5の右辺に示した.

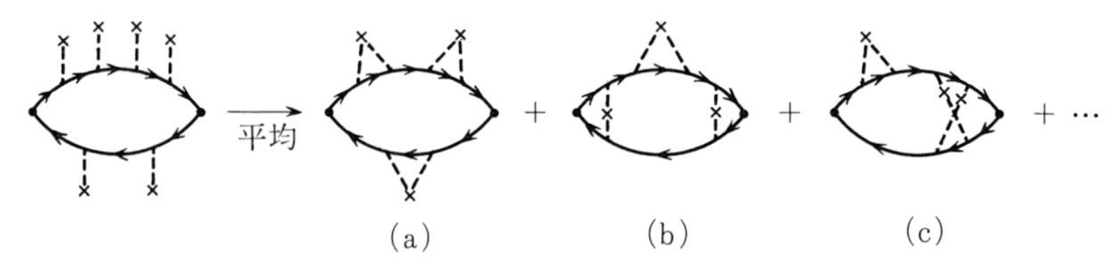

図3-5 $Q(\boldsymbol{k}, \boldsymbol{k}')$ の6次の項.

このうち, (a)のタイプは2個の Green 関数 $G_+(\boldsymbol{k}, \boldsymbol{k}')$, $G_-(\boldsymbol{k}', \boldsymbol{k})$ を別々に平均したものに当っており, 上で求めた $\tilde{G}(\boldsymbol{k})$ を使って表わすことができる. すなわち, この項のみをとれば

$$Q_0(\boldsymbol{k}, \boldsymbol{k}'; E) = \tilde{G}_+(\boldsymbol{k}; E) \tilde{G}_-(\boldsymbol{k}; E) \delta_{\boldsymbol{k}\boldsymbol{k}'} \tag{3.32}$$

つぎに, 後に示すように, 不純物が希薄な場合には(b)のタイプが重要なことがわかるので, (c)のタイプは無視して, 各次数で(b)タイプの項を拾い, 図3-6の**はしご型グラフ**の無限級数を考える. ここでも不純物ポテンシャルについて式(3.9)を仮定すると, 第1項は

$$Q_1(\boldsymbol{k}, \boldsymbol{k}'; E) = \tilde{G}_+(\boldsymbol{k}; E) \tilde{G}_-(\boldsymbol{k}; E) \frac{n_{\mathrm{i}} |v|^2}{\Omega} \tilde{G}_+(\boldsymbol{k}'; E) \tilde{G}_-(\boldsymbol{k}'; E) \tag{3.33}$$

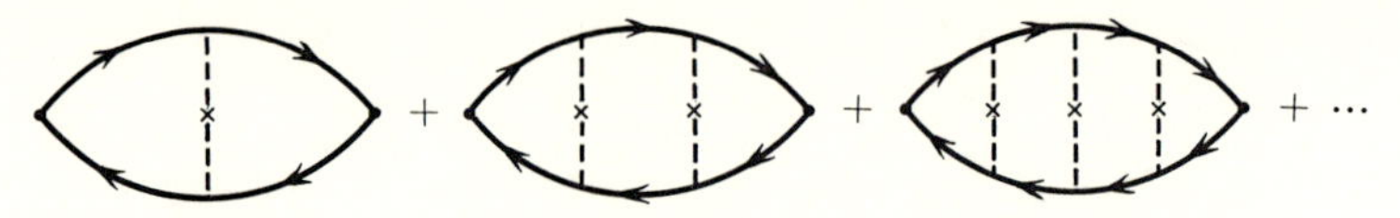

図 3-6 $Q(\boldsymbol{k},\boldsymbol{k}')$ に対するはしご近似．太線は $\tilde{G}_\pm$ を示す．

となる．実は，この項は伝導率に寄与しない．なぜなら，式(3.33)を式(3.14)に代入すると，$Q_1(\boldsymbol{k},\boldsymbol{k}';E)$ は $\boldsymbol{k},\boldsymbol{k}'$ の向きに依存しないので，k_x, k_x' の因子によって和が消えるからである．同様のことは高次の項についてもいえるので，図 3-6 のグラフはすべて伝導率に寄与しない．

結局，図 3-5(c)のタイプを無視する近似では，伝導率は式(3.32)によって計算すればよいことになる．式(3.32)を式(3.14)に代入し，

$$\sigma = \frac{\hbar e^2}{\pi\Omega}\sum_{\boldsymbol{k}}\left(\frac{\hbar}{m}\right)^2 k_x^2 \tilde{G}_+(\boldsymbol{k};E)\tilde{G}_-(\boldsymbol{k};E)$$

$$= \frac{\hbar e^2}{\pi\Omega}\sum_{\boldsymbol{k}}\left(\frac{\hbar}{m}\right)^2 k_x^2 \frac{\tau}{i\hbar}\left(\frac{1}{E-E_{\boldsymbol{k}}-i\hbar/2\tau}-\frac{1}{E-E_{\boldsymbol{k}}+i\hbar/2\tau}\right)$$

ここで，幅はあまり大きくないとすると，(　)内は δ 関数で近似できる．したがって

$$\sigma = \frac{2e^2\tau}{\Omega}\sum_{\boldsymbol{k}}\left(\frac{\hbar}{m}\right)^2 k_x^2\delta(E-E_{\boldsymbol{k}})$$

$$= \frac{ne^2\tau}{m} \tag{3.34}$$

となる．ただし，$(\hbar/m)^2\langle k_x^2\rangle = v_{\mathrm{F}}^2/3$，$\rho = 3n/2mv_{\mathrm{F}}^2$ の関係を用いた．結果は Boltzmann 方程式によって得られた式(3.1)に一致する．

一般に不純物ポテンシャルの広がりが無視できないときは，図 3-6 のグラフも伝導率に寄与し，このときは τ として式(3.8)が得られる．図 3-6 が寄与しないのは，式(3.9)の近似で式(3.8)の $\cos\theta_{\boldsymbol{k}\boldsymbol{k}'}$ の項が消えることに当っている．

このように，自己エネルギーと図 3-6 のはしご型グラフまでをとり入れた近似が，ちょうど Boltzmann 方程式による計算に当ることが示されたわけである．これによって，Boltzmann 方程式では何が落ちているかが明らかになった．それがほんとうに無視しうるものかどうかの検討が次節の課題である．

3-3 弱局在のミクロ理論

久保公式から出発して摂動論により弱局在効果を求めるには，前節で採用した近似から一歩先に進まなければならない．そのために，前節で無視した項がどのような寄与をするかを調べよう*．

初めに，図3-3(c)の自己エネルギーへの寄与を検討する．ここでも不純物ポテンシャルの波数依存性を無視すると，この項は

$$\frac{n_{\mathrm{i}}{}^2 v^4}{\Omega^2} \sum_{\boldsymbol{q}} \sum_{\boldsymbol{k}'} \tilde{G}_+(\boldsymbol{k}')\tilde{G}_+(\boldsymbol{q}-\boldsymbol{k})\tilde{G}_+(\boldsymbol{q}-\boldsymbol{k}')$$

となる．ここで $\boldsymbol{k}'$ についての和

$$\frac{1}{\Omega} \sum_{\boldsymbol{k}'} \tilde{G}_+(\boldsymbol{k}')\tilde{G}_+(\boldsymbol{q}-\boldsymbol{k}')$$
$$= \frac{1}{\Omega} \sum_{\boldsymbol{k}'} \frac{1}{(E_{\mathrm{F}}-E_{\boldsymbol{k}'}+i\hbar/2\tau)(E_{\mathrm{F}}-E_{\boldsymbol{q}-\boldsymbol{k}'}+i\hbar/2\tau)}$$

に注目する．$\boldsymbol{q}=0$ のとき，$E_{\boldsymbol{k}}=E_{-\boldsymbol{k}}$ の関係に注意すれば，この項は

$$\frac{1}{\Omega} \sum_{\boldsymbol{k}'} \frac{1}{(E_{\mathrm{F}}-E_{\boldsymbol{k}'}+i\hbar/2\tau)(E_{\mathrm{F}}-E_{-\boldsymbol{k}'}+i\hbar/2\tau)}$$
$$= \int \frac{\rho(E_{\boldsymbol{k}'})dE_{\boldsymbol{k}'}}{(E_{\mathrm{F}}-E_{\boldsymbol{k}'}+i\hbar/2\tau)^2} \cong \pi\rho'(E_{\mathrm{F}})$$

と見積られる．$\boldsymbol{q}\neq 0$ でもオーダーは変わらない．したがって，この項の寄与はBorn近似の自己エネルギー(式(3.27))の $\hbar/E_{\mathrm{F}}\tau$ 倍の程度であり，式(1.5)の条件が成り立てば，無視できる．

図3-6(c)のように，G_+ と G_- にわたる相互作用の線が交差したグラフの寄与はどうだろうか．交差した部分を式に書くと，

---

* L. G. Gorkov, A. I. Larkin and D. E. Khmelnitzkii : Pis'ma Zh. Eksp. Teor. Fiz. **30**(1979) 248 [JETP Lett. **30**(1979)228].
B. L. Al'tshuler, D. Khmelnitzkii, A. I. Larkin and P. A. Lee : Phys. Rev. **B22**(1980)5142.

$$\frac{n_{\mathrm{i}}{}^2 v^4}{\Omega^2} \sum_{\boldsymbol{k}''} \tilde{G}_+(\boldsymbol{k}'')\tilde{G}_-(\boldsymbol{k}+\boldsymbol{k}'-\boldsymbol{k}'')$$

である．$\boldsymbol{k}+\boldsymbol{k}'=0$ の場合，上と同じ近似で計算すれば，和は次のようになる．

$$\frac{1}{\Omega} \sum_{\boldsymbol{k}''} \frac{1}{(E_{\mathrm{F}}-E_{\boldsymbol{k}''}+i\hbar/2\tau)(E_{\mathrm{F}}-E_{-\boldsymbol{k}''}-i\hbar/2\tau)}$$
$$= \int_{-\infty}^{\infty} \frac{\rho(E_{\boldsymbol{k}''})dE_{\boldsymbol{k}''}}{(E_{\mathrm{F}}-E_{\boldsymbol{k}''}+i\hbar/2\tau)(E_{\mathrm{F}}-E_{\boldsymbol{k}''}-i\hbar/2\tau)} \cong \frac{2\pi}{\hbar}\rho\tau$$

したがって，この項からの寄与はオーダーとして

$$\frac{n_{\mathrm{i}}{}^2 v^4}{\Omega} \frac{2\pi}{\hbar}\rho\tau = \frac{n_{\mathrm{i}} v^2}{\Omega}$$

となる．すなわち，$\boldsymbol{k}'=-\boldsymbol{k}$ の1点ではあるが，4次の項が2次の項と同じオーダーの寄与をする．このことは，さらに高次の項も同じオーダーの寄与をもたらし，その和は大きな値になることを予想させる．

一般に $\boldsymbol{q}\equiv\boldsymbol{k}+\boldsymbol{k}'\neq 0$ として，

$$\Pi(\boldsymbol{q}) = \sum_{\boldsymbol{k}} \tilde{G}_+(\boldsymbol{k}\,;E_{\mathrm{F}})\tilde{G}_-(\boldsymbol{q}-\boldsymbol{k}\,;E_{\mathrm{F}}) \tag{3.35}$$

を計算しよう．$\boldsymbol{q}$ の小さい領域が大事なので，まず $|\boldsymbol{q}|\ll k_{\mathrm{F}}$ として

$$E_{\boldsymbol{q}-\boldsymbol{k}} \cong E_{\boldsymbol{k}} - \hbar^2\boldsymbol{q}\cdot\boldsymbol{k}/m$$

と近似する．重要なのはFermi面の近傍であるから，上式の第2項の $\boldsymbol{k}$ は $|\boldsymbol{k}|=k_{\mathrm{F}}$ であるとしてよい．そこで，$\hbar\boldsymbol{k}/m\equiv\boldsymbol{v}_{\mathrm{F}}$ とおいて

$$\Pi(\boldsymbol{q}) = \sum_{\boldsymbol{k}} \frac{1}{(E_{\mathrm{F}}-E_{\boldsymbol{k}}+i\hbar/2\tau)(E_{\mathrm{F}}-E_{\boldsymbol{k}}+\hbar\boldsymbol{q}\cdot\boldsymbol{v}_{\mathrm{F}}-i\hbar/2\tau)}$$
$$\cong \Omega\rho\int_{-\infty}^{\infty} dE_{\boldsymbol{k}} \left\langle \frac{1}{(E_{\mathrm{F}}-E_{\boldsymbol{k}}+i\hbar/2\tau)(E_{\mathrm{F}}-E_{\boldsymbol{k}}+\hbar\boldsymbol{q}\cdot\boldsymbol{v}_{\mathrm{F}}-i\hbar/2\tau)} \right\rangle_{\mathrm{F}}$$
$$= \frac{2\pi}{\hbar}\Omega\rho\tau \left\langle \frac{1}{1+i\boldsymbol{q}\cdot\boldsymbol{v}_{\mathrm{F}}\tau} \right\rangle_{\mathrm{F}}$$

となる．ただし，$\langle\cdots\rangle_{\mathrm{F}}$ は $\boldsymbol{v}_{\mathrm{F}}$ の方向についての平均を表わす．ここで，長波長 $ql\ll 1$ ($l\equiv v_{\mathrm{F}}\tau$) として ql について展開すれば，

$$\Pi(\boldsymbol{q}) \cong \frac{2\pi}{\hbar}\Omega\rho\tau\langle 1-i\boldsymbol{q}\cdot\boldsymbol{v}_{\mathrm{F}}\tau-(\boldsymbol{q}\cdot\boldsymbol{v}_{\mathrm{F}})^2\tau^2\rangle_{v_{\mathrm{F}}}$$

$$= \frac{2\pi}{\hbar}\Omega\rho\tau(1-Dq^2\tau) \tag{3.36}$$

となる．ただし，D は拡散係数(式(2.21))である．

これと同じタイプの項を高次まで加えたものが図 3-7 (a)の級数である．この中央の部分に注目すると，それは図 3-7 (b)のはしご型グラフを 1 回ねじったものにほかならない．式で書くと，和を $\boldsymbol{\Gamma}(\boldsymbol{q})$ とし，$n_{\mathrm{i}}v^2/\Omega\equiv\gamma$ とおいて

$$\Gamma(\boldsymbol{q}) = \gamma+\gamma\Pi(\boldsymbol{q})\gamma+\gamma\Pi(\boldsymbol{q})\gamma\Pi(\boldsymbol{q})\gamma+\cdots$$

$$= \frac{\gamma}{1-\gamma\Pi(\boldsymbol{q})} \tag{3.37}$$

ここで，緩和時間 τ が式(3.10)で与えられることに注意すると，

$$\Gamma(\boldsymbol{q}) = \frac{n_{\mathrm{i}}v^2}{\Omega\tau}\frac{1}{Dq^2} \tag{3.38}$$

となる．予想したように，結果は $\boldsymbol{q}\to 0$ で発散する．

3-2 節で得た伝導率の Drude の公式に対する補正項は，$\Gamma(\boldsymbol{q})$ を用いて次式により得られる．

$$\Delta\sigma = \frac{e^2\hbar}{\pi\Omega}\sum_{\boldsymbol{k}}\sum_{\boldsymbol{k}'}\left(\frac{\hbar}{m}\right)^2 k_x k'_x\,\tilde{G}_+(\boldsymbol{k})\tilde{G}_-(\boldsymbol{k})\tilde{G}_+(\boldsymbol{k}')\tilde{G}_-(\boldsymbol{k}')\Gamma(\boldsymbol{k}+\boldsymbol{k}') \tag{3.39}$$

$\Gamma(\boldsymbol{k}+\boldsymbol{k}')$ が $\boldsymbol{k}+\boldsymbol{k}'\to 0$ で発散することに伴う寄与に注目すれば，他の因子で

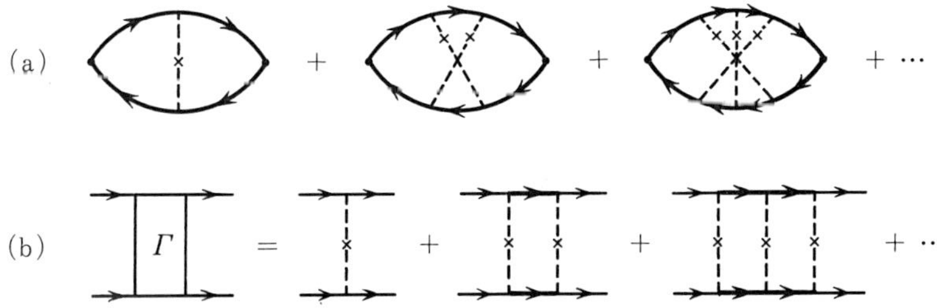

(a)

(b)

図 3-7 $\Gamma(\boldsymbol{q})$ に対するはしご型グラフ．

は $\boldsymbol{k}'=-\boldsymbol{k}$ とおいてよい．したがって，

$$\langle k_x k_x' \rangle_{\mathrm{F}} = -\frac{1}{d}\left(\frac{m}{\hbar}\right)^2 v_{\mathrm{F}}{}^2$$

$$\begin{aligned}\frac{1}{\Omega}\sum_{\boldsymbol{k}} \tilde{G}_+(\boldsymbol{k})\tilde{G}_-(\boldsymbol{k})\tilde{G}_+(-\boldsymbol{k})\tilde{G}_-(-\boldsymbol{k}) \\ &\cong \int \frac{\rho(E')dE'}{(E_{\mathrm{F}}-E'+i\hbar/2\tau)^2(E_{\mathrm{F}}-E'-i\hbar/2\tau)^2} \\ &\cong 4\pi\rho\left(\frac{\tau}{\hbar}\right)^3\end{aligned}$$

より，次式が得られる．

$$\Delta\sigma = -\frac{2e^2}{\pi\hbar}\frac{1}{\Omega}\sum_{q<l^{-1}}\frac{1}{q^2} \tag{3.40}$$

この表式を得るのに，波数 $\boldsymbol{q}$ について $ql \ll 1$ の近似を用いた．したがって，式(3.40)における $\boldsymbol{q}$ についての和は，$q<l^{-1}$ の領域に制限しなければならない．$q>l^{-1}$ の領域からの寄与は絶対零度でも有限な値にしかならないので，無視する．

まず，2次元系の伝導率を求めよう．このとき，系の大きさがマクロであるとして，q についての和を

$$\frac{1}{\Omega}\sum_q \to \frac{1}{(2\pi)^2}\int 2\pi q dq \tag{3.41}$$

により積分におきかえると，積分は下限($q=0$)で対数発散する．有限系では，離散的な波数ベクトル $\boldsymbol{q}$ についての和を求めることにより，この発散はおさえられる．$L\to\infty$ で発散する項のみに注目すれば，和は積分の下限を L^{-1} で打ち切って計算すればよい．積分の上限は l^{-1} であるから，2次元の有限系の伝導率への量子補正は

$$\begin{aligned}\Delta\sigma_2(L) &= -\frac{2e^2}{\pi\hbar}\frac{1}{(2\pi)^2}\int_{L^{-1}}^{l^{-1}}\frac{2\pi q}{q^2}dq \\ &= -\frac{e^2}{\pi^2\hbar}\log\left(\frac{L}{l}\right)\end{aligned} \tag{3.42}$$

となる．サイズ効果はスケーリング理論の結果に一致して対数的になり，現象論では得られない数係数も決まったことになる．

3次元系での量子補正は$L\to\infty$でも発散しない．式(3.40)を式(3.42)を求めたときと同じ近似で計算し，系の大きさLに依存する項をとり出すと，

$$\varDelta\sigma_3(L)=\frac{e^2}{\pi^3\hbar L} \tag{3.43}$$

となる．ここでも結果はスケーリング理論と一致し，数係数も得られる．

有限温度では，2-4節で論じたように，非弾性散乱の効果をとり入れなければならない．電子が1つの量子状態にある確率は散乱により指数関数的に減衰するから，その効果は1電子Green関数に虚数の自己エネルギーを与える．すなわち，非弾性散乱の緩和時間をτ_εとすれば，次のようになる．

$$\tilde{G}_\pm(\boldsymbol{k}\,;E)=\frac{1}{E-E_{\boldsymbol{k}}\pm i\hbar/2\tau\pm i\hbar/2\tau_\varepsilon} \tag{3.44}$$

式(3.30)のかわりに式(3.44)を使って図3-7のグラフを加えあわせると，

$$\varGamma(\boldsymbol{q})=\frac{n_{\mathrm{i}}v^2}{\varOmega}\frac{1}{Dq^2+1/\tau_\varepsilon} \tag{3.45}$$

が得られる．したがって，有限温度における伝導率の量子補正は

$$\varDelta\sigma(T)=-\frac{2e^2}{\pi\hbar}\frac{D}{\varOmega}\sum_{q<l^{-1}}\frac{1}{Dq^2+1/\tau_\varepsilon} \tag{3.46}$$

あるいは，式(2.20)で定義されたL_εを使って

$$\varDelta\sigma(T)=-\frac{2e^2}{\pi\hbar}\frac{1}{\varOmega}\sum_{q<l^{-1}}\frac{1}{q^2+L_\varepsilon^{-2}} \tag{3.47}$$

と表わされる．

2次元のマクロな系の場合，$\boldsymbol{q}$の和を積分になおしたとき，下限$q=0$での対数発散はL_ε^{-1}によっておさえられる．実際，式(3.47)の和を式(3.41)により積分になおして計算すると，$l\ll L_\varepsilon$として

$$\varDelta\sigma_2(T)=-\frac{e^2}{\pi^2\hbar}\log\left(\frac{L_\varepsilon}{l}\right) \tag{3.48}$$

が得られる．これは有限系の量子補正(3.42)で系の大きさ L を L_ε におきかえたものに一致する．同様にして，3次元の量子補正で温度に依存する項は

$$\varDelta\sigma_3(T)=\frac{e^2}{\pi^3\hbar L_\varepsilon} \tag{3.49}$$

となる．

2次元系では，状態がすべて局在することを反映して，弱局在効果の現われ方も著しい．理論と実験の比較は3-8節で論じるが，そこで2次元系として比較の対象になるのは，半導体界面の電子系と金属薄膜である．前者では，界面に垂直な方向の運動が量子化され，これが2次元系であるのは問題ないとしても，厚さがFermi波長よりずっと大きい金属薄膜を2次元系とみなしうるかどうかは自明でない．

薄膜の場合，面に沿った方向の大きさを L，厚さを L_z ($L_z\ll L$) とすれば，式(3.47)における $\boldsymbol{q}$ の和は，n_1, n_2, n_3 を整数として

$$\sum_{n_1n_2n_3}{}'\frac{1}{(2\pi/L)^2(n_1{}^2+n_2{}^2)+(2\pi/L_z)^2n_3{}^2+L_\varepsilon{}^{-2}}$$

である．Σ' は，和が $q<l^{-1}$ の領域に限られることを示す．和の中で重要な項は q^2 が $L_\varepsilon{}^{-2}$ と同程度の大きさのものである．ここで，n_3 についての和に注目すると，$L_z\ll L_\varepsilon$ の場合 $|n_3|\geqq 1$ の項は $q^2\gg L_\varepsilon{}^{-2}$ となり，無視してよい．したがって，和は $n_3=0$ の項のみを残し，2次元的な和

$$\sum_{n_1n_2}{}'\frac{1}{(2\pi/L)^2(n_1{}^2+n_2{}^2)+L_\varepsilon{}^{-2}}$$

で近似することができる．すなわち，薄膜は厚さ L_z が

$$L_z\ll L_\varepsilon \tag{3.50}$$

のとき，弱局在効果に関しては2次元系とみなしうることがわかる．

ここで，この節で行なった計算について理解を深め，後の節(3-7, 4-4)における議論と関連づけるため，**電子密度のゆらぎ**について考察したい．振動数 ω，波数 q で時間的，空間的に変動する外力が電子系に加わったとき，電子密度がどのように変化するかを線形応答理論によって調べると，

$$\frac{1}{i\hbar}\int_0^\infty \langle [n_{\boldsymbol{q}}(t), n_{-\boldsymbol{q}}]\rangle e^{i\omega t-\varepsilon t}dt \tag{3.51}$$

を求めればよいことがわかる．ただし，$n_{\boldsymbol{q}}$ は電子密度の Fourier 成分

$$n_{\boldsymbol{q}} = \frac{1}{\Omega}\sum_n e^{i\boldsymbol{q}\cdot\boldsymbol{r}_n} \tag{3.52}$$

($\boldsymbol{r}_n$ は電子の位置)であり，$n_{\boldsymbol{q}}(t)$ はその Heisenberg 表示である．

式(3.51)の計算は，補遺で式(A.24)を求めたときと同じ手続きにより，Green 関数を使って

$$\sum_{\boldsymbol{k}\boldsymbol{k}'}\langle G_+(\boldsymbol{k},\boldsymbol{k}'\,;E)G_-(\boldsymbol{k}'-\boldsymbol{q},\boldsymbol{k}-\boldsymbol{q}\,;E-\hbar\omega)\rangle_{\mathrm{imp}} \tag{3.53}$$

を求めることに帰着する．さらに，不純物が希薄で条件 $k_{\mathrm{F}}l\gg 1$ (式(1.4))が成り立つ場合には，前節と同様の近似により，式(3.53)は図 3-8(a)のはしご型グラフの和になる．はしご型の部分だけをとり出し，これを同図(b)のように $\Gamma_{\mathrm{d}}(\boldsymbol{q},\omega)$ と書けば，式(3.37)と同様に

$$\Gamma_{\mathrm{d}}(\boldsymbol{q},\omega) = \frac{\gamma}{1-\gamma\Pi_{\mathrm{d}}(\boldsymbol{q},\omega)} \tag{3.54}$$

となる．ただし，

$$\Pi_{\mathrm{d}}(\boldsymbol{q},\omega) = \sum_{\boldsymbol{k}}\tilde{G}_+(\boldsymbol{k}\,;E)\tilde{G}_-(\boldsymbol{k}-\boldsymbol{q}\,;E-\hbar\omega) \tag{3.55}$$

である．図 3-7(b)と図 3-8(b)の違いは矢印の向きの違いであり，式でいえば，Π と Π_{d} の違いである．しかし，小さな $\boldsymbol{q},\omega$ に対し Π_{d} は Π と同じように計

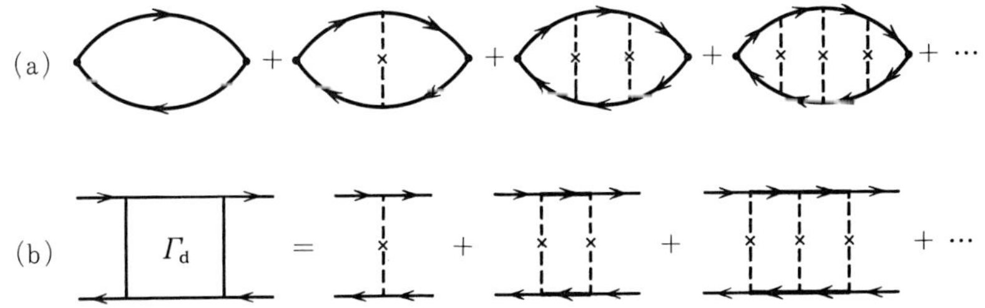

(a) + + + + ⋯

(b) Γ_{d} = + + + ⋯

図 3-8 密度ゆらぎを与えるグラフ．

算できて

$$\Pi_{\mathrm{d}}(\boldsymbol{q},\omega)=\frac{2\pi}{\hbar}\Omega\rho\tau(1-Dq^2\tau+i\omega\tau) \tag{3.56}$$

となり，$\Gamma_{\mathrm{d}}(\boldsymbol{q},\omega)$ は

$$\Gamma_{\mathrm{d}}(\boldsymbol{q},\omega)=\frac{n_{\mathrm{i}}v^2}{\Omega\tau}\frac{1}{Dq^2-i\omega} \tag{3.57}$$

と得られる．結果は $\omega=0$ とおけば $\Gamma(\boldsymbol{q})$ の式(3.38)に一致する．

ここで求めたものは密度のゆらぎを表わす式(3.51)であった．密度のゆらぎは拡散によって起こり，現象論では密度の時間変化は**拡散方程式**

$$\frac{\partial n(\boldsymbol{r},t)}{\partial t}=D\nabla^2 n(\boldsymbol{r},t) \tag{3.58}$$

に従う．ここで $\boldsymbol{q},\omega$ 成分をとると

$$(Dq^2-i\omega)n_{\boldsymbol{q}}(\omega)=0 \tag{3.59}$$

となる．式(3.57)の与える複素数の極は，この拡散方程式が与えるものにほかならない．式(3.54),(3.56)から自己エネルギーとはしご型との打ち消しあいによって，$\Gamma_{\mathrm{d}}(\boldsymbol{q},\omega)$ が $(Dq^2-i\omega)^{-1}$ に比例するという結果が得られたことは偶然のように見えるが，その背後にはこうした物理的な理由があることに注意したい．Γ は密度の拡散そのものではないが，$\Pi=\Pi_{\mathrm{d}}$ となることを通して拡散と関係しており，$\Gamma(q)\propto q^{-2}$ となることも拡散方程式(3.58)に由来している．

もちろん，Γ と Γ_{d} はまったく同じではない．その違いは非弾性散乱がある場合に現われる．Γ の場合，非弾性散乱があると式(3.46)になるとしたが，Γ_{d} についても同じ式が得られるとしたら，これに対応する拡散方程式は

$$\frac{\partial n(\boldsymbol{r},t)}{\partial t}=D\nabla^2 n(\boldsymbol{r},t)-\frac{1}{\tau_\varepsilon}[n(\boldsymbol{r},t)-n_0]$$

(n_0 は平衡値)としなければならないだろう．しかし，これは正しくない．この式では，密度は空間的に一様であっても時間変化することになり，粒子数の

保存という物理的条件に反するからである．非弾性散乱は拡散係数を変えるだけの効果になるはずで，$\Gamma_{\mathrm{d}}(\boldsymbol{q},\omega)$ の式(3.57)の形は変わらないだろう．$\Gamma(\boldsymbol{q})$ については粒子数保存の条件はなく，式(3.45)に問題はない*.

Γ と Γ_{d} のもう1つの違いは磁場の影響に現われるが，このことについては3-6節で述べよう．

3-4 弱局在効果の物理的意味

前節では，図3-7のタイプの項の和が伝導率に対する量子補正，すなわち弱局在効果を与えることを示した．摂動の高次項に現われるこのような寄与は，物理的にいえば何を意味するだろうか．

3-2節で論じたように，図3-4の自己エネルギーと図3-6のグラフは，個々の不純物による電子の散乱を表わしている．これに対し，図3-7のグラフは，個々の不純物による独立な散乱ではなく，多数の不純物による高次の散乱を表わす．その中でとくに $\boldsymbol{q}=\boldsymbol{k}+\boldsymbol{k}'=0$，すなわち $\boldsymbol{k}'=-\boldsymbol{k}$ の項が異常な寄与を与えるのは，高次散乱が電子の後方散乱に強く効くことを意味する．

ハミルトニアンのもつ対称性が電子の運動に大きな影響をもつことはよく知られている．不規則ポテンシャル中の電子の場合，空間的にみると対称性はない．しかし，ポテンシャルは時間的に変化しないから，**時間反転対称性**があることを忘れてはならない．このため，散乱の行列要素も時間反転に対して対称になる．状態 $\boldsymbol{k}$ から $\boldsymbol{k}'$ への不純物1による散乱の行列要素は，Born 近似では次のように与えられる．

$$\begin{aligned}\langle \boldsymbol{k}'|V|\boldsymbol{k}\rangle_1 &= \frac{1}{\Omega}\int e^{-i\boldsymbol{k}'\cdot\boldsymbol{r}}v(\boldsymbol{r}-\boldsymbol{R}_1)e^{i\boldsymbol{k}\cdot\boldsymbol{r}}d^3\boldsymbol{r} \\ &= \frac{1}{\Omega}v_{\boldsymbol{k}-\boldsymbol{k}'}e^{i(\boldsymbol{k}-\boldsymbol{k}')\cdot\boldsymbol{R}_1}\end{aligned}$$

* これは多体問題の理論で Ward の恒等式とよばれる関係と関連している．

この時間反転の過程は $-\boldsymbol{k}'$ から $-\boldsymbol{k}$ への散乱であるが，その行列要素は

$$\langle -\boldsymbol{k}|V|-\boldsymbol{k}'\rangle_1 = \frac{1}{\Omega}\int e^{i\boldsymbol{k}\cdot\boldsymbol{r}}v(\boldsymbol{r}-\boldsymbol{R}_1)e^{-i\boldsymbol{k}'\cdot\boldsymbol{r}}d^3\boldsymbol{r}$$
$$= \frac{1}{\Omega}v_{\boldsymbol{k}-\boldsymbol{k}'}e^{i(\boldsymbol{k}-\boldsymbol{k}')\cdot\boldsymbol{R}_1}$$

であり，

$$\langle \boldsymbol{k}'|V|\boldsymbol{k}\rangle_1 = \langle -\boldsymbol{k}|V|-\boldsymbol{k}'\rangle_1 \tag{3.60}$$

が成り立つ．

この散乱行列に対する時間反転対称性は，Born 近似だけでなく，一般に高次の散乱についても成り立つ．たとえば，3 個の不純物による 3 次の散乱過程(図 3-9 (a))の時間反転は，不純物を逆順にめぐる $-\boldsymbol{k}'$ から $-\boldsymbol{k}$ への 3 次の過程(図 3-9 (b))であるが，両者の行列要素が等しいことは，具体的に書き下すことによっても容易に確められる．

$$\langle \boldsymbol{k}'|V|\boldsymbol{k}\rangle_{1,2,3}^{(3)} = \langle -\boldsymbol{k}|V|-\boldsymbol{k}'\rangle_{3,2,1}^{(3)} \tag{3.61}$$

このような，散乱の各過程による行列要素を $V_a, V_b, V_c, \cdots$ としよう．散乱の遷移確率 W は，すべての過程についての行列要素の和を

$$\tilde{V} = V_a + V_b + V_c + \cdots \tag{3.62}$$

とすれば，

$$W \propto \langle|\tilde{V}|^2\rangle_{\mathrm{imp}} \tag{3.63}$$

となる．ここで，各行列要素は不純物の配置に依存した異なる位相，たとえば Born 近似の項であれば $e^{i(\boldsymbol{k}-\boldsymbol{k}')\cdot\boldsymbol{R}_1}$，$e^{i(\boldsymbol{k}-\boldsymbol{k}')\cdot\boldsymbol{R}_2}$，… をもつから，一般に異なる

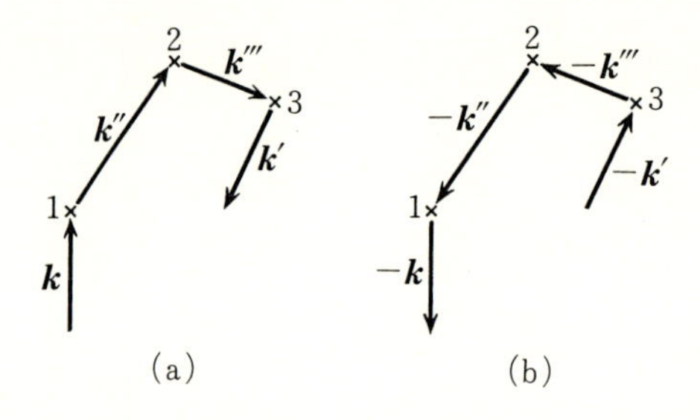

図 3-9　3 次の散乱過程(a)とその時間反転(b)．

過程の行列要素の積は，不純物分布について平均すると消え，

$$W \propto (|V_a|^2+|V_b|^2+|V_c|^2+\cdots) \tag{3.64}$$

となる．

しかし，式(3.61)のような時間反転対称性に注意すると，後方散乱 $\boldsymbol{k}'=-\boldsymbol{k}$ の場合には特別な事情があることに気づく．すなわち，式(3.61)で $\boldsymbol{k}'=-\boldsymbol{k}$ と置くと

$$\langle -\boldsymbol{k}|V|\boldsymbol{k}\rangle_{1,2,3}^{(3)} = \langle -\boldsymbol{k}|V|\boldsymbol{k}\rangle_{3,2,1}^{(3)} \tag{3.65}$$

であり，異なる散乱過程の行列要素がまったく等しい．いま，2つの散乱過程 a, b で $|V_a|=|V_b|$ であるが，位相は独立であるとすると，その遷移確率への寄与は式(3.64)により $2|V_a|^2$ である．ところが，式(3.61)のように位相も含めて $V_a=V_b$ であれば，遷移確率への寄与は $|2V_a|^2=4|V_a|^2$ となる．これは，散乱波が同位相で生じるため，干渉により散乱が強められることを意味する．

ここでもう1度，図3-7のグラフを見ると，たとえば3次の項が $\boldsymbol{k}+\boldsymbol{k}'=0$ の場合，これはちょうど逆向きの散乱過程の積

$$\langle\langle -\boldsymbol{k}|V|\boldsymbol{k}\rangle_{1,2,3}^{(3)}\langle -\boldsymbol{k}|V|\boldsymbol{k}\rangle_{3,2,1}^{(3)*}\rangle_{\mathrm{imp}}$$

に相当することに気づく．このようなグラフから生じる量子補正は，時間反転対称性に由来した量子干渉効果による後方散乱の増大，それに伴う伝導率の減少である．

進行波 $e^{i\boldsymbol{k}\cdot\boldsymbol{r}}$ に対して，強い後方散乱が起こると，逆向きの進行波 $e^{-i\boldsymbol{k}\cdot\boldsymbol{r}}$ が生じる．そして，たがいに逆向きに進む波の重ね合わせによって定常波，すなわち局在した波ができる．この干渉効果が電子状態の局在へつながるものであること，また干渉効果による伝導率の減少がその前触れであることも理解できよう．

じつは，干渉により後方散乱が強められる現象は電子波に限るものではない．一様でない物質中の電磁波の波動方程式は電場について書くと，誘電率を $\varepsilon(\boldsymbol{r})=\bar{\varepsilon}+\varepsilon'(\boldsymbol{r})$ のように平均値 $\bar{\varepsilon}$ とそれからの外れ $\varepsilon'(\boldsymbol{r})$ に分けて

$$\left[-\frac{c^2}{\omega^2}\nabla^2-\varepsilon'(\boldsymbol{r})\right]E(\boldsymbol{r}) = \bar{\varepsilon}E(\boldsymbol{r}) \tag{3.66}$$

となる．これは電子に対する Schrödinger 方程式と同じ形であり，ランダムな媒質では $\varepsilon'(\boldsymbol{r})$ が不規則に変化していて，電磁波は不規則なポテンシャル中の電子波と同じように振る舞う．

電子の場合，後方散乱の増大を直接見ることはできない．これに対し，光の実験では散乱そのものを直接測定できる．図 3-10 は酸化チタンを有機溶媒に分散させた試料からの光散乱の実験である．たしかに，散乱強度は後方($\theta=0$)になだらかなピークを作っている．

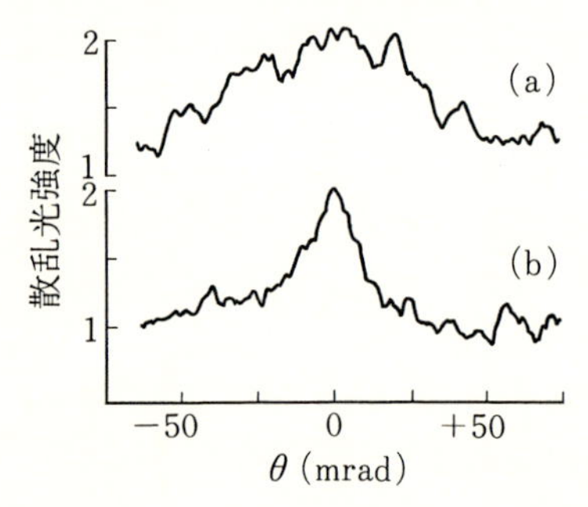

図 3-10 TiO_2(平均粒径 0.22 μm)を 2-メチル-2, 4-ペンタジオール中に分散させた試料からの光後方散乱．レーザーパルスを照射してから，(a) 30 fs 後，(b) 330 fs 後に測定したもの．(R. Vreeker, M. P. van Albada, R. Sprik and A. Lagendijk : Phys. Lett. **A132** (1988)51)

上の議論から，ハミルトニアンの対称性が変わると，それが弱局在効果に強く影響することが予想される．たとえば磁場があると電子のハミルトニアンは時間反転の対称性をもたない．時間反転によって磁場は向きを反転させるから，磁場 $\boldsymbol{B}$ があるときの散乱の行列要素を $\langle \boldsymbol{k}'|V|\boldsymbol{k}\rangle_{\boldsymbol{B}}$ と書くと，時間反転の対称性は

$$\langle \boldsymbol{k}'|V|\boldsymbol{k}\rangle_{\boldsymbol{B}} = \langle -\boldsymbol{k}|V|-\boldsymbol{k}'\rangle_{-\boldsymbol{B}} \tag{3.67}$$

である．干渉効果が起こるために必要なことは，定まった磁場のもとでの行列要素間の関係であるが，磁場 $\boldsymbol{B}$ のもとでの行列要素は

$$\langle \boldsymbol{k}'|V|\boldsymbol{k}\rangle_{\boldsymbol{B}} \neq \langle -\boldsymbol{k}|V|-\boldsymbol{k}'\rangle_{\boldsymbol{B}} \tag{3.68}$$

なので，磁場は量子干渉効果をおさえることになる．

電子が磁性不純物によって散乱される場合，不純物は電子に対して乱雑に分布した磁場の働きをするから，その効果は基本的に外部磁場と同じである．これと異なる効果をもつのは，スピン-軌道相互作用が働く場合である．

これらの違いはハミルトニアン行列の構造に現われ，その基底変換の性質から，ポテンシャル散乱のみの場合を **orthogonal**，外部磁場もしくは磁性不純物がある場合を **unitary**，スピン-軌道相互作用がある場合を **symplectic** とよぶ．不規則系では空間的な対称性がないだけに，残された基本的な対称性の違いが電子系の性質に大きく影響するのである．ランダム行列の理論では，こうした対称性の違いに着目して，電子状態の分布が論じられている．弱局在の問題ではくりこみ群による議論がある．しかし，ここではくりこみ群の理論には立ち入らず，個々の場合についてその効果を摂動論により具体的に論じることにしたい．

3-5 スピン-軌道相互作用と磁性不純物

前節で述べたように，電子と不純物の相互作用が単純なポテンシャルで表わされない場合，弱局在効果はいろいろと異なる様相を呈することになる*.

不純物で**スピン-軌道相互作用**が働くとき，相互作用ハミルトニアンは

$$V_{\mathrm{so}} = \sum_i u(\boldsymbol{r}-\boldsymbol{R}_i)(\boldsymbol{l}\cdot\boldsymbol{\sigma}) \tag{3.69}$$

と表わされる．ここで $\boldsymbol{\sigma}$ は電子の Pauli 行列，$\boldsymbol{l}$ は軌道角運動量の演算子

$$\boldsymbol{l} = -i\hbar\boldsymbol{r}\times\nabla \tag{3.70}$$

である．ここでも，ポテンシャル $u(\boldsymbol{r}-\boldsymbol{R}_i)$ の広がりが無視できて，その Fourier 変換を一定値 u とおけるとすれば，電子の波数 $\boldsymbol{k}$，スピン α の状態と波数 $\boldsymbol{k}'$，スピン β の状態の間の行列要素は次のように与えられる．

$$\langle\boldsymbol{k}',\beta|V_{\mathrm{so}}|\boldsymbol{k},\alpha\rangle = \frac{iu}{\Omega}\sum_i e^{i(\boldsymbol{k}-\boldsymbol{k}')\cdot\boldsymbol{R}_i}(\boldsymbol{k}'\times\boldsymbol{k})\cdot\boldsymbol{\sigma}_{\beta\alpha} \tag{3.71}$$

伝導率の量子補正を求める計算は，電子のスピン状態に注意しさえすれば，あとは3-3節と同様に行なえばよい．まず自己エネルギーは，スピン-軌道相互作用をもつ不純物の濃度を n_{so} とすれば，

---

* S. Hikami, A. I. Larkin and Y. Nagaoka : Prog. Theor. Phys. **63**(1980)707.

$$\Sigma_{\text{so}} = \pm \frac{i\hbar}{2\tau_{\text{so}}} \tag{3.72}$$

$$\frac{1}{\tau_{\text{so}}} = \frac{2\pi}{\hbar} n_{\text{so}} u^2 \rho \langle |\boldsymbol{k}\times\boldsymbol{k}'|^2 \rangle_{\text{F}} \tag{3.73}$$

となる．ここで$\langle\cdots\rangle_{\text{F}}$はFermi面上での平均を表わし，まるいFermi面では2次元で$k_{\text{F}}{}^4/2$，3次元で$2k_{\text{F}}{}^4/3$である．

つぎに，図3-7(b)のはしご型グラフの和を求めよう．そのためには，まず式(3.35)の$\Pi(\boldsymbol{q})$をスピン-軌道相互作用がある場合について計算しなければならない．普通の不純物による散乱，非弾性散乱の効果も含めると，1電子Green関数は

$$\tilde{G}_{\pm}(\boldsymbol{k}\,;E) = \frac{1}{E-E_{\boldsymbol{k}} \pm \dfrac{i\hbar}{2}\left(\dfrac{1}{\tau}+\dfrac{1}{\tau_{\text{so}}}+\dfrac{1}{\tau_{\varepsilon}}\right)} \tag{3.74}$$

である．ここで，普通の不純物による散乱に比べて他の散乱は十分に弱いとし，

$$\frac{1}{\tau} \gg \frac{1}{\tau_{\text{so}}} + \frac{1}{\tau_{\varepsilon}} \tag{3.75}$$

とすれば，$\Pi(\boldsymbol{q})$は式(3.36)と同様にして次のように得られる．

$$\Pi(\boldsymbol{q}) = \frac{2\pi}{\hbar}\Omega\rho\tau\left(1-\frac{\tau}{\tau_{\text{so}}}-\frac{\tau}{\tau_{\varepsilon}}-Dq^2\tau\right) \tag{3.76}$$

はしご型グラフの和を求めるには，図3-11のように積分方程式に書きかえればよい．$\tilde{G}_{\pm}$を結ぶ相互作用には普通の不純物による散乱とスピン-軌道相互作用による散乱を同時に考慮する．後者は，Fermi面で平均して

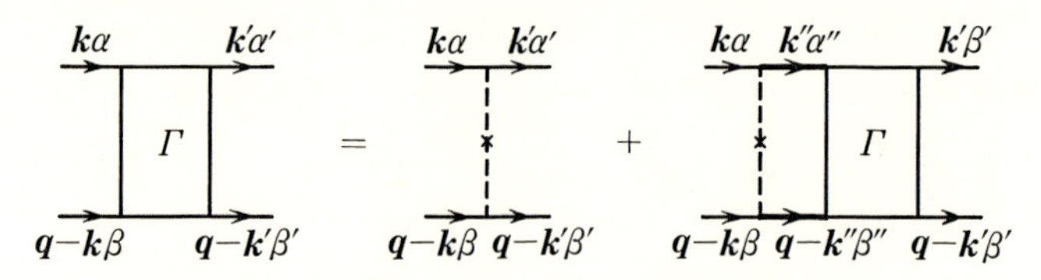

図3-11　Γの積分方程式(スピン依存性がある場合)．

$$-\frac{n_{\mathrm{so}}u^2}{\Omega}\langle(\boldsymbol{k}'\times\boldsymbol{k})\cdot\sigma_{\alpha'\alpha}((\boldsymbol{q}-\boldsymbol{k}')\times(\boldsymbol{q}-\boldsymbol{k}))\cdot\sigma_{\beta'\beta}\rangle_{\mathrm{F}}=\gamma_{\mathrm{so}}\sigma_{\alpha'\alpha}\cdot\sigma_{\beta'\beta} \tag{3.77}$$

$$\gamma_{\mathrm{so}}=-\frac{1}{3}\frac{n_{\mathrm{so}}u^2}{\Omega}\langle|\boldsymbol{k}\times\boldsymbol{k}'|^2\rangle_{\mathrm{F}} \tag{3.78}$$

となる．図3-11を式に書くと，

$$\begin{aligned}\Gamma_{\alpha\beta,\alpha'\beta'}&=\gamma\delta_{\alpha\alpha'}\delta_{\beta\beta'}+\gamma_{\mathrm{so}}(\sigma_{\alpha'\alpha}\cdot\sigma_{\beta'\beta})\\&\quad+\gamma\Pi\Gamma_{\alpha\beta,\alpha'\beta'}+\gamma_{\mathrm{so}}\Pi\sum_{\alpha''\beta''}(\sigma_{\alpha''\alpha}\cdot\sigma_{\beta''\beta})\Gamma_{\alpha''\beta'',\alpha'\beta'}\end{aligned} \tag{3.79}$$

この式の形から，$\Gamma_{\alpha\beta,\alpha'\beta'}$は

$$\Gamma_{\alpha\beta,\alpha'\beta'}=\Gamma_1\delta_{\alpha\alpha'}\delta_{\beta\beta'}+\Gamma_2(\sigma_{\alpha'\alpha}\cdot\sigma_{\beta'\beta}) \tag{3.80}$$

と表わされることがわかる．これを式(3.79)に代入し，Pauli行列の和を計算すれば，Γ_1, Γ_2が得られる．スピン-軌道相互作用が弱く，$\gamma_{\mathrm{so}}\ll\gamma$であるとして，$\gamma_{\mathrm{so}}$の高次項を無視すれば，伝導率の計算に必要な量として次式が得られる．

$$\begin{aligned}\sum_{\alpha\beta}\Gamma_{\alpha\beta,\beta\alpha}&=2\Gamma_1+6\Gamma_2\\&=\frac{3\gamma}{\tau}\frac{1}{Dq^2+(4/3)/\tau_{\mathrm{so}}+1/\tau_\varepsilon}-\frac{\gamma}{\tau}\frac{1}{Dq^2+1/\tau_\varepsilon}\end{aligned} \tag{3.81}$$

この結果を用い，伝導率の量子補正として

$$\Delta\sigma_{\mathrm{so}}=-\frac{2e^2}{\pi\hbar}\frac{D}{\Omega}\sum_{q<l^{-1}}\left\{\frac{3}{2}\frac{1}{Dq^2+(4/3)/\tau_{\mathrm{so}}+1/\tau_\varepsilon}-\frac{1}{2}\frac{1}{Dq^2+1/\tau_\varepsilon}\right\} \tag{3.82}$$

が得られる．あるいは，長さの次元をもつ量

$$L_{\mathrm{so}}=\sqrt{D\tau_{\mathrm{so}}} \tag{3.83}$$

を導入し，

$$\Delta\sigma_{\mathrm{so}}=-\frac{2e^2}{\pi\hbar\Omega}\sum_{q<l^{-1}}\left\{\frac{3}{2}\frac{1}{q^2+(4/3)L_{\mathrm{so}}^{-2}+L_\varepsilon^{-2}}-\frac{1}{2}\frac{1}{q^2+L_\varepsilon^{-2}}\right\} \tag{3.84}$$

と書いてもよい．2次元の場合，和を積分になおして計算すれば

$$\Delta\sigma_{\mathrm{so}}^{(2)}=-\frac{e^2}{2\pi^2\hbar}\left\{\frac{3}{2}\log\left(\frac{l^{-2}}{(4/3)L_{\mathrm{so}}^{-2}+L_\varepsilon^{-2}}\right)-\frac{1}{2}\log\left(\frac{l^{-2}}{L_\varepsilon^{-2}}\right)\right\} \tag{3.85}$$

となる．

磁性不純物による散乱がある場合も，同じように計算できる．2次元の場合について結果のみを示すと，次のようになる．

$$\varDelta\sigma_{\mathrm{m}}^{(2)} = -\frac{e^2}{2\pi^2\hbar}\left\{\frac{3}{2}\log\left(\frac{l^{-2}}{(2/3)L_{\mathrm{m}}^{-2}+L_{\varepsilon}^{-2}}\right)-\frac{1}{2}\log\left(\frac{l^{-2}}{2L_{\mathrm{m}}^{-2}+L_{\varepsilon}^{-2}}\right)\right\} \tag{3.86}$$

ただし，磁性不純物の散乱による緩和時間をτ_{m}として

$$L_{\mathrm{m}} = \sqrt{D\tau_{\mathrm{m}}} \tag{3.87}$$

である．もちろん，$L_{\mathrm{so}}\to\infty$，$L_{\mathrm{m}}\to\infty$とすれば，これらの結果はいずれも前節の結果に一致する．

これらの結果から，量子補正項の興味深い振舞いを見ることができる．

まず，磁性不純物がある場合(式(3.86))を考えよう．高温で非弾性散乱が強く，$L_{\varepsilon}<L_{\mathrm{m}}$のときは，3-3節の結果と変わらない．しかし，低温で$L_{\varepsilon}>L_{\mathrm{m}}$になると，非弾性散乱のかわりに磁性不純物による散乱が$\boldsymbol{q}=0$における発散をおさえることになる(図3-12(a))．磁性不純物との相互作用は電子の運動に対する時間反転の対称性を破り，前節で述べたように電子波の干渉効果を抑える．ここで得た結果は，まさにそのことを示している．

つぎに，スピン-軌道相互作用がある場合(式(3.85))を考える．このときも，

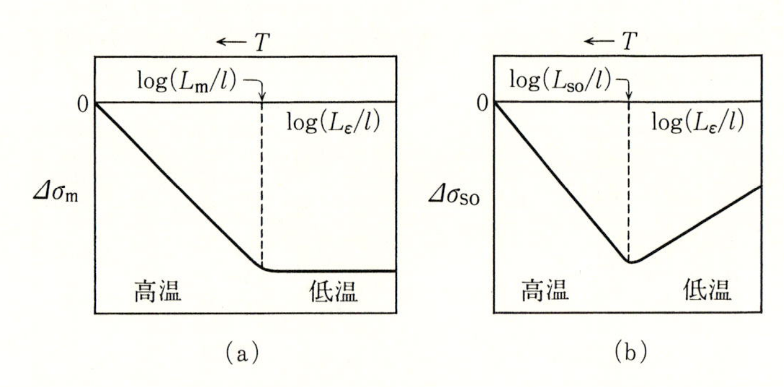

図3-12 (a) 磁性不純物がある場合，(b) スピン-軌道相互作用がある場合の，2次元における伝導率量子補正の温度変化(概念図)．横軸は$\log(L_{\varepsilon}/l)\propto -\log T$.

高温で $L_\varepsilon \ll L_{\rm so}$ であれば．3-3 節と変わらない．しかし，低温で $L_\varepsilon \gg L_{\rm so}$ のときは，{ }内の第 1 項の発散は $1/L_{\rm so}$ でおさえられ，第 2 項が重要になる．すなわち

$$\varDelta\sigma_2 \cong \begin{cases} -\dfrac{e^2}{\pi^2\hbar}\log\left(\dfrac{L_\varepsilon}{l}\right) & (L_\varepsilon \ll L_{\rm so}) \\ -\dfrac{e^2}{2\pi^2\hbar}\left\{3\log\left(\dfrac{L_{\rm so}}{l}\right)-\log\left(\dfrac{L_\varepsilon}{l}\right)\right\} & (L_\varepsilon \gg L_{\rm so}) \end{cases} \tag{3.88}$$

となって，低温で温度変化の符号が逆転し，温度が下がるほど伝導率は増大する(図 3-12 (b))．これは何を意味するだろうか．

スピン-軌道相互作用の場合，時間反転対称性がどうなるかを見よう．スピン-軌道相互作用が働くときには，散乱の過程に電子のスピン状態が関係する．時間反転でスピンは逆転するから，波数 $\boldsymbol{k}$，スピン上向きの状態 $(\boldsymbol{k},\uparrow)$ から $(\boldsymbol{k}',\uparrow)$ への散乱の時間反転は，$(-\boldsymbol{k}',\downarrow)$ から $(-\boldsymbol{k},\downarrow)$ への散乱である．したがって，Born 近似の行列要素でいえば，

$$\langle \boldsymbol{k}',\uparrow|V_{\rm so}|\boldsymbol{k},\uparrow\rangle = \langle -\boldsymbol{k},\downarrow|V_{\rm so}|-\boldsymbol{k}',\downarrow\rangle \tag{3.89}$$

の関係がある．しかし，スピンを固定し，軌道運動だけの時間反転をみると，相互作用が電子スピンに比例することから

$$\langle \boldsymbol{k}',\uparrow|V_{\rm so}|\boldsymbol{k},\uparrow\rangle = -\langle -\boldsymbol{k},\uparrow|V_{\rm so}|-\boldsymbol{k}',\uparrow\rangle \tag{3.90}$$

となっている．同様の関係は奇数次の行列要素について成り立つ．このため，たとえば式(3.65)に相当する関係は

$$\langle -\boldsymbol{k},\uparrow|V_{\rm so}|\boldsymbol{k},\uparrow\rangle^{(3)}_{1,2,3} = -\langle -\boldsymbol{k},\uparrow|V_{\rm so}|\boldsymbol{k},\uparrow\rangle^{(3)}_{3,2,1} \tag{3.91}$$

となる．これは，異なる過程による後方散乱の散乱波がちょうど逆位相になることを意味している．このため，散乱波の干渉により，後方散乱の強度が減少することになる．スピン-軌道相互作用は電子の局在を妨げる**反局在効果**をもち，低温における伝導度の増大はそのことを示している．

3-6 弱局在への磁場効果

3-4節で述べたように，磁場は電子系の時間反転対称性を壊すことによって，干渉効果を抑える働きをする．したがって，外部磁場を加えることにより電子波の干渉を制御できるわけで，興味深い磁場効果が期待できる．

久保公式により磁場中の伝導率を計算するには，まず磁場中の Green 関数を求めなければならない．これを**ゲージ不変性**に基づいて考えてみよう．磁場中の電子の量子力学的な運動はベクトルポテンシャルにより記述される．すなわち，磁束密度 $\boldsymbol{B}(\boldsymbol{r})$ がベクトルポテンシャル $\boldsymbol{A}(\boldsymbol{r})$ により

$$\boldsymbol{B}(\boldsymbol{r}) = \nabla\times\boldsymbol{A}(\boldsymbol{r}) \tag{3.92}$$

と表わされるとき，電子のハミルトニアンは

$$H = \frac{1}{2m}[-i\hbar\nabla + e\boldsymbol{A}(\boldsymbol{r})]^2 + V(\boldsymbol{r}) \tag{3.93}$$

と与えられる．ここでベクトルポテンシャルを任意のスカラー関数 $\chi(\boldsymbol{r})$ により

$$\boldsymbol{A}(\boldsymbol{r}) \to \boldsymbol{A}'(\boldsymbol{r}) = \boldsymbol{A}(\boldsymbol{r}) + \nabla\chi(\boldsymbol{r}) \tag{3.94}$$

と**ゲージ変換**しても，磁束密度は変化しない．ハミルトニアン自体は変わるが，同時に波動関数を

$$\psi(\boldsymbol{r}) \to \psi'(\boldsymbol{r}) = e^{-ie\chi(\boldsymbol{r})/\hbar}\psi(\boldsymbol{r}) \tag{3.95}$$

と変換すれば，$\psi'(\boldsymbol{r})$ は変換されたハミルトニアンによる Schrödinger 方程式に従い，固有状態のエネルギーなどの物理量は不変に保たれる．これが量子力学におけるゲージ不変性である．

磁場が一様でもベクトルポテンシャルは座標に依存するから，磁場中のハミルトニアン(3.93)には不純物のない $V=0$ のときでも，並進対称性がない．このような場合を扱うには，Green 関数をこれまでのように波数の関数として表わすより，座標の関数として表わす方が便利である．そこで，一般にハミルトニアン H の固有値と固有関数を $E_\alpha, \phi_\alpha(\boldsymbol{r})$ として，

$$G(\boldsymbol{r},\boldsymbol{r}';z)=\sum_{\alpha}\frac{\phi_{\alpha}(\boldsymbol{r})\phi_{\alpha}^{*}(\boldsymbol{r}')}{z-E_{\alpha}} \tag{3.96}$$

により座標表示のGreen関数を導入する．

初め磁場がない場合について，波数表示のGreen関数との関係を見ておこう．$V=0$ の場合，$G(\boldsymbol{k},\boldsymbol{k}';z)$ は式(3.18)で与えられるから，

$$G_0(\boldsymbol{r},\boldsymbol{r}';z)=\frac{1}{\Omega}\sum_{\boldsymbol{k}}G_0(\boldsymbol{k};z)e^{i\boldsymbol{k}\cdot(\boldsymbol{r}-\boldsymbol{r}')} \tag{3.97}$$

となる．不純物がないと系は並進対称性をもち，この式が示すように，Green関数は $\boldsymbol{r}-\boldsymbol{r}'$ の関数になる．不純物があっても，不純物分布について平均し

$$\tilde{G}(\boldsymbol{r},\boldsymbol{r}';z)=\langle G(\boldsymbol{r},\boldsymbol{r}';z)\rangle_{\mathrm{imp}} \tag{3.98}$$

とおけば，平均した後の系は一様としてよいから，$\tilde{G}(\boldsymbol{r},\boldsymbol{r}';z)$ も $\boldsymbol{r}-\boldsymbol{r}'$ の関数になる．したがって，式(3.97)と同じように

$$\tilde{G}(\boldsymbol{r},\boldsymbol{r}';z)=\frac{1}{\Omega}\sum_{\boldsymbol{k}}\tilde{G}(\boldsymbol{k};z)e^{i\boldsymbol{k}\cdot(\boldsymbol{r}-\boldsymbol{r}')} \tag{3.99}$$

と表わすことができる．

つぎに

$$\Pi(\boldsymbol{r},\boldsymbol{r}';E)=\tilde{G}_{+}(\boldsymbol{r},\boldsymbol{r}';E)\tilde{G}_{-}(\boldsymbol{r},\boldsymbol{r}';E) \tag{3.100}$$

を考えよう．$\Pi(\boldsymbol{r},\boldsymbol{r}';E)$ も $\boldsymbol{r}-\boldsymbol{r}'$ の関数だから

$$\Pi(\boldsymbol{r},\boldsymbol{r}';E)=\frac{1}{\Omega}\sum_{\boldsymbol{q}}\Pi(\boldsymbol{q})e^{i\boldsymbol{q}\cdot(\boldsymbol{r}-\boldsymbol{r}')} \tag{3.101}$$

と書くことができる．$\Pi(\boldsymbol{q})$ が式(3.35)で定義したものであることは，式(3.99)を式(3.100)に代入してみれば容易にわかる．不純物がポテンシャル散乱だけのときは，小さな q ($ql\ll 1$)に対し有限温度で

$$\Pi(\boldsymbol{q})=\frac{2\pi}{\hbar}\Omega\rho\tau\left(1-\frac{\tau}{\tau_{\varepsilon}}-D\tau q^{2}\right) \tag{3.102}$$

である．

ここで，式(3.101)から

$$\int \Pi(\boldsymbol{r}, \boldsymbol{r}'; E)\Psi_{\boldsymbol{q}}(\boldsymbol{r}')d\boldsymbol{r}' = \Pi(\boldsymbol{q})\Psi_{\boldsymbol{q}}(\boldsymbol{r}) \tag{3.103}$$

$$\Psi_{\boldsymbol{q}}(\boldsymbol{r}) = \frac{1}{\sqrt{\Omega}} e^{i\boldsymbol{q}\cdot\boldsymbol{r}} \tag{3.104}$$

が成り立つことに注目しよう．$\Pi(\boldsymbol{r}, \boldsymbol{r}'; E)$ を積分演算子の核と見れば，式(3.103)は固有値方程式であり，$\Pi(\boldsymbol{q})$ は固有値，$\Psi_{\boldsymbol{q}}(\boldsymbol{r})$ は固有関数である．また，式(3.101)は演算子の固有値と固有関数による展開になっている．積分演算子は，関数の空間変化がゆるやかな場合に限れば，微分演算子で近似することができる．波数 q が小さいとき固有値が式(3.102)で与えられるから，微分演算子は次のようになる．

$$\hat{\Pi} = \frac{2\pi}{\hbar}\Omega\rho\tau\left(1-\frac{\tau}{\tau_\varepsilon}+D\tau\nabla^2\right) \tag{3.105}$$

図3-7のはしご型グラフの和を座標表式で $\Gamma(\boldsymbol{r}, \boldsymbol{r}'; E)$ と書くと，和を積分方程式に直して

$$\Gamma(\boldsymbol{r}, \boldsymbol{r}'; E) = \gamma\delta(\boldsymbol{r}-\boldsymbol{r}')+\gamma\int \Pi(\boldsymbol{r}, \boldsymbol{r}''; E)\Gamma(\boldsymbol{r}'', \boldsymbol{r}'; E)d\boldsymbol{r}'' \tag{3.106}$$

となる．ここで，右辺の積分演算子を式(3.105)により微分演算子で近似すると，$\Gamma(\boldsymbol{r}, \boldsymbol{r}'; E)$ に対する微分方程式

$$\left(-D\nabla^2+\frac{1}{\tau_\varepsilon}\right)\Gamma(\boldsymbol{r}, \boldsymbol{r}'; E) = \frac{\gamma}{\tau}\delta(\boldsymbol{r}-\boldsymbol{r}') \tag{3.107}$$

が得られる．したがって，固有値方程式

$$\left(-D\nabla^2+\frac{1}{\tau_\varepsilon}\right)\boldsymbol{\Phi}_n(\boldsymbol{r}) = \lambda_n\boldsymbol{\Phi}_n(\boldsymbol{r}) \tag{3.108}$$

を考え，その固有値 λ_n と固有関数 $\boldsymbol{\Phi}_n(\boldsymbol{r})$ を使うと，$\Gamma(\boldsymbol{r}, \boldsymbol{r}'; E)$ は次のように表わすことができる．

$$\Gamma(\boldsymbol{r}, \boldsymbol{r}'; E) = \frac{\gamma}{\tau}\sum_n \frac{\boldsymbol{\Phi}_n(\boldsymbol{r})\boldsymbol{\Phi}_n^*(\boldsymbol{r}')}{\lambda_n} \tag{3.109}$$

伝導率に対する久保公式は座標表示で表わすと，

$$\sigma = \frac{\hbar e^2}{\pi\Omega}\left(\frac{\hbar}{m}\right)^2 \iint \left[\frac{\partial}{\partial x}\frac{\partial}{\partial x'}\langle G_+(\boldsymbol{r},\boldsymbol{r}'\,;E_{\mathrm{F}})G_-(\boldsymbol{r}_1',\boldsymbol{r}_1\,;E_{\mathrm{F}})\rangle_{\mathrm{imp}}\right]_{\boldsymbol{r}_1=\boldsymbol{r},\,\boldsymbol{r}_1'=\boldsymbol{r}'} d\boldsymbol{r}d\boldsymbol{r}' \tag{3.110}$$

となる．この計算にはまず$\langle G_+(\boldsymbol{r},\boldsymbol{r}')G_-(\boldsymbol{r}_1',\boldsymbol{r}_1)\rangle_{\mathrm{imp}}$を求めなければならない．弱局在効果を与える図3-7のはしご型グラフの寄与は，上で得た$\Gamma(\boldsymbol{r},\boldsymbol{r}')$を使って

$$\iint d\boldsymbol{r}_2\, d\boldsymbol{r}_2'\, \tilde{G}_+(\boldsymbol{r},\boldsymbol{r}_2)\tilde{G}_+(\boldsymbol{r}_2',\boldsymbol{r}')\tilde{G}_-(\boldsymbol{r}_1',\boldsymbol{r}_2)\tilde{G}_-(\boldsymbol{r}_2',\boldsymbol{r}_1)\Gamma(\boldsymbol{r}_2,\boldsymbol{r}_2')$$

と表わされる．ここで，$\tilde{G}_\pm$は座標の間隔が平均自由行程lを超えると急速に減衰すること，Γではlより長い距離にわたるゆるやかな空間変化が重要であることに注意すれば，上の積分でΓは変数を$\boldsymbol{r}_2\sim\boldsymbol{r}$，$\boldsymbol{r}_2'\sim\boldsymbol{r}'$とおき積分の外に出してよいことがわかる．残りの$\tilde{G}_\pm$の積の積分を行ない，伝導率の量子補正は次のように得られる．

$$\Delta\sigma = -\frac{2e^2}{\pi\hbar}\frac{D}{\Omega}\sum_n \frac{1}{\lambda_n} \tag{3.111}$$

磁場がない場合，式(3.108)の固有値はDq^2+1/τ_εだから，この結果はもちろん3-3節で得た式(3.46)に一致する．

以上のように書きかえると，これを磁場がある場合に拡張することは難しくない．拡張のためにはGreen関数のゲージ変換を見ればよい．$G(\boldsymbol{r},\boldsymbol{r}'\,;z)$のゲージ変換は定義式(3.96)から明らかなように，

$$G(\boldsymbol{r},\boldsymbol{r}'\,;z) \to e^{-ie(\chi(\boldsymbol{r})-\chi(\boldsymbol{r}'))/\hbar}G(\boldsymbol{r},\boldsymbol{r}'\,;z) \tag{3.112}$$

である．不純物分布について平均しても，変換は変わらない．したがって，$\Pi(\boldsymbol{r},\boldsymbol{r}'\,;E)$の変換は

$$\Pi(\boldsymbol{r},\boldsymbol{r}'\,;E) \to e^{-2ie(\chi(\boldsymbol{r})-\chi(\boldsymbol{r}'))/\hbar}\Pi(\boldsymbol{r},\boldsymbol{r}'\,;E) \tag{3.113}$$

また，式(3.106)からΓもΠと同じ変換を受けることがわかり，

$$\Gamma(\boldsymbol{r},\boldsymbol{r}'\,;E) \to e^{-2ie(\chi(\boldsymbol{r})-\chi(\boldsymbol{r}'))/\hbar}\Gamma(\boldsymbol{r},\boldsymbol{r}'\,;E) \tag{3.114}$$

となる．$\Gamma(\boldsymbol{r},\boldsymbol{r}'\,;E)$の展開式(3.109)が示すように，このことは固有関数$\boldsymbol{\Phi}_n(\boldsymbol{r})$が

$$\boldsymbol{\Phi}_n(\boldsymbol{r}) \to e^{-2ie\chi(\boldsymbol{r})/\hbar}\boldsymbol{\Phi}_n(\boldsymbol{r}) \tag{3.115}$$

と変換されることを意味する．これは電荷 $-2e$ をもつ粒子の波動関数に対するゲージ変換になっている．したがって，ゲージ不変性の要請から，磁場がある場合の固有値方程式は

$$\left[-D\left(\nabla - \frac{2e}{i\hbar}\boldsymbol{A}\right)^2 + \frac{1}{\tau_\varepsilon}\right]\boldsymbol{\Phi}_n(\boldsymbol{r}) = \lambda_n \boldsymbol{\Phi}_n(\boldsymbol{r}) \tag{3.116}$$

でなければならない．

一様な磁場中の自由電子の状態は，磁場に垂直な面内の運動が **Landau 準位**に量子化される(5-1 節参照)．エネルギー固有値は

$$E_n = \left(n + \frac{1}{2}\right)\frac{\hbar eB}{m} \qquad (n = 0, 1, 2, \cdots) \tag{3.117}$$

であり，各準位は

$$g = eB\Omega/2\pi\hbar \tag{3.118}$$

だけ縮重する．式(3.116)の演算子は荷電粒子のハミルトニアンと同形であり，電子の場合と $\hbar^2/2m \to D$，$e \to 2e$ と対応している．したがって，2 次元の場合，式(3.116)の固有値は

$$\lambda_n = D\frac{4eB}{\hbar}\left(n + \frac{1}{2}\right) + \frac{1}{\tau_\varepsilon} \tag{3.119}$$

であり，各状態は

$$g = eB\Omega/\pi\hbar \tag{3.120}$$

の縮重をもつ．3 次元の場合は固有値に磁場に平行な向きの自由な運動の分が加わり，次のようになる．

$$\lambda_{n,q_z} = D\frac{4eB}{\hbar}\left(n + \frac{1}{2}\right) + Dq_z^2 + \frac{1}{\tau_\varepsilon} \tag{3.121}$$

以下，磁場効果が顕著に現われる 2 次元の場合を考えよう．伝導率の磁場中における量子補正は，式(3.111)に式(3.119),(3.120)を用い

$$\Delta\sigma_2 = -\frac{2e^2}{\pi\hbar}\frac{eB}{\pi\hbar}\sum_n{}' \frac{1}{(4eB/\hbar)(n+1/2) + 1/D\tau_\varepsilon} \tag{3.122}$$

と得られる．ここで量子数 n についての和は，式(3.40)で波数 q の和が $q<l^{-1}$ に限られたことに対応して

$$\frac{4eB}{\hbar}n < l^{-2} \qquad \text{すなわち} \qquad n < \frac{\hbar}{8eBD\tau} \tag{3.123}$$

に制限される．式(3.122)はディ・ガンマ関数* を使って

$$\Delta\sigma_2 = -\frac{e^2}{2\pi^2\hbar}\left[\psi\left(\frac{1}{2}+\frac{\hbar}{8eBD\tau}\right)-\psi\left(\frac{1}{2}+\frac{\hbar}{4eBD\tau_\varepsilon}\right)\right] \tag{3.124}$$

となる．また，磁場に関係した長さ L_B を

$$L_B = \sqrt{\frac{\hbar}{4eB}} \tag{3.125}$$

により定義すれば，次のように書くこともできる．

$$\Delta\sigma_2 = -\frac{e^2}{2\pi^2\hbar}\left[\psi\left(\frac{1}{2}+\left(\frac{L_B}{l}\right)^2\right)-\psi\left(\frac{1}{2}+\left(\frac{L_B}{L_\varepsilon}\right)^2\right)\right] \tag{3.126}$$

L_B は数係数を除いて最低の Landau 準位の広がりを与える長さ(式(5.5)の l)に等しいが，後で述べるようにその物理的意味は少し異なる．

スピン-軌道相互作用が働く場合も同様に計算して，

$$\begin{aligned}\Delta\sigma_2 = &-\frac{2e^2}{\pi\hbar}\frac{eB}{\pi\hbar}\sum_n{}'\left\{\frac{3}{2}\frac{1}{(4eB/\hbar)(n+1/2)+(4/3)(D\tau_{\mathrm{so}})^{-1}+(D\tau_\varepsilon)^{-1}}\right.\\ &\left.-\frac{1}{2}\frac{1}{(4eB/\hbar)(n+1/2)+(D\tau_\varepsilon)^{-1}}\right\}\\ = &-\frac{e^2}{2\pi^2\hbar}\left[\frac{3}{2}\left\{\psi\left(\frac{1}{2}+\frac{\hbar}{8eBD\tau}\right)-\psi\left(\frac{1}{2}+\frac{4}{3}\frac{\hbar}{4eBD\tau_{\mathrm{so}}}+\frac{\hbar}{4eBD\tau_\varepsilon}\right)\right\}\right.\\ &\left.-\frac{1}{2}\left\{\psi\left(\frac{1}{2}+\frac{\hbar}{8eBD\tau}\right)-\psi\left(\frac{1}{2}+\frac{\hbar}{4eBD\tau_\varepsilon}\right)\right\}\right]\end{aligned} \tag{3.127}$$

が得られる．ここでも，長さ L_{so} (式(3.83))を用いて表わすと

* ディ・ガンマ関数は $\psi(z)=-\gamma-\sum_{n=0}^{\infty}[(n+z)^{-1}-(n+1)^{-1}]$ (γ は Euler の数)と表わされる．

$$\Delta\sigma_2 = -\frac{e^2}{2\pi^2\hbar}\left[\frac{3}{2}\left\{\psi\left(\frac{1}{2}+\left(\frac{L_B}{l}\right)^2\right)-\psi\left(\frac{1}{2}+\frac{4}{3}\left(\frac{L_B}{L_{so}}\right)^2+\left(\frac{L_B}{L_\varepsilon}\right)^2\right)\right\}\right.$$
$$\left.-\frac{1}{2}\left\{\psi\left(\frac{1}{2}+\left(\frac{L_B}{l}\right)^2\right)-\psi\left(\frac{1}{2}+\left(\frac{L_B}{L_\varepsilon}\right)^2\right)\right\}\right] \qquad (3.128)$$

となる．

ここで，以上の計算では弱磁場を仮定していることに注意したい．磁場が強いと，ベクトルポテンシャルの空間変化が大きく，関数 Π や Γ の空間変化がゆるやかであるとする仮定に反するからである．磁場による空間変化のスケールは L_B であるから，上の結果がなり立つ条件は

$$L_B \gg l \qquad (3.129)$$

で与えられる．

理論の結果と実験との比較は3-8節で論じるが，その前に，ここではいくつかの場合に分けて，理論の結果のごくおおまかな様子を見ておこう．

(1)　高温で $L_{so} \gg L_\varepsilon$ のとき

$L_{so}\to\infty$ とみなし，式(3.126)を用いてよい．さらに，磁場も弱く $L_B \gg L_\varepsilon$ としよう．$|z|\gg 1$ のときのディ・ガンマ関数の近似式 $\psi(z)\cong\log z$ を使うと，結果は式(3.48)に一致する．磁場が強く $L_B \ll L_\varepsilon$ のときは，式(3.126)の第2項が無視できて次のようになる．

$$\Delta\sigma_2 \cong -\frac{e^2}{\pi^2\hbar}\log\left(\frac{L_B}{l}\right) \qquad (L_B \ll L_\varepsilon) \qquad (3.130)$$

(2)　低温で $L_{so} \ll L_\varepsilon$ のとき

弱磁場 $L_B \gg L_\varepsilon$，中間の磁場 $L_\varepsilon \gg L_B \gg L_{so}$，強磁場 $L_B \ll L_{so}$ で，量子補正はそれぞれ次のようになる．

$$\Delta\sigma_2 = -\frac{e^2}{2\pi^2\hbar}\left\{3\log\left(\frac{L_{so}}{l}\right)-\log\left(\frac{L_\varepsilon}{l}\right)\right\} \qquad (L_B \gg L_\varepsilon) \qquad (3.131)$$

$$\Delta\sigma_2 = -\frac{e^2}{2\pi^2\hbar}\left\{3\log\left(\frac{L_{so}}{l}\right)-\log\left(\frac{L_B}{l}\right)\right\} \qquad (L_\varepsilon \gg L_B \gg L_{so}) \qquad (3.132)$$

$$\Delta\sigma_2 = -\frac{e^2}{\pi^2\hbar}\log\left(\frac{L_B}{l}\right) \qquad (L_{so} \gg L_B) \qquad (3.133)$$

スピン-軌道相互作用の効かない(1)の場合は，式(3.130)が示すように，磁場が増大(L_B が減少)するほど伝導率は増加する(図 3-13 (a))．これは，電子波の干渉効果によって減少していた伝導率が，磁場により干渉が妨げられることによって回復することを示している．スピン-軌道相互作用の効く(2)の場合には，電子波の干渉が反局在効果(伝導率の増大)として現われるから，磁場が干渉を妨げると伝導率はまず減少し(式(3.132))，磁場がさらに強くなると，局在効果をも壊すことになって増大に転じる(式(3.133))(図 3-13 (b))．

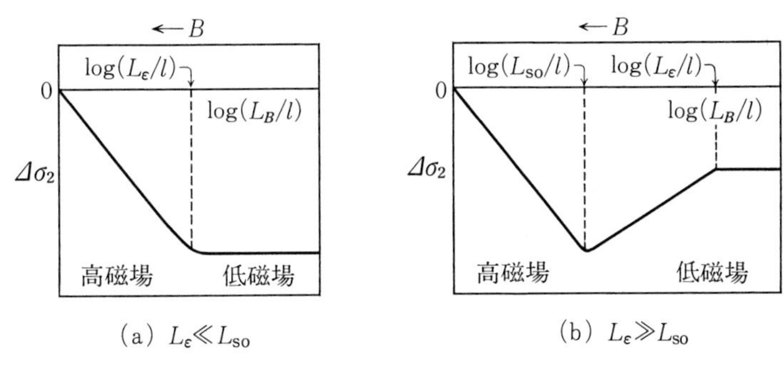

図 3-13 伝導率量子補正の磁場依存性．(a) 高温 $L_\varepsilon \ll L_{\rm so}$ の場合．(b) 低温 $L_\varepsilon \gg L_{\rm so}$ の場合．横軸は $\log(L_B/l) \propto -\log B$．

このように，磁場の働きは電子波の干渉を妨害するところにある．磁場が時間反転の対称性を破り，その結果，局在効果をおさえることは3-4節で述べた．このことをもう少し立ち入って考えてみよう．

ベクトルポテンシャル $\boldsymbol{A}(\boldsymbol{r})$ があって磁場が存在しない，すなわち

$$\nabla \times \boldsymbol{A}(\boldsymbol{r}) = 0 \tag{3.134}$$

の場合，問題は当然 $\boldsymbol{A}=0$ にゲージ変換することができる．それには，スカラー関数 $\chi(\boldsymbol{r})$ を $\nabla\chi(\boldsymbol{r}) = -\boldsymbol{A}(\boldsymbol{r})$，すなわち

$$\chi(\boldsymbol{r}) = -\int_{\boldsymbol{r}_0}^{\boldsymbol{r}} \boldsymbol{A}(\boldsymbol{r})\cdot d\boldsymbol{r} \tag{3.135}$$

(積分は基準点 $\boldsymbol{r}_0$ から $\boldsymbol{r}$ まで任意の経路に沿って行なう)と定め，式(3.94)のゲージ変換を行なえばよい．同時に波動関数は式(3.95)により書きかえることになる．逆にいえば，$\boldsymbol{A}=0$ のときの電子状態の波動関数を $\psi(\boldsymbol{r})$ とすれば，

式(3.134)のようなベクトルポテンシャル $\boldsymbol{A}(\boldsymbol{r})$ があるときの波動関数は次のように与えられる．

$$\exp\left[\frac{ie}{\hbar}\int_{\boldsymbol{r}_0}^{\boldsymbol{r}}\boldsymbol{A}(\boldsymbol{r})\cdot d\boldsymbol{r}\right]\phi(\boldsymbol{r}) \tag{3.136}$$

もちろん，実際に磁場が存在し $\nabla\times\boldsymbol{A}\neq 0$ のときは，磁場の影響はこのように波動関数の位相を変えるだけではすまない．第一，位相を与える積分は経路に依存し，一意的に定まらない*.

3-4 節で見たように，電子を局在に導くものは時間反転の関係にある 2 つの経路で散乱された波の干渉であった．ここに磁場が加わればどうなるだろうか．磁場が時間反転対称性を破り，散乱波の間に位相差が生じる．その位相差のおおよその見積りには，式(3.136)を使ってよいだろう．

同じ経路を逆向きにひと回りすると，式(3.136)の積分は大きさが等しく，逆符号になる．したがって，2 つの散乱波の位相差は

$$\frac{2e}{\hbar}\oint\boldsymbol{A}\cdot d\boldsymbol{r} = \frac{2e}{\hbar}\int_S(\nabla\times\boldsymbol{A})\cdot d\boldsymbol{S} = \frac{2e}{\hbar}\boldsymbol{\Phi} \tag{3.137}$$

となる．第 2 式は経路のかこむ面上の積分，$\boldsymbol{\Phi}$ は経路を貫く磁束である．この位相差が 1 のオーダーになると，2 つの散乱波の干渉は大いに損なわれることになろう．そうなる広がりの直径を L_B とすれば，$\boldsymbol{\Phi}\sim BL_B^2$ より $(2e/\hbar)BL_B^2\sim 1$，したがって

$$L_B\sim\sqrt{\hbar/2eB}$$

となる．これは数係数を別にすれば式(3.125)で定義した長さである．L_B は磁場が電子波の干渉を妨げる長さを意味する．

ここで，拡散を表わす $\Gamma_{\mathrm{d}}(\boldsymbol{q},\boldsymbol{\omega})$ に対する磁場効果について述べておこう．Γ の場合，そのもとになる Π は座標表示で式(3.100)のように定義された．これに対し，Γ_{d} のもとになる Π_{d} は座標表示にすると

$$\Pi_{\mathrm{d}}(\boldsymbol{r},\boldsymbol{r}';E) = \tilde{G}_+(\boldsymbol{r},\boldsymbol{r}';E)\tilde{G}_-(\boldsymbol{r}',\boldsymbol{r};E) \tag{3.138}$$

---

* 電子がある経路に沿って運動しており，波動関数 $\phi(\boldsymbol{r})$ がその経路上でのみ 0 でない場合は，位相は一意的に定まり，磁場効果は式(3.136)で表わされる．

となる．ここでゲージ変換を行なうと，$\tilde{G}_{\pm}$ は式(3.112)のように変換されるから，Π_{d} は変化しない．したがって，Γ_{d} もまたゲージ変換によって変化しないのである．これは，$\Gamma_{\mathrm{d}}(\boldsymbol{q},\omega)$ がこの節で行なった近似の範囲では磁場に依存しないことを意味する．

3-7 電子間相互作用の効果

ここまでの議論では，電子間の Coulomb 相互作用を電子の非弾性散乱の原因の 1 つと見るほかは無視してきた．固体電子系が多くの面で理想 Fermi 気体のように振る舞うことはよく知られている．これは，自由電子のように見えるものが実は**準粒子**で，相互作用の効果が準粒子の性質にくりこまれることによっている．このような見方は **Fermi 液体論**とよばれる(本講座 16「電子相関」参照)．これまでの議論は Fermi 液体論の上に立ってなされたといってよい．

Fermi 液体論は，電子間相互作用による電子の緩和時間が Fermi 面の近くでは非常に長くなり，したがって電子の振舞いが自由電子に近づくことに基づいている．だが，不規則ポテンシャルによって電子が局在する傾向を示す場合にも，このことはなり立つだろうか．実は，電子間相互作用は局在効果とからみあうことによって，電子の状態に大きな効果をもつことが知られている．ここでは，詳細は他の文献にゆずり*，考え方の概略と 2,3 の結果を述べるにとどめたい．

電子間相互作用を最低次(1 次)でとり入れたものが **Hartree-Fock 近似**である．それは Green 関数では電子の自己エネルギーに加わり，グラフでは図 3-14 のようになる．グラフで実線は 1 電子 Green 関数，波線は電子間相互作用を表わす**．

---

* H. Fukuyama : Prog. Theor. Phys. Suppl. No. 84(1985)47.

** 電子間相互作用について摂動展開を行なうときは，Green 関数は式(3.13)で定義したものではなく，因果 Green 関数(絶対零度)または温度 Green 関数(有限温度)を用いなければならない．

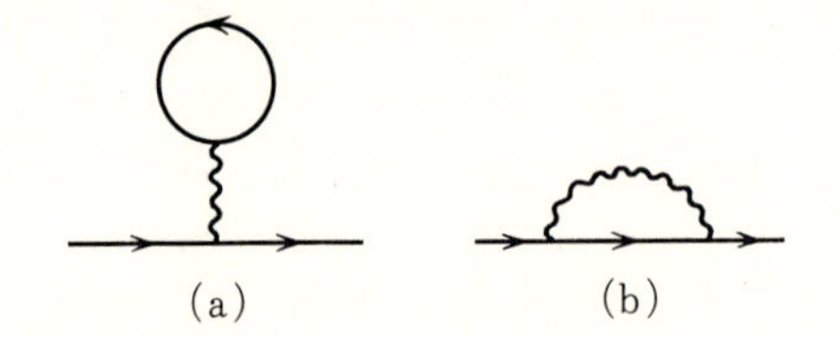

図 3-14 電子間相互作用による電子の自己エネルギーを表わすグラフ(摂動の1次).

不純物がある場合は，3-2節と同じように，Green関数をさらに不純物との相互作用について展開し，不純物分布について平均する，という手続きをとらなければならない．このとき，交換相互作用についてみると，2次ではたとえば図3-15のようなグラフが現われる．このうち，(a)は1電子のエネルギーに不純物散乱による寿命を与え，Green関数を式(3.19)から(3.30)に変えるにすぎない．これに対し，(b)は不純物散乱が直接，電子間相互作用に影響する項であり，新しい効果をもつと期待される．

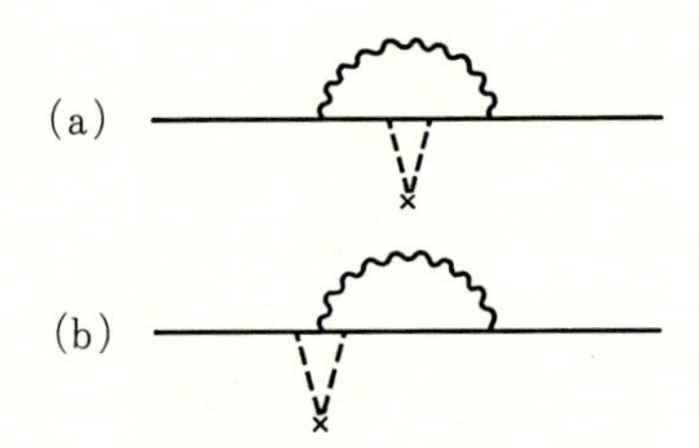

図 3-15 交換相互作用の自己エネルギーに対する不純物散乱の寄与(摂動の2次).

前節までの経験から，ここでもはしご型グラフが重要だろうという見込みで，図3-16のタイプのグラフを無限次まで考えてみよう．このグラフの枠で囲んだ部分に着目すると，この部分はちょうど図3-8(b)の$\Gamma_{\mathrm{d}}(\boldsymbol{q},\omega)$になっている．式(3.57)のように，$\Gamma_{\mathrm{d}}(\boldsymbol{q},\omega)$は$\boldsymbol{q}\to 0$，$\omega\to 0$で無限大になる．この発散のために，図3-16の自己エネルギーも，2次元では絶対零度で発散する．

弱局在効果では，有限温度で$\Gamma(\boldsymbol{q})$の発散を抑えるものは電子の非弾性散乱による寿命であった．3-3節で述べたように，非弾性散乱は$\Gamma_{\mathrm{d}}(\boldsymbol{q},\omega)$には影響せず，したがってその発散を抑える働きもしない．上に述べた自己エネルギーの発散では，かわりに温度によるFermi面のぼけが発散を抑える．

有限温度の計算は温度Green関数を用いて行なわなければならないが，その結果は2次元の場合，図3-16の自己エネルギーについて次のようになる．

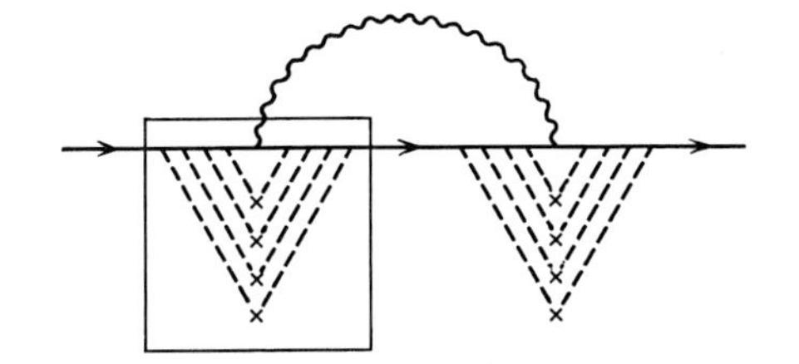

図 3-16 交換相互作用の自己エネルギーに対する不純物散乱の寄与(摂動の高次，はしご型グラフ).

$$\Sigma = \frac{i\hbar}{4\pi E_{\mathrm{F}}\tau^2} g \log\left(\frac{\hbar}{k_{\mathrm{B}}T\tau}\right) \tag{3.139}$$

ただし，g は電子の状態密度をかけて無次元化した電子間相互作用の強さである．この項は 1 電子 Green 関数の不純物散乱による自己エネルギー $i\hbar/2\tau$ に

$$\frac{i\hbar}{2\tau}\left[1+\frac{\hbar}{2\pi E_{\mathrm{F}}\tau} g \log\left(\frac{\hbar}{k_{\mathrm{B}}T\tau}\right)\right] \tag{3.140}$$

のように補正を加える．これに伴う伝導率への補正は，

$$\Delta\sigma = -\frac{e^2}{2\pi^2\hbar} g \log\left(\frac{\hbar}{k_{\mathrm{B}}T\tau}\right) \tag{3.141}$$

となり，ここからも弱局在効果と同じ形の異常項が生じる．g はほぼ 1 のオーダーの数になるから，大きさも弱局在効果と同程度である．

以上では交換相互作用に対する密度ゆらぎ Γ_{d} による補正を調べたが，同様の異常項は Γ からも生じ，また平均場の自己エネルギーにも現われる．これらの伝導率への寄与は，2 次元ではすべて同じ $\log T$ の形をもち，結果として，式(3.141)の g をいろいろな相互作用項からのものの和に置きかえればよい．

このように，相互作用の効果は伝導率の温度依存性については，弱局在効果と同じ振舞いを示す．しかし，磁場効果については，若干の注意が必要である．それは，3-6 節で述べたように，Γ は磁場の影響を受けるが Γ_{d} は受けないことによる．このため，式(3.141)のような温度依存性をもつ伝導率の補正項のうち，Γ から来る分は磁場によって抑えられるが，Γ_{d} からの分は磁場によって変化しない．

3-8 実験との比較

弱局在効果の理論は実験を見事に説明した．また，それだけではなく，理論と実験の比較によって，他の実験では知りえない固体電子に関する新しい知見をもたらしたのである．

弱局在効果はとくに2次元系で著しい．そこで，まず2次元系の実験について述べよう．

図3-17に銅薄膜の電気抵抗の温度依存性を示す．温度について3桁にわたる広い範囲で，抵抗が$\log T$について直線的に変化しているのが見られる．係数も伝導率になおしてみると理論の与える$e^2/\hbar$のオーダーであり，この温度変化が弱局在効果であることは間違いない．

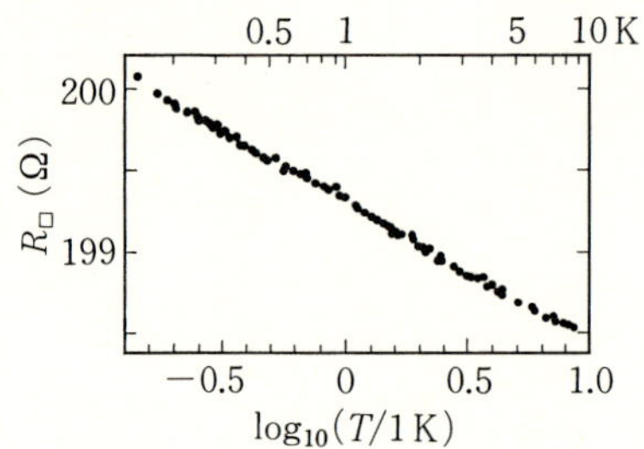

図3-17 Cu薄膜の電気抵抗の温度依存性．(S. Kobayashi, F. Komori, Y. Ootuka and W. Sasaki: J. Phys. Soc. Jpn. **49**(1980)1635)

前節で述べたように，抵抗の$\log T$変化には電子間相互作用も寄与する．したがって，係数には弱局在効果の与える普遍定数に加えて，非弾性散乱緩和時間τ_εの温度変化の指数p，電子間相互作用の強さgがまとまって入ることになる．この実験だけからは，これらを分けて知ることはできない．より詳しい知見を得るには，実験するときの外部パラメーターを増せばよい．すなわち，磁場をかけ，温度と磁場を変えて実験すればよいわけである．

磁場依存性の実験は，初めMOS界面の2次元電子系(5-3節参照)についてなされた．実験結果の特徴は，第1に伝導率が面に垂直な磁場成分に依存することであった．磁場効果が電子のスピンが磁場を受けることによる(Zeeman効果)場合は，効果が磁場の向きに大きく依存することはない．他方，電子の軌道運動が磁場の影響を受けるのであれば，2次元電子では面に平行な磁場は何の効果も持ちえない．効果が面に垂直な磁場成分によることは，これが軌道運動に対する磁場効果であることを示している．

第2の特徴は，弱磁場でも伝導率が変化することである．通常の磁気抵抗効果は電子軌道がLorentz力で曲げられることによって生じるもので，サイクロトロン運動の半径が平均自由行程lと同程度になったところで顕著になる．条件は緩和時間をτとして

$$\omega_c \tau \gtrsim 1 \qquad (\omega_c = eB/m)$$

としてもよい．MOSの電子系の場合，移動度からτを見積ると$\tau \sim 10^{-12}$ sであり，これから決まる磁場は数Tである．これに対し，実験では$B \sim 0.1$ Tあたりから伝導率の変化が見えており，普通の磁気抵抗としては説明できない．

MOSの磁気抵抗の実験は，これまで紹介してきた弱局在の理論に先立ってなされた．理論が出て，理論と実験の比較がなされ，見事な一致が見られたのであった．図3-18がその1つで，実線は理論式(3.124)を示す．実は，この比較では理論式に含まれる緩和時間τ_εのほか，全体の係数(1のオーダー)がパラメーターにとられている．理論との比較からτ_εを温度の関数として決めることができ，その結果は理論から予想されるように，τ_εは低温ほど長い．

半導体界面の電子の場合，普通の金属にはない複雑な事情がある．それは，半導体の伝導帯にはエネルギー最小の点(谷)が複数存在することである．図3-18の実験はシリコンの(100)界面上の電子についてのものだが，この2次元電子についていえば，2個の谷がある．電子が不純物によって散乱される場

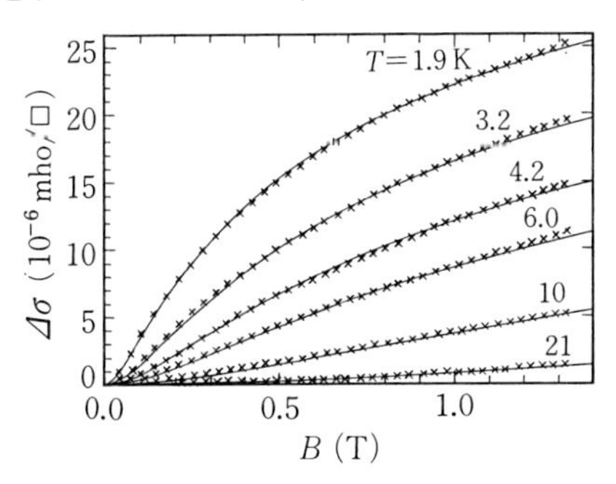

図3-18 Si(100)界面2次元電子の伝導率の磁場依存性．電子数密度は6.7×10^{15} m^{-2}．(S. Kawaji and Y. Kawaguchi: *Application of High Magnetic Fields in Semiconductor Physics*, ed. G. Landwehr (Springer-Verlag, 1983), p.53)

合，同じ谷内の電子状態間で遷移するときと，異なる谷の状態に遷移するときとでは，電子状態の波数の変化が前者では小さく後者では大きいため，一般に散乱の確率が異なる．かりに谷間の散乱がまったく起きないとすると，異なる谷に属する電子は独立な電子系になるから，弱局在の量子補正は各電子系ごとに生じ，測定されるものは谷のかず倍になるだろう．それに対し，谷間の散乱が谷内の散乱と同程度に頻繁に起こる場合は，電子は1つの電子系として振る舞い，係数は1になる．一般にはその中間になるはずで．図3-18の実験の解析で導入した係数のパラメターは，このような谷間散乱の効果と考えられる．

スピン-軌道相互作用は重い原子ほど強い．そこで，軽い金属に重い金属を混ぜて薄膜を作ることによって，スピン-軌道相互作用の強さの異なる試料を作ることができる．図3-19は，マグネシウムに金を重ねて蒸着した薄膜についての磁場効果の実験である．理論が予想したように，スピン-軌道相互作用の弱い試料では負の磁気抵抗が，強い試料では磁場の弱いところで正，それが磁場の強いところで負に変わる．これは3-6節で得た図3-13そのものといってよい．理論との比較から τ_{so} を見積ることができる．

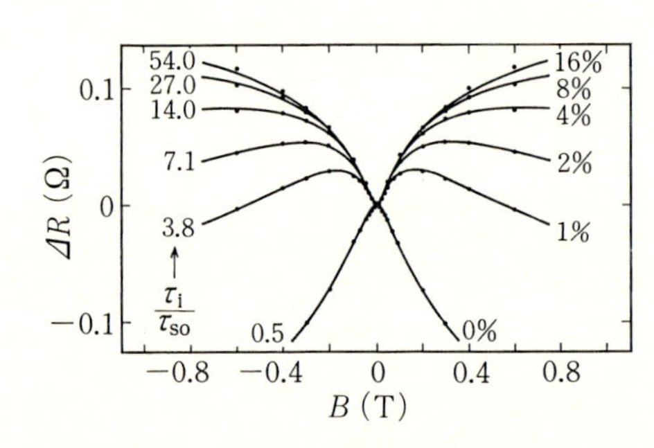

図3-19 Mg に Au を重ねて蒸着した薄膜の抵抗の磁場依存性．図中のパーセントは Au の厚みの割合を示す．Au が厚いほどスピン-軌道相互作用が強い．(G. Bergmann : Phys. Rev. Lett. **48**(1982)1046)

3次元では，弱い不規則性では局在しないが，弱局在効果は抵抗の温度，磁場依存性として見ることができる．2-3節で述べた半導体の不純物伝導で，磁場の増大とともに抵抗が減少する負の磁気抵抗が見られることは，古く1950年代から知られていた．普通の磁気抵抗は電子の軌道が Lorentz 力で曲げられるために生じるもので，符号は正である．負の磁気抵抗が生じる機構は何か，その長年のなぞが弱局在の理論によって見事に解決したのである．図3-20の

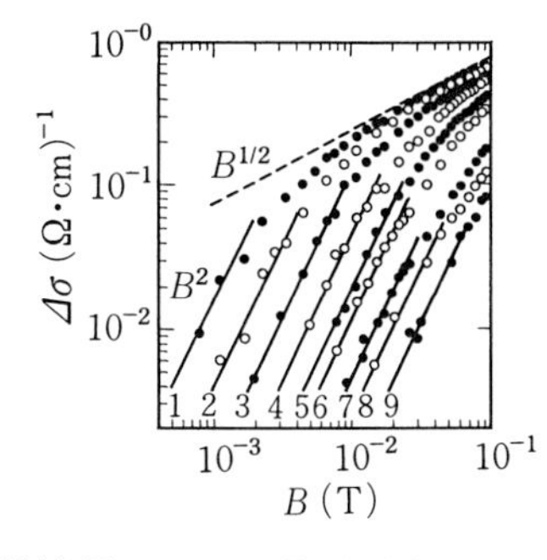

図 3-20 GaAs の不純物伝導における伝導率の磁場依存性．(S. Morita, N. Mikoshiba, Y. Koike, T. Fukase, M. Kitagawa and S. Ishida : J. Phys. Soc. Jpn. **53**(1984)2185)

実験結果では，理論が示すように，低磁場で B^2，高磁場で $B^{1/2}$ の振舞いがよく見えている*.

3-9 Al'tshuler-Aronov-Spivak 効果

3-6 節で，ある特別の場合には，波動関数に対する磁場の影響が式(3.136)のように位相の変化として表わされることを見た(58 ページ脚注)．実は，電子が図 3-21 のように筒状の 2 次元面上にあり，磁場がその筒に平行にかかっているときも，式(3.136)が厳密になり立つ．この場合には，散乱の経路が筒をひと回りしていると，時間反転の経路も筒を逆にひと回りし，位相差の式(3.137)で $\boldsymbol{\Phi}$ はつねに筒を貫く磁束になる．したがって，磁束がとくに

$$\boldsymbol{\Phi} = n\cdot\frac{\phi_0}{2}, \qquad \phi_0 = \frac{h}{e} \tag{3.142}$$

(n は整数)のとき，位相差は 2π の整数倍になり，干渉の起き方は磁場のない

図 3-21 平行な磁場中の筒状 2 次元面.

* 高磁場での弱局在効果は式(3.43)で L を L_B に置きかえればよく，$\Delta\sigma\propto B^{1/2}$ となる．

場合とまったく変わらない．さらにいえば，外部磁場を変え，$\boldsymbol{\Phi}$を変化させると，散乱波の干渉による弱局在効果，すなわち伝導率の量子補正項は$\phi_0/2$を周期として周期的に変動することがわかる．

このことを数式で確かめよう．z軸上に一定の磁束$\boldsymbol{\Phi}$がある場合，そのまわりのベクトルポテンシャルは円柱座標で表わすと，

$$A_z = A_r = 0, \qquad A_\theta = \frac{\boldsymbol{\Phi}}{2\pi r} \tag{3.143}$$

とすればよい．円筒状の2次元面の上に，円筒を巻く向きにx軸，軸に平行にy軸を選ぶと，上のベクトルポテンシャルは面上で

$$A_x = \frac{\boldsymbol{\Phi}}{L}, \qquad A_y = 0 \tag{3.144}$$

となる．ただし，Lは円筒の周の長さである．

このベクトルポテンシャルは面上でスカラー関数

$$\chi(x, y) = -\frac{\boldsymbol{\Phi}}{L}x \tag{3.145}$$

によるゲージ変換を行なえば消すことができる．そのとき波動関数は

$$\psi(x, y) \to \psi'(x, y) = e^{ie\boldsymbol{\Phi}x/\hbar L}\psi(x, y) \tag{3.146}$$

と変換される．波動関数$\psi'(x, y)$は$\boldsymbol{A}=0$のSchrödinger方程式にしたがう．ただし，ここで注意すべきことは，元の波動関数$\psi(x, y)$はx方向に対し周期的境界条件

$$\psi(x+L, y) = \psi(x, y) \tag{3.147}$$

にしたがうので，$\psi'(x, y)$に対する境界条件は

$$\psi'(x+L, y) = e^{-ie\boldsymbol{\Phi}/\hbar}\psi'(x, y) \tag{3.148}$$

となることである．

$\psi'(x, y)$を自由電子の波動関数とすれば，規格化定数を別にして

$$\psi(x, y) = e^{i(k_x x + k_y y)} \tag{3.149}$$

である．ここで波数ベクトルのx成分k_xは，ふつうは境界条件(3.147)により量子化され，$k_x=(2\pi/L)n$（nは整数）と与えられる．しかし，いま境界条

件は式(3.148)に変わっているから，$e^{ik_xL}=e^{-ie\boldsymbol{\Phi}/\hbar}$ より

$$k_x = \frac{2\pi}{L}\left(n-\frac{\boldsymbol{\Phi}}{\phi_0}\right) \tag{3.150}$$

でなければならない．

量子補正の式(3.47)で，$\boldsymbol{q}$ は電子の波数の和 $\boldsymbol{q}=\boldsymbol{k}+\boldsymbol{k}'$ であった．したがって，k_x, k_x' が式(3.150)で与えられることから，q_x の量子化された値は

$$q_x = \frac{2\pi}{L}\left(n-\frac{2\boldsymbol{\Phi}}{\phi_0}\right) \tag{3.151}$$

である．q_y は通常と同じでよい．筒は十分に長いとして，q_y については積分にして書くと

$$\Delta\sigma(\boldsymbol{\Phi}) = -\frac{2e^2}{\pi\hbar}\int\frac{dq_y}{2\pi}\sum_n\frac{1}{(2\pi/L)^2(n-2\boldsymbol{\Phi}/\phi_0)^2+{q_y}^2+L_\varepsilon^{-2}} \tag{3.152}$$

が得られる．積分と和の計算を行なうと，

$$\Delta\sigma(\boldsymbol{\Phi}) = -\frac{e^2}{4\pi^2\hbar}\left\{\log\left(\frac{L_\varepsilon}{l}\right)+2\sum_{n=1}^{\infty}K_0\left(\frac{nL}{L_\varepsilon}\right)\cos\left(4\pi n\frac{\boldsymbol{\Phi}}{\phi_0}\right)\right\} \tag{3.153}$$

ただし，$K_0(x)$ は第2種変形 Bessel 関数，その $x\to\infty$ における漸近形は

$$K_0(x) \cong e^{-x}/\sqrt{x} \tag{3.154}$$

である．

式(3.153)を見ると，第2項の $n=1$ の項が $\phi_0/2$ を周期とする振動項で，$\boldsymbol{\Phi}=(\phi_0/2)N$（$N$ は整数)のとき最小になる．$n\geqq 2$ の項はその高次の振動項を与える．各項の係数と式(3.154)を見ればわかるように，$L<L_\varepsilon$ であれば振動項は小さい．これは波が筒をひと回りする前に，非弾性散乱によって波の位相が乱され，筒を回った散乱波の干渉が起きなくなることを意味している．そのとき振動が消えることは明らかだろう．振動が消えれば，結果は2次元の式(3.48)に一致する．

以上ではスピン-軌道相互作用が働かない場合を考えたので，波の干渉が局在に効く $\boldsymbol{\Phi}=(\phi_0/2)N$ の場合，伝導率は極小値をとる．スピン-軌道相互作用が働く場合も同じように計算できるが，このとき干渉は反局在効果をもつため，

$\Phi=(\phi_0/2)N$ のとき伝導率は極大になる.

この効果は，初め Al'tshuler-Aronov-Spivak * により理論的に予言され，Sharvin-Sharvin により実験的に確められた．図 3-22 はマグネシウムの薄膜についての実験結果で，振動の周期は理論の予想と一致している．$B=0$ で抵抗が最小となっていることは，この試料ではスピン-軌道相互作用によって反局在効果が起きていることを示している．

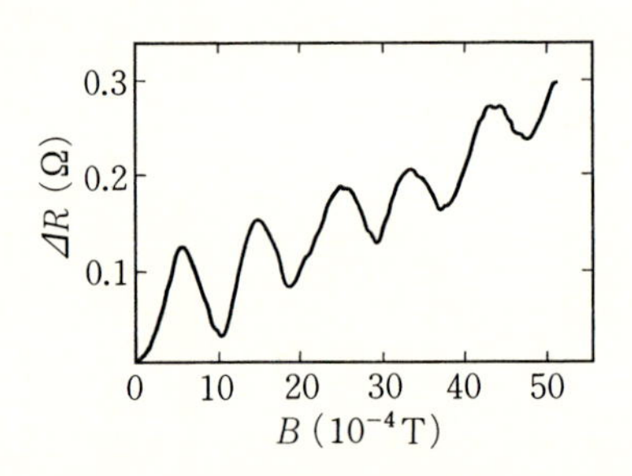

図 3-22 Mg 円筒薄膜の電気抵抗の磁場依存性．(D. Y. Sharvin and Y. V. Sharvin: JETP Lett. **34**(1981)272)

以上のような弱局在効果の研究は，新しい現象が発見されてそれが理論的に説明された，ということに止まるものではない．まず，それは固体内電子の干渉効果がマクロな物性に現われた，新しいタイプの量子現象であることに注目したい．そして同時に，その干渉に影響するメカニズムとして非弾性散乱，スピン-軌道相互作用の役割が明らかになり，その緩和時間 $\tau_\varepsilon, \tau_{so}$ が測定されたことも重要である．これらの物理量は他の実験手段によっては測りえないものであり，ここに固体物理の1つの新しい分野が開かれたということができよう．それは自然に，電子波干渉効果の問題として，メゾスコピック系の研究へとつながり，発展していったのである．

---

* B. L. Al'tshuler, A. G. Aronov and B. Z. Spivak : JETP Lett. **33**(1981)94.

4 メゾスコピック系の量子伝導

1 μm 程度の大きさの系は，原子のスケールに比べるとはるかに大きいにもかかわらず，低温では電子の波動関数の位相が系全体にわたって保たれる．このような系では，伝導現象にも波動関数の干渉効果が基本的な役割を果たす．それは，マクロとミクロをつなぐ，まったく新しい物理系である．

4-1 メゾスコピック系

近年，集積回路などの応用研究と関連して，微細加工の技術が目覚ましい進歩をとげ，1 μm 以下の小さな試料が作成できるようになった．このような試料はミクロな原子的スケールに比べるとずっと大きいが，われわれがマクロな系と呼ぶ普通の物体に比べるとはるかに小さい．このような中間的な大きさの物体は，その物理的性質においても，マクロな領域とミクロな領域を結ぶ興味深い振舞いを示し，**メゾスコピック(mesoscopic)系**と名付けられた．ここにメゾスコピック系の物理という新しい領域が開かれたのである．では，メゾスコピック系は物理的に見てどのような点が新しいのだろうか．

伝導電子の弱局在効果では，長さの次元をもつ量(位相緩和長)L_ε が重要な役割を担っていた．これは，有限温度で不規則ポテンシャル中を運動する電子が，その位相の記憶を保つ長さである．L_εは低温ほど長く，ふつうの金属では温度1Kで1μmの程度になる．したがって，十分に低温にし，また十分に小さな試料をつくると，試料全体にわたって電子の位相が保たれることになる．そこでは，電子の波としての性質にとくに注意しなければならない．非弾性散乱が起きると，個々の電子ごとに異なる仕方で位相が乱され，電子波の干渉に起因する量子効果が物体全体の性質では平均化されて，見えてこない．メゾスコピック系とは，量子干渉効果がマクロな系に特有な平均化を受けることなく観測される系，と定義づけることができよう．

系を特徴づけるもう1つの長さに，平均自由行程lがある．金属の試料などではlを長くすることは難しく，系の大きさLは通常$l \ll L$の領域にある．このような場合，電子は試料を通りぬけるとき，不純物等によってくり返し散乱され，拡散的な運動をする．これに対し，半導体界面に生じた2次元電子系では，lの大きな試料もつくることができ，最近$l > L$の場合も実現できるようになった．この場合，電子は試料中を**バリスティック**(弾道的)に運動する．前者では不規則な媒質中の電子波の伝播と干渉が問題であり，後者では電子波の伝播に対する，試料の形からくる境界条件の効果が重要である．本章では主として拡散領域のメゾスコピック系で見られるコンダクタンスのゆらぎについて述べ，バリスティック領域については最後の節で話題を紹介することにしたい．

4-2 コンダクタンスのLandauer公式

メゾスコピック系では，電気伝導も電子波の伝播として見なければならない．久保公式はこのような場合の伝導も扱いうるが，より直接的にコンダクタンスを量子力学的な表式として表わすこともできる．

図4-1(a)のように，試料の両端にリード線が付き，さらにその外に電極の付いた構造を考えよう．上で述べたように，試料の長さLは位相緩和長L_εより十分短く，試料の内部での非弾性散乱は考えなくてよいものとする．さらに，

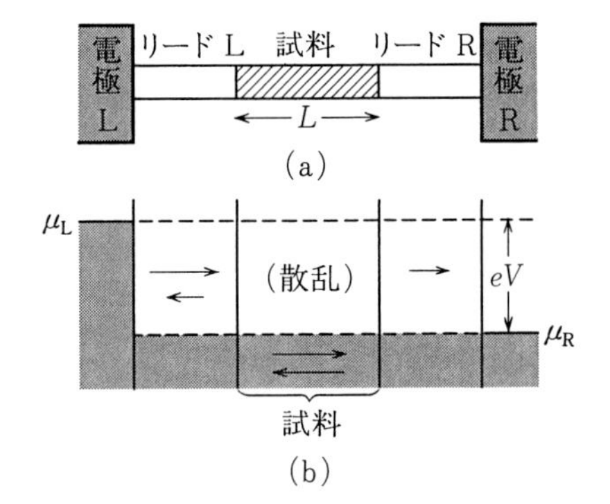

図 4-1 電極とリードでつないだ試料とその中の電子の流れ.

議論を簡単にするため，絶対零度とし，次のように仮定する.

(1) リード線は完全結晶で，そこでは電子の散乱は起きず，不規則ポテンシャルによる電子の散乱は試料の中でのみ起こる.

(2) 電極では電子の非弾性散乱が十分速やかに起きており，そこで電子はつねに絶対零度の平衡状態にある.

さて，電極 **L**, **R** の間に電位差が加わり，その化学ポテンシャル μ_L, μ_R 間に

$$\mu_L - \mu_R = eV \tag{4.1}$$

の差が生じているとしよう．エネルギーが μ_R より下の電子は両電極から試料に入射し，電子の流れは打ち消しあうから，電流に寄与しない．これに対し，μ_L と μ_R の間では，電極 **L** から右向きに入射する電子のみがあるので，そのうち試料を通過しえた電子が電流に寄与することになる(図 4-1(b)).

初め，純粋に1次元の系を考えよう．入射した電子が試料を透過する確率を T とする．一般に T は電子のエネルギーに依存するが，電位差が小さく，エネルギーの幅 eV が小さいとすれば，T は μ_L と μ_R 間のすべての電子に対して等しいとしてよい．1次元における状態密度は単位長さ，1スピン当り $(\pi\hbar v_F)^{-1}$ であるから，エネルギーの幅 eV の中にあって，試料に右向きに入射する電子の数は，単位時間当り

$$\Delta N = 2\cdot\frac{1}{2}\cdot\frac{eV}{\pi\hbar v_F}\cdot v_F = \frac{eV}{\pi\hbar} \tag{4.2}$$

となる．ただし，電極 L から試料に入射する電子は右向きの運動量をもつものだけであることに注意し(因子 1/2)，またスピン縮重を考慮した(因子 2)．このうち，試料を透過する電子数は $T\Delta N$，したがって，電流は左向きに

$$J = eT\Delta N = \frac{e^2}{\pi\hbar}TV$$

となり，コンダクタンスは

$$G = \frac{e^2}{\pi\hbar}T \tag{4.3}$$

と表わされる．これをコンダクタンスの **Landauer 公式**という*.

上の結果を試料，リード線が有限の幅をもつ場合に拡張することは難しくない．リード線を有限の幅の完全結晶とすれば，その中の電子状態はリード線に沿った方向と，それに垂直な方向の運動に分けることができる．垂直方向の運動は離散的な量子状態をつくり，各量子状態はリード線に沿った 1 次元的な**サブバンド**になる．図 4-2 に示すように，各サブバンドは異なる Fermi 波数を持つ．このとき，左右の電極間に電位差が加わると，試料には電子がリード線 L の各サブバンドから入射し，その一部がリード線 R の各サブバンドへ透過する．そして，透過した電子が電流に寄与することになる．電子の透過は電子波の散乱問題と見ることができるから，サブバンドを散乱問題の用語を使い，**チャネル**と呼ぶことにしよう．

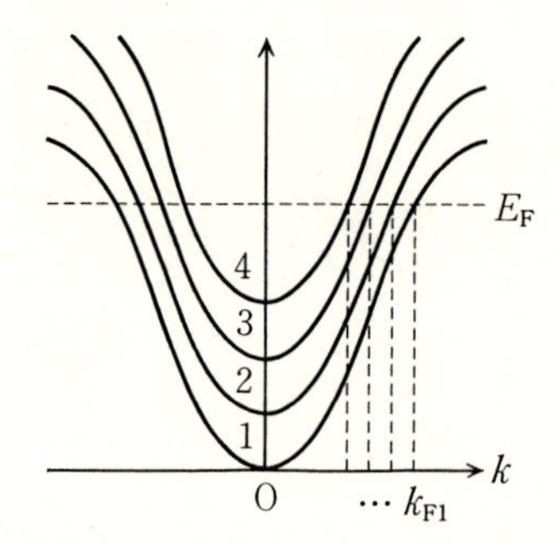

図 4-2 リード内電子状態の 1 次元サブバンド構造.

* R. Landauer : IBM J. Res. Dev. **1**(1957)223 ; Phil. Mag. **21**(1970)863.

ここで注意すべきことは，式(4.2)が示すように，各チャネルから入射する電子の流れは，チャネルに依存せず共通の大きさをもつことである．リード線Lのチャネル j から入射した電子がリード線Rのチャネル i に透過する確率を T_{ij} とすれば，チャネル i に生じる電子の流れは，入射チャネルについて和をとり

$$\frac{eV}{\pi\hbar}\sum_{j} T_{ij}$$

となる．したがって，電流はすべてのチャネルからの寄与を合わせて

$$J = \frac{e^2V}{\pi\hbar}\sum_{ij} T_{ij}$$

と得られる．すなわち，コンダクタンスは

$$G = \frac{e^2}{\pi\hbar}\sum_{ij} T_{ij} \tag{4.4}$$

となる．これが幅の有限な場合のLandauer公式である*.

電気伝導は不可逆現象であり，有限な電気抵抗はエネルギー散逸があって初めて生じる．このような見方からすると，量子力学的な散乱問題を解くことによってコンダクタンスが定まるとするLandauer公式は理解しにくい．しかし，この場合も電極ではエネルギー散逸が十分速やかに起きている(仮定(2))のであり，不可逆現象として電気伝導が起きていることに変りはない．またここでは立ち入らないが，不規則ポテンシャルによる弾性散乱のみが起きている場合には，久保公式からLandauer公式が導かれることも証明されている．

4-3 電子波の干渉とコンダクタンスゆらぎ

メゾスコピック系では電子波の位相が系全体にわたって保たれるから，電子波の干渉が電気伝導に重要な役割をすることになる．

---

* これは2端子回路の場合の式である．Landauer公式は多端子回路にも拡張されている(式(6.32))．

本題に入るまえに，真空中における電子波の干渉現象として興味深い **Aharonov-Bohm** 効果（AB 効果）について述べる．2本のスリットによる電子波の干渉実験を行なったとしよう．スリットに単色の電子波を当てると，スリットの後方においたスクリーン上には2本のスリットを通過した電子波間の干渉による縞模様が見える．ここで，スリットの間に長いソレノイドをおき，電流を流して磁束をつくったとする．3-6節で述べたように，磁束のまわりにはベクトルポテンシャルが生じ，ベクトルポテンシャルは電子の波動関数の位相を式(3.136)のように変える．このため，磁束を右に見て進む電子波と，左に見て進む電子波とがスクリーン上に達したとき，両者の間には磁束をひと回りした分の位相差

$$\Delta\theta = \frac{e}{\hbar}\oint \boldsymbol{A}(\boldsymbol{r})\cdot d\boldsymbol{r} = \frac{e}{\hbar}\boldsymbol{\Phi} = 2\pi\frac{\boldsymbol{\Phi}}{\phi_0} \tag{4.5}$$

が生じることになる．ただし，ϕ_0 は磁束量子 $\phi_0=h/e$ である．この位相差のため，電子波の干渉の仕方が変わり，干渉縞がずれる．$\boldsymbol{\Phi}=\phi_0$ で磁束による位相差は 2π になるから，縞模様は磁束がないときに戻り，以後 $\boldsymbol{\Phi}$ の増加とともに ϕ_0 を周期として周期的に変化する．この現象が AB 効果であり，実験的にも検証されている．

固体中の電子についても，電子波の位相が保たれているならば，AB 効果が見られるに違いない．図4-3のような，周の長さが L_ε より小さい金属の輪をつくり，両側にリード線を付けてコンダクタンスを測定したとしよう．左から入射した電子波が A 点でふた手に分かれ，B 点で合する．ここで起こる電子波の干渉がコンダクタンスに影響するはずである．輪を貫く磁束 $\boldsymbol{\Phi}$ があると，電子波の干渉が磁束の影響を受け，コンダクタンスが $\boldsymbol{\Phi}$ に依存する．AB 効果の考察から，変化が ϕ_0 を周期とする周期関数になることは明らかである．

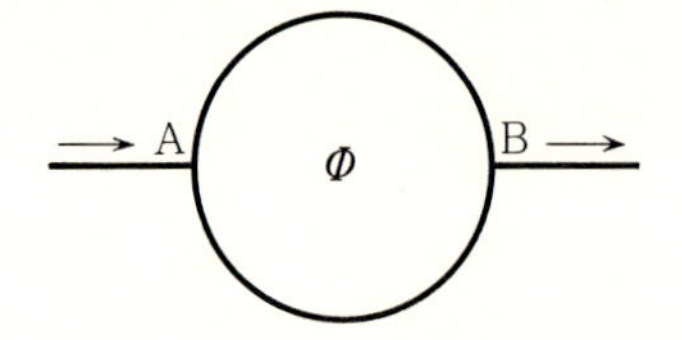

図 4-3 コンダクタンスに AB 効果が現われる回路．

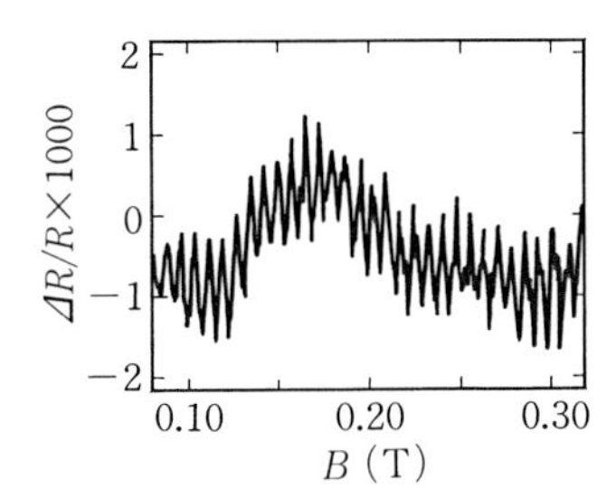

図 4-4　Au の輪(直径 0.784 μm, 幅 0.04 μm)の電気抵抗の磁場依存性．AB 効果による周期振動がみえる．(T=50 mK)．(R. A. Webb, S. Washburn, A. D. Benoit, C. P. Umbach and R. B. Laibowitz : Jpn. J. Appl. Phys. **26**(1987) Suppl. No. 26-3, 1926)

図 4-4 は，金でつくった微小な輪で行なわれた実験の結果である．コンダクタンスが磁場の関数として周期的に変動している．周期は，輪を貫く磁束の関数として見ると，ちょうど ϕ_0 になっており，上記の予測はこの実験によって確かめられた．振動の振幅は $e^2/\hbar$ のオーダーである．

じつは，図 4-4 の実験が行なわれる前，もう少し太い輪の試料で実験がなされたときは，このような周期的な変化は見えず，かわりにコンダクタンスが磁場によって複雑に変化するのが観測された．さらに，輪にしない単線の試料で実験しても，同じような複雑な磁場変化が見られたのである(図 4-5)．このコンダクタンスの磁場変化には次のような特徴がある．

(1)　同じ試料の測定では，何度測定しても同じパターンが得られる(再現性)．

(2)　同じ物質で，同じ大きさの試料をつくっても，パターンは試料ごとに異なる(試料依存性)．

(3)　変化の振幅は試料によらず，十分低温ではおよそ $e^2/\hbar$ である(普遍性)．

初めに，ゆらぎの原因がなんであれ，(3)のように試料の大きさに依存しな

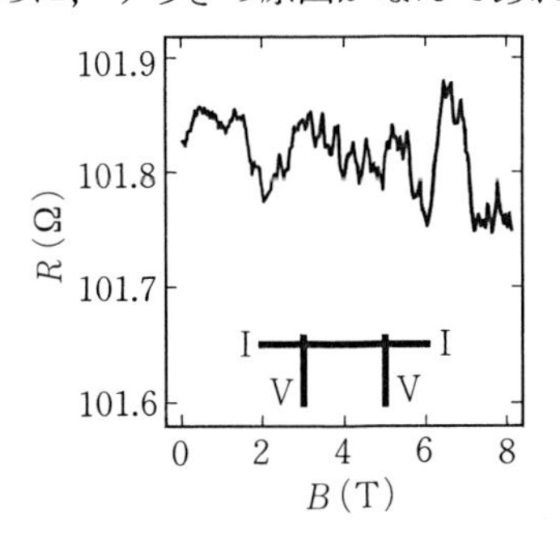

図 4-5　AuPd の単線(長さ 0.8 μm, 幅 0.04 μm)の電気抵抗の磁場依存性．乱雑な"ゆらぎ"が見える．(R. A. Webb, S. Washburn, A. D. Benoit, C. P. Umbach and R. B. Laibowitz : Jpn. J. Appl. Phys. **26**(1987)Suppl. No. 26-3, 1926)

いゆらぎは，普通の古典的な考え方では理解しえないことに注意したい．コンダクタンス G のゆらぎを ΔG とすれば，マクロな系では中心極限定理により

$$\frac{|\Delta G|}{G} \propto L^{-d/2} \tag{4.6}$$

である．一方，$G \propto L^{d-2}$ であるから，

$$|\Delta G| \propto L^{d/2-2} \tag{4.7}$$

となり，ゆらぎは系が大きいほど小さい．ここで式(4.7)では，系が独立な部分の集りであり，部分の数は L^d に比例することを仮定している．波動関数の位相が全系にわたって保たれているメゾスコピック系で，この仮定が成り立たないことは明らかだろう．また，ゆらぎの大きさが，弱局在による量子効果と同じ $e^2/\hbar$ のオーダーであることも，これが量子効果であることを示している．ゆらぎの大きさが試料によらず，普遍定数だけで決まる $e^2/\hbar$ のオーダーになることから，このゆらぎは**普遍コンダクタンスゆらぎ**(universal conductance fluctuation, UCF)と呼ばれている．

また(2)の実験事実は，複雑な磁場変化のパターンが個々の試料のミクロな構造の違いを反映するものであることを示唆している．ミクロな構造の違いとは個々の試料ごとに異なる不純物や欠陥の分布，すなわち不規則ポテンシャルの差である．それは，いわば個々の試料の個性を示すものであることから，**磁気指紋**(magneto-fingerprint)と名付けられた．

なぜ不規則ポテンシャルの差がコンダクタンスの磁場変化に現われるのだろうか．じつは，この複雑な磁場変化も，一種の AB 効果として理解することができる．試料の左端から入射した電子波は，不規則ポテンシャルの影響でいろいろな経路をたどり，右端に達するだろう．そのうち，図 4-6 のようにある 2 つの経路を経て右端に達した電子波の干渉を考えると，それは 2 つの経路が囲む面積を貫く磁束の関数として，ϕ_0 を周期とする周期的な変化をするに違いない．いろいろな経路をたどる電子波の干渉を磁場の関数として考えると，経路の囲む面積がいろいろであるのに対応して，いろいろな周期の周期関数になる．コンダクタンスはその重ね合わせの結果として，図 4-5 のような複雑な

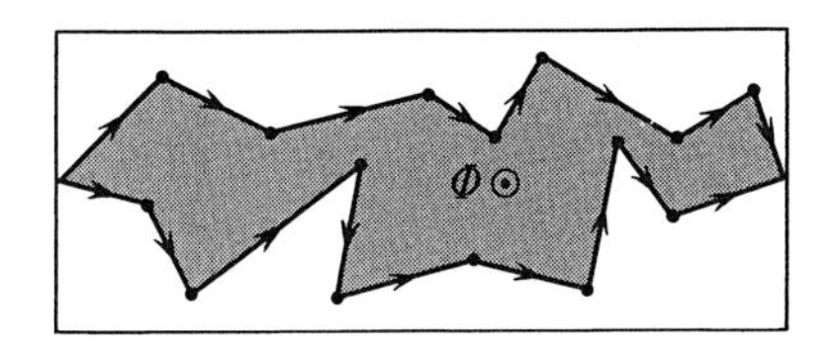

図 4-6 試料を伝わる電子波の経路.

磁場変化をする——というのである.

図 4-6 に見るように，代表的な 2 経路が囲む面積は試料全体が囲む面積の程度である．したがって，上記の説明が正しいとすれば，変動はおよそ試料全体を貫く磁束について周期が ϕ_0 となるように起こると思われる．図 4-5 の実験結果でピークの間隔はそのようになっており，この推測を裏付けている.

半導体界面に拘束された 2 次元電子系の場合，試料にかける電圧によって電子密度を変えることができる．この場合には，コンダクタンスをエネルギー（Fermi エネルギー）の関数として見ることが可能である．このとき，$G(E)$ もまた乱雑な変化をすることが見出され，そのパターンも磁場変化の場合と同様に，(1)～(3)の性質があることがわかった.

エネルギーによる乱雑な変動の周期は次のように見積られる．電子がランダムウォークをして長さ L の試料を通過するのに要する時間 t_{p} は，およそ $t_{\mathrm{p}}^{-1} \sim DL^{-2}$ により与えられる．したがって，経路の長さ L_{p} は

$$L_{\mathrm{p}} \sim v_{\mathrm{F}} t_{\mathrm{p}} \sim v_{\mathrm{F}} L^2/D$$

である．電子波の波数が Δk だけ変化したとき，試料の端で生じる電子波の位相の変化は $\Delta k L_{\mathrm{p}}$．これが 1 のオーダーになると干渉が変わり，コンダクタンスにも変化が現われる．電子のエネルギーの変化 ΔE と波数の変化 Δk との関係は，Fermi 面上で $\Delta k \sim \Delta E/\hbar v_{\mathrm{F}}$ であるから，$\Delta k L_{\mathrm{p}} \sim 1$ となるエネルギー変化を E_{c} と書けば

$$E_{\mathrm{c}} \sim \hbar/t_{\mathrm{p}} \sim \hbar D/L^2 \tag{4.8}$$

となる．この E_{c} をコンダクタンスがエネルギーの関数として変動する“相関距離”（エネルギー相関長）としてよい.

E_{c} というエネルギーの存在は，コンダクタンスゆらぎの温度依存性を考えるときも重要である．ゆらぎが見えるための第 1 の条件は，試料の大きさ L

が$L<L_\varepsilon$の条件を満たすほどに小さいことである．しかし，それだけでは十分でない．温度が上がるとFermi面がぼけ，その幅k_BTの中の電子がすべて伝導に寄与するようになる．その結果，測定されるコンダクタンスは，エネルギーの関数としてゆらいでいる絶対零度のコンダクタンス$G(E)$を，k_BTの幅で平均したものになる．したがって，$k_BT>E_c$になると，ゆらぎは平均によって消える．すなわち，ゆらぎが見えるためには，もう1つの条件

$$k_BT<E_c \tag{4.9}$$

が成り立っていなければならない．

4-4 UCFのミクロ理論

コンダクタンスの乱雑な磁場変化，エネルギー変化の起源が電子波の干渉であることは，前節で述べた通りである．しかし，このような定性的な考察だけでは，変動の大きさが試料によらず$e^2/\hbar$の程度になることは説明できない．もっとミクロな立場からの理論的検討がなされねばならない．

まず，数値的なシミュレーションの結果を示そう．図4-7は，1-2節で扱ったtight-binding模型で量子力学の問題を数値的に解いて磁場中の透過確率を求め，Landauer公式(4.4)によって計算したコンダクタンスの磁場依存性である．計算結果は実験で得られたゆらぎの特徴をよくとらえている．ゆらぎの大きさは，試料の大きさ，試料中の不規則ポテンシャルを変えても，いつもおよそ$e^2/\hbar$となり，この点でも実験と一致している．

理論的取扱いには，摂動展開が可能な久保公式から出発するのがよい*．し

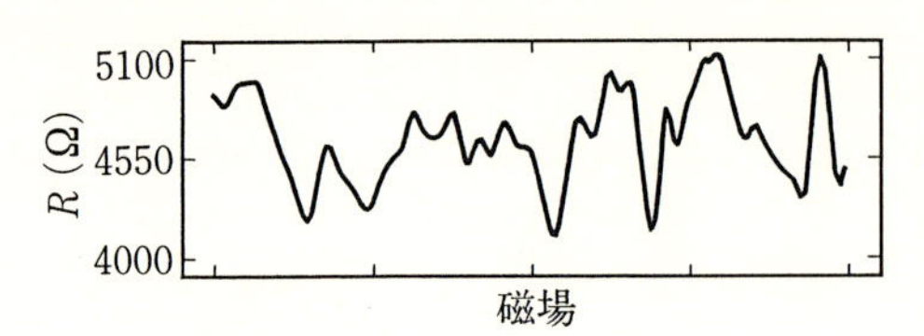

図4-7 単線の電気抵抗の磁場依存性——数値シミュレーション．(A.D. Stone : Phys. Rev. Lett. 54(1985)2692)

* 以下の議論はP.A. Lee and A.D. Stone : Phys. Rev. Lett. 55(1985)1622による．

かし，久保公式に基づいたとしても，数値計算によらない限り，個々の試料を対象にすることはできない．摂動展開を行なうにしても，不純物分布についての平均，すなわちさまざまな不純物分布をもつ多数の試料についてのアンサンブル平均をとる必要がある．一方，実験的に得られるものは，1つの試料のコンダクタンス G の磁場 B，またはエネルギー E 依存性である．そこで，ゆらぎの取扱いには，一種の“エルゴード仮説”を採用しなければならない．

変数 E と B をまとめて x で表わす．関数 $G(x)$ は試料ごとに異なるわけだが，その共通の特徴を見るには，“相関関数”に注目すればよい．統計力学で時間的にゆらいでいる物理量を扱うときの時間相関関数に似せて，変数 x についての相関関数

$$F(\varDelta x) = \langle (G(x)-\bar{G})(G(x+\varDelta x)-\bar{G})\rangle_x$$
$$= \langle G(x)G(x+\varDelta x)\rangle_x - \bar{G}^2 \qquad (4.10)$$

を定義する．ただし

$$\bar{G} = \langle G(x)\rangle_x \qquad (4.11)$$

であり，$\langle\cdots\rangle_x$ は x についての平均

$$\langle f(x)\rangle_x = \frac{1}{X}\int_0^X f(x)dx \qquad (4.12)$$

を表わす．$F(\varDelta x)$ は実験で求めることのできる量であり，平均をとる幅 X を十分に大きくとれば $\varDelta x$ だけの関数になるとしてよいだろう．ここで“エルゴード仮説”というのは，x についての平均がアンサンブル平均，すなわち不純物分布についての平均に等しい，というものである*．この仮定が正しければ，相関関数を

$$F(\varDelta x) = \langle G(x)G(x+\varDelta x)\rangle_{\rm imp} - \langle G(x)\rangle_{\rm imp}^2 \qquad (4.13)$$

とすることができ，$F(\varDelta x)$ は x に依存しない．この $F(\varDelta x)$ であれば，第3章で用いた手法によって，理論的に計算することができる．

この仮説を実験的に証明するには多数の試料をつくる必要があり，容易でな

* x を時間に読みかえれば，この仮定は統計力学におけるエルゴード仮説にほかならない．

い．しかし，計算機シミュレーションであれば簡単で，実際その検証がなされ，よく成り立つことが示されている．

久保公式に基づいてコンダクタンスの積をグラフに表わすと，図4-8の左辺のように2つの閉じたループが描かれる．これを不純物との相互作用について摂動展開すると，各ループには不純物との相互作用がつく．図の意味は，図3-1と同じである．ここで不純物分布について平均すると，3-2節で見たように，不純物との相互作用を2本ずつ対にして結ぶことになる．このとき，図4-8の右辺のように，2つのループが相互作用線で結ばれていないグラフ(a)と結ばれたグラフ(b)が生じる．前者は，コンダクタンスを別々に平均したものにほかならず，式(4.13)の相関関数 $F(\Delta x)$ を求めるとき，第2項がちょうど打ち消す．したがって，2つのループが相互作用線で結ばれたグラフだけを計算すればよい．

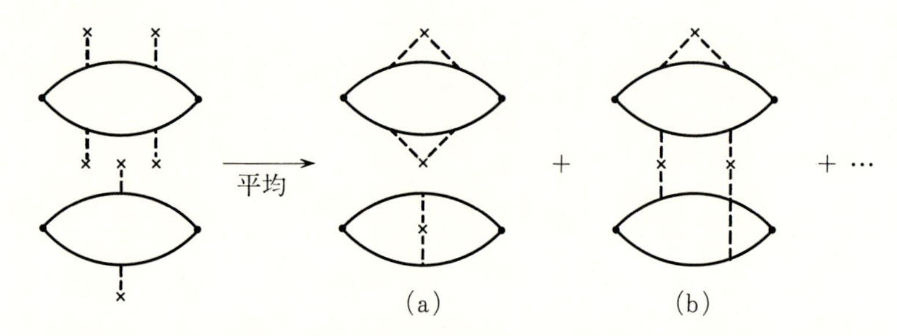

図4-8 コンダクタンスの積の平均のグラフ．2つのループが相互作用で結ばれていないもの(a)と，結ばれたもの(b)が生じる．

どのようなグラフが重要で，それがどのような寄与をするかの分析はかなり複雑である．しかし，弱局在効果の計算の経験から，重要なグラフがどれかの見当をつけることはできよう．その1つが図4-9(a)で，そこに含まれるはしご型グラフ Γ_d が重要な寄与をする．

計算には境界条件を正しく考慮しなければならない．そのためには，3-6節で弱局在への磁場効果を論じたときのように，Green関数を座標表示するのが便利である．初め磁場がない場合を考える．はしご型グラフの和 Γ_d(図3-8)に対する座標表示の積分方程式は

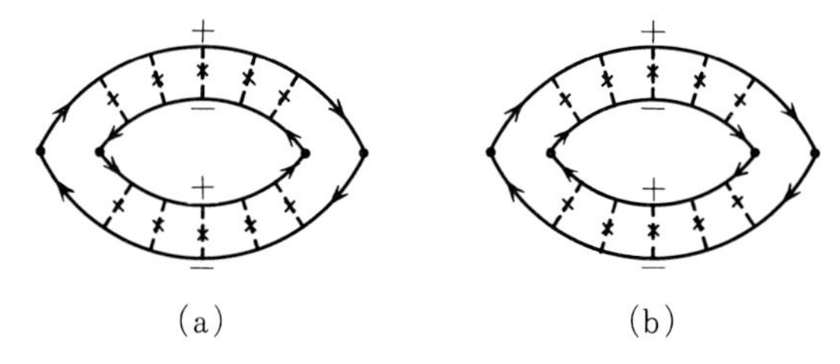

図 4-9 UCFに効くグラフ．±はGreen関数 $G_\pm$ を表わす．

$$\Gamma_{\mathrm{d}}(\boldsymbol{r},\boldsymbol{r}' ; \Delta E) = \gamma\delta(\boldsymbol{r}-\boldsymbol{r}')+\gamma\int \Pi_{\mathrm{d}}(\boldsymbol{r},\boldsymbol{r}_1 ; \Delta E)\Gamma_{\mathrm{d}}(\boldsymbol{r}_1,\boldsymbol{r}' ; \Delta E)d\boldsymbol{r}_1 \tag{4.14}$$

$$\Pi_{\mathrm{d}}(\boldsymbol{r},\boldsymbol{r}' ; \Delta E) = \tilde{G}_+(\boldsymbol{r},\boldsymbol{r}' ; E)\tilde{G}_-(\boldsymbol{r}',\boldsymbol{r} ; E+\Delta E) \tag{4.15}$$

となる．この積分方程式は，空間的にゆっくりした変化に注目するときは，Π_{d} を核とする積分演算を微分演算子

$$\hat{\Pi}_{\mathrm{d}}(\Delta E) = \frac{2\pi}{\hbar}\Omega\rho\tau\left(1-i\frac{\Delta E\tau}{\hbar}+D\tau\nabla^2\right) \tag{4.16}$$

で置きかえることにより，次の微分方程式に直すことができる．

$$\left(-D\nabla^2+i\frac{\Delta E}{\hbar}\right)\Gamma_{\mathrm{d}}(\boldsymbol{r},\boldsymbol{r}' ; \Delta E) = \frac{\gamma}{\tau}\delta(\boldsymbol{r}-\boldsymbol{r}') \tag{4.17}$$

ここで，固有値方程式

$$\left(-D\nabla^2+i\frac{\Delta E}{\hbar}\right)\Psi_n(\boldsymbol{r}) = \lambda_n\Psi_n(\boldsymbol{r}) \tag{4.18}$$

の固有値 λ_n と固有関数 $\Psi_n(\boldsymbol{r})$ を使うと，$\Gamma_{\mathrm{d}}(\boldsymbol{r},\boldsymbol{r}' ; \Delta E)$ は

$$\Gamma_{\mathrm{d}}(\boldsymbol{r},\boldsymbol{r}' ; \Delta E) = \frac{\gamma}{\tau}\sum_n\frac{\Psi_n(\boldsymbol{r})\Psi_n^*(\boldsymbol{r}')}{\lambda_n} \tag{4.19}$$

と表わされる．

図4-9のグラフを座標表示で計算するとき，両端についた1電子Green関数は l の程度で減衰すること，また $\Gamma_{\mathrm{d}}(\boldsymbol{r},\boldsymbol{r}' ; \Delta E)$ は系の大きさ L の程度のゆっくりした変化が重要であることに注意すれば，相関関数 $F(\Delta E)$ は

$$\int \Gamma_{\mathrm{d}}(\boldsymbol{r},\boldsymbol{r}' ; \Delta E)\Gamma_{\mathrm{d}}(\boldsymbol{r}',\boldsymbol{r} ; \Delta E)d\boldsymbol{r}d\boldsymbol{r}' \tag{4.20}$$

に比例することがわかる．式(4.19)を使い，この部分は

$$\left(\frac{\gamma}{\tau}\right)^2 \sum_n \frac{1}{\lambda_n{}^2} \tag{4.21}$$

となる．両端の Green 関数を積分して係数を求め，相関関数として

$$F(\varDelta E) = \left(\frac{4e^2}{\pi^2\hbar}\right)^2 \frac{D^2}{L_z{}^4} \sum_n \frac{1}{\lambda_n{}^2} \tag{4.22}$$

が得られる．

有限系で境界条件を考慮して相関関数を求めるには，式(4.14)を解くとき $\Gamma_{\mathrm{d}}(\boldsymbol{r}, \boldsymbol{r}')$ に対して物理的な状況にみあった境界条件を課せばよい．これは固有関数 $\Psi_n(\boldsymbol{r})$ に同じ条件を課すことを意味する．試料の形を長方形と仮定し，電流を流す方向の辺の長さを L_z，それと垂直な方向の辺の長さを L_x, L_y とする．側面上では面に垂直な向きの流れが0であるから，境界条件は

$$\left[\frac{\partial \Psi_n}{\partial x}\right]_{x=0, L_x} = 0, \qquad \left[\frac{\partial \Psi_n}{\partial y}\right]_{y=0, L_y} = 0 \tag{4.23}$$

また，両端には完全結晶のリード線につながれているので，端の面に入射した電子はフリーパスで外に出る．そのことに対応する境界条件は，面が吸いこみ口であるとして，

$$[\Psi_n]_{z=0, L_z} = 0 \tag{4.24}$$

である．式(4.23),(4.24)の条件を課したときの式(4.18)の固有値は

$$\lambda_{n_1 n_2 n_3} = D\left\{\left(\frac{\pi}{L_x}\right)^2 n_1{}^2 + \left(\frac{\pi}{L_y}\right)^2 n_2{}^2 + \left(\frac{\pi}{L_z}\right)^2 n_3{}^2\right\} + \frac{i\varDelta E}{\hbar} \tag{4.25}$$

$$(n_1, n_2 = 0, 1, 2, \cdots ; n_3 = 1, 2, 3, \cdots)$$

となる．

初め $\varDelta E=0$ の場合を考えよう．式(4.22),(4.25)より

$$F(0) = \left(\frac{4}{\pi^2}\right)^2 \left(\frac{e^2}{\hbar}\right)^2 \sum_{n_1=1}^{\infty} \sum_{n_2=1}^{\infty} \sum_{n_3=0}^{\infty} \frac{1}{[(L_z/L_x)^2 n_1{}^2 + (L_z/L_y)^2 n_2{}^2 + n_3{}^2]^2} \tag{4.26}$$

となる．実をいうと，ゆらぎに $e^2/\hbar$ のオーダーの寄与をするグラフは，図

4-9 (a)のほかにも多数存在する．その 1 つが図 4-9 (b)で，ここでははしご部分が弱局在効果に重要だった Γ におきかわっている．Γ と Γ_{d} に対する方程式がまったく同じであったことからも明らかなように，このグラフの寄与は式(4.26)に等しい．ほかにも同じオーダーの寄与をするグラフがあり，それらの寄与をすべて加えあわせて，次のような結果が得られる．

$$\frac{\sqrt{F(0)}}{e^2/\hbar}=\begin{cases}0.729 & (1\,\text{次元的}\quad L_z\gg L_x, L_y)\\ 0.862 & (2\,\text{次元的}\quad L_z=L_x\gg L_y)\\ 1.088 & (3\,\text{次元的}\quad L_z=L_x=L_y)\end{cases} \tag{4.27}$$

ΔE が大きくなると，ゆらぎの相関は次第に失われる．式(4.25)から，$F(\Delta E)$ が $F(0)$ の 1/2 程度になるのは，およそ $DL_z^{-2}\sim\Delta E/\hbar$ のところである．したがって，$F(\Delta E)$ のエネルギー相関長は

$$E_{\mathrm{c}}\sim\frac{\hbar D}{L_z^2} \tag{4.28}$$

と見積ることができる．これは前に定性的な議論で得た式(4.8)と一致する．

つぎに磁場の効果を考えよう．3-6 節，3-7 節で Γ は磁場の影響を強く受けるが，Γ_{d} は磁場に影響されないことを知った．このため，図 4-9 (b)のグラフによるゆらぎは磁場によって抑えられ，磁場中のゆらぎは図 4-9 (a)のように Γ_{d} から生じるものだけになる．これは別の型のグラフについてもいえることで，磁場中のゆらぎは磁場がないときのちょうど半分になる．

Γ と Γ_{d} に対する磁場の効果の差は，Π と Π_{d} のゲージ変換の違いに起因していた．たしかに，式(3.138)の場合のように $\tilde{G}_+$ と $\tilde{G}_-$ が同じ磁場のもとにあれば，Π_{d} はゲージ変換を受けない．これは，ゆらぎの相関の場合では $\Delta B=0$ に当る．一般に $\Delta B\neq 0$ の場合，$\tilde{G}_+$ と $\tilde{G}_-$ は異なる磁場，異なるベクトルポテンシャルのもとにある．いま，$\tilde{G}_+$ はベクトルポテンシャル $A(\boldsymbol{r})$，$\tilde{G}_-$ はベクトルポテンシャル $A'(\boldsymbol{r})$ のもとにあり，それぞれがスカラー関数 $\chi(\boldsymbol{r})$，$\chi'(\boldsymbol{r})$ によってゲージ変換(3.112)を受けたとしよう．このとき，$\Pi_{\mathrm{d}}(\boldsymbol{r},\boldsymbol{r}')$ は

$$\begin{aligned}\Pi_{\mathrm{d}}(\boldsymbol{r},\boldsymbol{r}') &\to e^{ie(\Delta\chi(\boldsymbol{r})-\Delta\chi(\boldsymbol{r}'))/\hbar}\,\Pi_{\mathrm{d}}(\boldsymbol{r},\boldsymbol{r}')\\ \Delta\chi(\boldsymbol{r}) &= \chi(\boldsymbol{r})-\chi'(\boldsymbol{r})\end{aligned} \tag{4.29}$$

のゲージ変換を受けることになる．したがって，3-6 節で式(3.116)を導いたときと同じように考えて，$\Delta E=0$, $\Delta B \neq 0$ のとき $\Gamma_{\mathrm{d}}(\boldsymbol{r}, \boldsymbol{r}')$ に対する微分方程式は

$$-D\left(\nabla - \frac{e}{i\hbar}\Delta \boldsymbol{A}\right)^2 \Gamma_{\mathrm{d}}(\boldsymbol{r}, \boldsymbol{r}') = \frac{\gamma}{\tau}\delta(\boldsymbol{r}-\boldsymbol{r}') \tag{4.30}$$

また，対応する固有値方程式は

$$-D\left(\nabla - \frac{e}{i\hbar}\Delta \boldsymbol{A}\right)^2 \Psi_n(\boldsymbol{r}) = \lambda_n \Psi_n(\boldsymbol{r}) \tag{4.31}$$

となることがわかる．$\Delta \boldsymbol{A}$ は磁場の差 ΔB を表すベクトルポテンシャルである．

式(4.31)によると，ΔB が大きくなると，“Landau 準位”の形成によって固有値 λ_n が増大し，相関関数 $F(\Delta B)$ が減少する．その目安の磁場相関長 ΔB は，“最低 Landau 準位”の“エネルギー” $\hbar\omega_{\mathrm{c}}/2$ がサイズ効果による“エネルギー間隔” $DL_z{}^{-2}$ と同程度になるところ，としてよい．式(3.119)と同様に $\hbar\omega_{\mathrm{c}} \sim De\Delta B/\hbar$ であるから，$De\Delta B/\hbar \sim DL_z{}^{-2}$ より

$$B_{\mathrm{c}} \cong \frac{\phi_0}{L_z{}^2}, \qquad \phi_0 \equiv \frac{h}{e} \tag{4.32}$$

となる．これは“Landau 準位”の広がり $\sqrt{\hbar/e\Delta B}$ が系のサイズ L_z と同程度になる磁場と考えてもよい．この結果も 3-2 節で定性的な議論により得られたものと一致する．

以上のようなミクロな計算によって，メゾスコピック系のコンダクタンスのゆらぎが，オーダー $e^2/\hbar$ の普遍的な大きさをもつことが示された．しかし，計算はかなり複雑で，そこから物理的な意味を読みとることは容易でない．

ここで，Landauer 公式の立場にもどり，コンダクタンスを不規則な媒質を伝わる電子波の問題として考えたとしよう．チャネルの数を N とすれば，コンダクタンスは式(4.4)のように N^2 個の透過確率 T_{ij} の和で与えられる．かりに各 T_{ij} が独立にゆらぐとすれば，コンダクタンスの相対的なゆらぎ $\Delta G/G$ は $1/N$ に抑えられる．コンダクタンスは $G \sim (e^2/\hbar)Nl/L$ と見積ることができるので，ゆらぎは，

$$\Delta G \sim \frac{e^2}{\hbar}\frac{l}{L} \ll \frac{e^2}{\hbar}$$

となって，UCF は得られない．これは透過確率が独立にゆらぐとした仮定が正しくないことを意味している．電子波が試料中を左端から右端へ伝播するとき，入口と出口のチャネルは異なっても，試料の中の経路は実質的には1つに限られていて，したがって T_{ij} のゆらぎは独立ではあり得ない——UCF はこのような状況から生じるものと考えられる．

4-5 バリスティックな伝導

電子の平均自由行程の長い試料では，電子は試料中を散乱を受けることなくバリスティックに運動する．このような場合には，試料の形をいろいろ変えることによって，興味深い伝導現象を見ることができる．この節では，その1つの実験を紹介しよう．

実験は，半導体の界面(ヘテロ接合界面，5-3節参照)上の2次元電子を用いてなされた．界面の上に金属を決まった形に蒸着して電圧をかけることにより，電流の流れる道すじに狭い関門(ゲート)をとりつける．ゲートの幅は電圧によって調節できるようにしてある．こうして，幅 W を変えながらコンダクタンスを測定した結果が図4-10で，コンダクタンスの階段状の変化が見出された．階段の高さはほぼ $e^2/\pi\hbar$ であった．コンダクタンスが量子化されるのである．

この結果は，定性的には Landauer 公式から説明することができる．すなわち，幅 W のゲート内で電子の横方向の運動は量子化され，そのエネルギーは

$$E_n = \frac{\hbar^2}{2m}\left(\frac{\pi}{W}\right)^2 n^2 \qquad (n=1, 2, \cdots) \tag{4.33}$$

となり，図4-2のような1次元的サブバンドが作られる．ここで W を大きくしていくと，Fermi エネルギーより下の，電子が通過するチャネル数が増加する．この場合，不純物による電子の散乱はないから，Landauer 公式(4.4)の透過確率 T_{ij} は

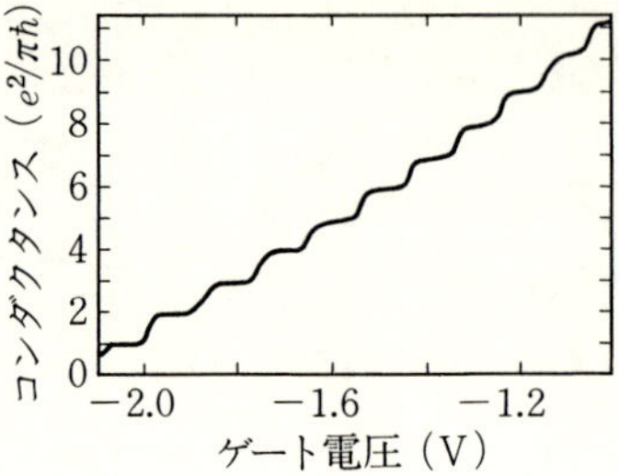

図 4-10 ゲートによるコンダクタンスの量子化．ゲート電圧により電子の通過できるゲートの幅が変わる．（B. J. van Wees, H. van Houten, C. W. J. Beenakker, J. G. Williamson, L. P. Kouwenhoven, D. van der Marel and C. T. Foxon : Phys. Rev. Lett. 60(1988)848）

$$T_{ij} = \delta_{ij} \tag{4.34}$$

になると考えてよい．したがって，チャネル数を N とすれば，コンダクタンスは

$$G = \frac{e^2}{\pi\hbar}N \tag{4.35}$$

となり，N の増加とともに $e^2/\pi\hbar$ ずつ，階段状に増加することになる．図 4-10 は Landauer 公式を直接的に実証した実験ということもできよう．実際上は，ゲートの形があまり角ばっていると，入口，出口で反射や干渉が起き，きれいな階段にはならない．どのような形のとき階段が見えるようになるか，等のことは電子波の伝播の問題として研究されている．

バリスティックな伝導の場合，興味深い点は電子は光と違って電荷をもつため磁場の影響を受けることで，ゲートと磁場との組合せで，いろいろ興味深い現象が見つかっている．

補遺

電気伝導率の久保公式

線形応答理論に基づき，電気伝導率の久保公式を導く．初め時間変化する電場 $\boldsymbol{E}(t)$ を考え，これをベクトルポテンシャル $\boldsymbol{A}(t)$ で表わす．

$$\boldsymbol{E}(t) = -\frac{d\boldsymbol{A}(t)}{dt} \tag{A.1}$$

$\boldsymbol{A}(t)$ があるときの電子系のハミルトニアンは，$\boldsymbol{A}=0$ のときのハミルトニアンを $\mathcal{H}_0$ とし，$\boldsymbol{A}(t)$ の1次までで

$$\mathcal{H} = \mathcal{H}_0+\mathcal{H}'(t), \qquad \mathcal{H}'(t) = -\boldsymbol{J}\cdot\boldsymbol{A}(t) \tag{A.2}$$

$$\boldsymbol{J} = -\frac{e}{m}\sum_i \boldsymbol{p}_i \tag{A.3}$$

$\boldsymbol{p}_i$ は電子の運動量，$\boldsymbol{J}$ は $\boldsymbol{A}=0$ のときの全電流である．

密度行列 ρ の従う運動方程式

$$\frac{\partial\rho}{\partial t} = \frac{1}{i\hbar}[\mathcal{H},\rho] \tag{A.4}$$

において，ρ を $\boldsymbol{A}=0$ における熱平衡の密度行列 ρ_0 とそれからのはずれ $\rho'(t)$ に分けて $\rho=\rho_0+\rho'(t)$ とし，系は $t=-\infty$ に熱平衡にある $(\rho'(-\infty)=0)$ とし

て積分すると，$\boldsymbol{A}$ の1次までの近似で

$$\rho'(t) = \frac{1}{i\hbar}\int_{-\infty}^{t} dt' e^{-i\mathcal{H}_0(t-t')/\hbar}[\mathcal{H}'(t'), \rho_0]e^{i\mathcal{H}_0(t-t')/\hbar} \tag{A.5}$$

$\boldsymbol{A} \neq 0$ のとき，全電流の演算子は

$$\tilde{J} = -\frac{e}{m}\sum_i(\boldsymbol{p}_i + e\boldsymbol{A}) = \boldsymbol{J} - \frac{Ne^2}{m}\boldsymbol{A} \tag{A.6}$$

（N は全電子数），測定される電流は

$$\langle \tilde{J} \rangle_t = \mathrm{tr}(\rho(t)\tilde{J}) \tag{A.7}$$

で与えられる．以下，外場と平行に流れる電流に注目し，外場の方向を x 軸に選ぶ．式(A.5)により

$$\langle \tilde{J} \rangle_t = -\frac{1}{i\hbar}\int_{-\infty}^{t}\langle[J_x(t-t'), J_x]\rangle A(t')dt' - \frac{Ne^2}{m}A(t) \tag{A.8}$$

ただし，$\langle\cdots\rangle$ は熱平衡 ρ_0 についての平均，$J_x(t)$ は J_x の Heisenberg 表示を表わす．

ここで，外場は角振動数 ω で振動しているとし，

$$E(t) = E_\omega e^{-i\omega t+\varepsilon t}, \quad A(t) = A_\omega e^{-i\omega t+\varepsilon t} \tag{A.9}$$

$$E_\omega = i\omega A_\omega \tag{A.10}$$

（ε は正の無限小量）とおく．このとき，電流も角振動数 ω で振動するので，電流密度 $j(t) = \langle \tilde{J} \rangle_t/\Omega$ について

$$j(t) = j_\omega e^{-i\omega t+\varepsilon t} \tag{A.11}$$

とおくと，

$$j_\omega = \sigma(\omega)E_\omega \tag{A.12}$$

$$\sigma(\omega) = \frac{1}{i\omega}[K(\omega) - K(0)] \tag{A.13}$$

$$K(\omega) = -\frac{1}{\Omega}\int_0^\infty \frac{1}{i\hbar}\langle[J_x(t), J_x]\rangle e^{i\omega t-\varepsilon t}dt \tag{A.14}$$

が得られる．ここで，次の関係を使った（n は電子密度）．

$$K(0)=\frac{ne^2}{m} \tag{A.15}$$

式(A.13),(A.14)が伝導率の久保公式である．直流伝導率を求めるには，$\omega\to 0$の極限をとればよい．

電子の散乱が不純物による弾性散乱のみの場合は，伝導率はもっと簡単な形に書きなおすことができる．不純物を含む系の1電子状態をαで表わし，そのエネルギーをE_αとすれば，$f(E)$をFermi分布関数として

$$\langle[J_x(t),J_x]\rangle=2\left(\frac{e}{m}\right)^2\sum_\alpha\sum_{\alpha'}f(E_\alpha)\langle\alpha|p_x|\alpha'\rangle\langle\alpha'|p_x|\alpha\rangle \times\left\{e^{i(E_\alpha-E_{\alpha'})t/\hbar}-e^{-i(E_\alpha-E_{\alpha'})t/\hbar}\right\}$$

したがって，

$$K(\omega)=-\frac{2}{\Omega}\left(\frac{e}{m}\right)^2\sum_\alpha\sum_{\alpha'}\langle\alpha|p_x|\alpha'\rangle\langle\alpha'|p_x|\alpha\rangle\frac{f(E_\alpha)-f(E_{\alpha'})}{E_\alpha-E_{\alpha'}+\hbar\omega+i\delta} \tag{A.16}$$

($\delta=\hbar\varepsilon$は正の無限小量)となる．ここで公式

$$\frac{1}{x+i\delta}=\frac{P}{x}-i\pi\delta(x) \tag{A.17}$$

を使うと，$\omega\to 0$のとき

$$K(\omega)=K(0)+\frac{2\pi i}{\Omega}\left(\frac{e}{m}\right)^2\sum_\alpha\sum_{\alpha'}\langle\alpha|p_x|\alpha'\rangle\langle\alpha'|p_x|\alpha\rangle \times[f(E_\alpha)-f(E_{\alpha'})]\delta(E_\alpha-E_{\alpha'}+\hbar\omega)+O(\omega^2) \tag{A.18}$$

となる．したがって，直流伝導率として次式が得られる．

$$\begin{aligned}\sigma(0)&=\frac{2\pi}{\Omega}\left(\frac{e}{m}\right)^2\lim_{\omega\to 0}\frac{1}{\omega}\sum_\alpha\sum_{\alpha'}\langle\alpha|p_x|\alpha'\rangle\langle\alpha'|p_x|\alpha\rangle\\&\quad\times[f(E_\alpha)-f(E_{\alpha'})]\delta(E_\alpha-E_{\alpha'}+\hbar\omega)\\&=\frac{2\pi\hbar}{\Omega}\left(\frac{e}{m}\right)^2\int dE\left(-\frac{df}{dE}\right)\sum_\alpha\sum_{\alpha'}\langle\alpha|p_x|\alpha'\rangle\langle\alpha'|p_x|\alpha\rangle\\&\quad\times\delta(E-E_\alpha)\delta(E-E_{\alpha'})\end{aligned} \tag{A.19}$$

マクロな伝導率は，これを不純物の分布について平均したものである．平均

を$\langle\cdots\rangle_{\mathrm{imp}}$で表わすと，

$$\sigma=\frac{2\pi\hbar}{\Omega}\left(\frac{e}{m}\right)^2\int dE\left(-\frac{df}{dE}\right)\left\langle\sum_{\alpha}\sum_{\alpha'}\langle\alpha|p_x|\alpha'\rangle\langle\alpha'|p_x|\alpha\rangle\right.$$
$$\left.\times\delta(E-E_\alpha)\delta(E-E_{\alpha'})\right\rangle_{\mathrm{imp}}$$
$$=\frac{2\pi\hbar e^2}{\Omega}\int dE\left(-\frac{df}{dE}\right)\langle\mathrm{tr}\,\{\delta(E-H)\dot{x}\delta(E-H)\dot{x}\}\rangle_{\mathrm{imp}} \quad (\mathrm{A.20})$$

ただし，$\dot{x}=p_x/m$，Hは不純物との相互作用を含む1電子ハミルトニアン，trは1電子状態のトレースを表わす．

式(A.20)は，δ関数に対する公式

$$\delta(x)=\frac{1}{2\pi i}\left(\frac{1}{x-i\delta}-\frac{1}{x+i\delta}\right) \quad (\mathrm{A.21})$$

を用い，波数表示の1電子Green関数

$$G_{\pm}(\boldsymbol{k},\boldsymbol{k}';E)=\left\langle\boldsymbol{k}\left|\frac{1}{E-H\pm i\delta}\right|\boldsymbol{k}'\right\rangle=\sum_{\alpha}\frac{\langle\boldsymbol{k}|\alpha\rangle\langle\alpha|\boldsymbol{k}'\rangle}{E-E_\alpha\pm i\delta} \quad (\mathrm{A.22})$$

を導入することにより，次のように書くこともできる．

$$\sigma=\frac{\hbar e^2}{2\pi\Omega}\int dE\left(-\frac{df}{dE}\right)\sum_{\boldsymbol{k}}\sum_{\boldsymbol{k}'}\left(\frac{\hbar}{m}\right)^2 k_x k_x'\langle 2G_{+}(\boldsymbol{k},\boldsymbol{k}';E)G_{-}(\boldsymbol{k}',\boldsymbol{k};E)$$
$$-G_{+}(\boldsymbol{k},\boldsymbol{k}';E)G_{+}(\boldsymbol{k}',\boldsymbol{k};E)-G_{-}(\boldsymbol{k},\boldsymbol{k}';E)G_{-}(\boldsymbol{k}',\boldsymbol{k};E)\rangle_{\mathrm{imp}}$$
$$(\mathrm{A.23})$$

ここで，本文3-3節における計算からわかるように，$\langle\cdots\rangle$内2項目，3項目からの寄与は無視できる．したがって，

$$\sigma=\frac{\hbar e^2}{\pi\Omega}\int dE\left(-\frac{df}{dE}\right)\sum_{\boldsymbol{k}}\sum_{\boldsymbol{k}'}\left(\frac{\hbar}{m}\right)^2 k_x k_x'\langle G_{+}(\boldsymbol{k},\boldsymbol{k}';E)G_{-}(\boldsymbol{k}',\boldsymbol{k};E)\rangle_{\mathrm{imp}}$$
$$(\mathrm{A.24})$$

となる．とくに低温$T\to 0$では次のように表わされる．

$$\sigma=\frac{he^2}{\pi\Omega}\sum_{\boldsymbol{k}}\sum_{\boldsymbol{k}'}\left(\frac{\hbar}{m}\right)^2 k_x k_x'\langle G_{+}(\boldsymbol{k},\boldsymbol{k}';E_{\mathrm{F}})G_{-}(\boldsymbol{k}',\boldsymbol{k};E_{\mathrm{F}})\rangle_{\mathrm{imp}} \quad (\mathrm{A.25})$$

II

量子Hall効果

量子 Hall 効果はマクロな電気伝導現象に現われた典型的な量子効果であり，固体物理学上の大発見である．通常，整数量子 Hall 効果と分数量子 Hall 効果に分類される．整数量子 Hall 効果は，標準抵抗としての応用，端状態やトポロジカル不変量などの新しい概念の登場，微細構造定数の精密決定を通して量子電気力学の正否を確かめる可能性など，単なる固体物理学の枠を越えた新しい問題を提供する．一方，分数量子 Hall 効果は，電子間相互作用の強い量子系の新しい基底状態と関係し，分数電荷や分数統計などのエキゾチックな新しい概念を生みだした．

5
強磁場下の2次元電子

古典力学では，磁場の中で荷電粒子が**サイクロトロン運動**と呼ばれる円運動をする．量子力学になると，このサイクロトロン運動が量子化され，不連続なエネルギーをもつ**Landau 準位**が形成される．この軌道運動の量子化は物質の電気的・磁気的・光学的性質に種々の量子現象を引き起こす．磁場は物質の電気伝導現象でも大きな役割を演じる．たとえば，電流の流れている方向に垂直に磁場をかけると，電流と磁場に垂直な方向に電圧が発生する．この現象を**Hall 効果**，発生する電圧を Hall 電圧，さらにそれと電流との比を**Hall 抵抗**と呼んでいる．Hall 効果は，伝導電子の数や種類などについての貴重な情報を知る上で，欠かせない重要な実験手段である．

最近の半導体技術は半導体と絶縁体の界面の表面反転層や異種半導体の界面に人工の**2次元電子系**を実現した．このような系では界面垂直方向の運動が電場と界面の障壁ポテンシャルで量子化され，電子は界面平行方向にのみ自由に運動できる．このような2次元系に磁場を面垂直方向に印加すると，面内の自由な運動も量子化され，離散的状態密度をもった興味深い系が実現する．この系が量子 Hall 効果の舞台である．本章では磁場中の電子の量子力学と電気伝導現象の入門に続いて，強磁場下2次元系の輸送現象の特徴を明らかにする．

5-1 磁場中の電子

2次元 xy 平面上を運動する電子を考えよう．古典的には電子は **Lorentz 力** $-(e/c)\boldsymbol{v}\times\boldsymbol{B}$ を受けて運動する．具体的な運動方程式は

$$m\frac{d^2}{dt^2}x = -\frac{eB}{c}v_y, \qquad m\frac{d^2}{dt^2}y = +\frac{eB}{c}v_x \tag{5.1}$$

である．解はただちに次式のように得られる．

$$\left.\begin{aligned} x(t) &= X+\xi \\ y(t) &= Y+\eta \end{aligned}\right\},\qquad \left.\begin{aligned} \xi &= v_y/\omega_c \\ \eta &= -v_x/\omega_c \end{aligned}\right\},\qquad \left.\begin{aligned} v_x &= v_0\cos\omega_c(t-t_0) \\ v_y &= v_0\sin\omega_c(t-t_0) \end{aligned}\right\} \tag{5.2}$$

ここで，(ξ,η) は中心のまわりの座標である．電子はある中心 (X,Y) のまわりを半径 $R=v_0/\omega_c$，角振動数 $\omega_c=eB/mc$ で円運動する．これをサイクロトロン運動，ω_c を**サイクロトロン振動数**と呼ぶ．

ベクトルポテンシャルを $\boldsymbol{A}$ とすると，ハミルトニアンは

$$\mathscr{H} = \frac{1}{2m}\boldsymbol{\pi}^2, \qquad \boldsymbol{\pi} = \boldsymbol{p}+e\boldsymbol{A}, \qquad \boldsymbol{B} = \nabla\times\boldsymbol{A} \tag{5.3}$$

ここで，π_x/m は x 方向の速度 v_x，π_y/m は v_y に等しい．この (π_x,π_y) と座標 (x,y) の間の交換関係は，運動量と座標の間の交換関係と同じである．すなわち，

$$[\pi_x,x] = \frac{\hbar}{i}, \qquad [\pi_y,y] = \frac{\hbar}{i}, \qquad [\pi_x,y] = 0, \qquad [\pi_y,x] = 0 \tag{5.4}$$

ただし π_x と π_y が交換しない．

$$[\pi_x,\pi_y] = \frac{\hbar^2}{il^2}, \qquad l^2 = \frac{c\hbar}{eB} \tag{5.5}$$

ここで l は後でわかるように基底 Landau 準位のサイクロトロン半径である．古典論との対応から，サイクロトロン円運動を表わす**相対座標** (ξ,η) と中心の位置を表わす**中心座標** (X,Y) を導入する．

$$\left.\begin{aligned} \xi &= (1/\omega_c m)\pi_y = (l^2/\hbar)\pi_y \\ \eta &= -(1/\omega_c m)\pi_x = -(l^2/\hbar)\pi_x \end{aligned}\right\}, \qquad \left.\begin{aligned} x &= X+\xi \\ y &= Y+\eta \end{aligned}\right\} \tag{5.6}$$

このとき，交換関係は

$$[\xi,\eta] = -il^2, \quad [X,Y] = il^2, \quad [\xi,X] = [\eta,Y] = [\xi,Y] = [\eta,X] = 0 \tag{5.7}$$

ハミルトニアンは相対座標のみで表わされ中心座標を含まない．すなわち，

$$\mathcal{H} = \frac{\hbar^2}{2ml^4}(\xi^2+\eta^2) \tag{5.8}$$

中心座標はハミルトニアンと交換し運動の恒量となるが，その x 成分と y 成分は互いに交換せず，

$$\Delta X \Delta Y = 2\pi l^2 \tag{5.9}$$

の不確定性関係を満足する．

ポテンシャル $U(x,y)$ が加わると，中心座標は運動方程式

$$\dot{X} = \frac{i}{\hbar}[\mathcal{H},X] = \frac{i}{\hbar}[U,X] = \frac{l^2}{\hbar}\frac{\partial U}{\partial y}, \qquad \dot{Y} = \frac{i}{\hbar}[U,Y] = -\frac{l^2}{\hbar}\frac{\partial U}{\partial x} \tag{5.10}$$

に従って運動する．すなわち一様な電場が加わると，サイクロトロン運動の中心が電場に比例した速さで，電場と垂直方向に運動することが結論される．

エネルギーを求めるために昇降演算子

$$a = -\frac{1}{\sqrt{2}\,l}(\eta+i\xi), \qquad a^\dagger = -\frac{1}{\sqrt{2}\,l}(\eta-i\xi), \qquad [a,a^\dagger] = 1 \tag{5.11}$$

を導入しよう．こうすると，

$$\mathcal{H} = \hbar\omega_c\left(a^\dagger a+\frac{1}{2}\right) \tag{5.12}$$

を得る．これからただちにエネルギーは

$$E_N = \left(N+\frac{1}{2}\right)\hbar\omega_c \qquad (N=0,1,\cdots) \tag{5.13}$$

と求められる．この等間隔のエネルギー準位を Landau 準位と呼ぶ．

つぎにLandau準位の波動関数を求めよう．波動関数はベクトルポテンシャルのゲージに依存する．代表的なゲージにはLandauゲージと対称ゲージがある．これらのゲージの波動関数は位相因子だけ異なっている．たとえば，対称ゲージ $\boldsymbol{A}=(-By/2, Bx/2)=\boldsymbol{B}\times\boldsymbol{r}/2$ の波動関数に $\exp(ixy/2l^2)$ を掛けるとLandauゲージ $\boldsymbol{A}=(0, Bx)$ の波動関数が，$\exp(-ixy/2l^2)$ を掛けるとLandauゲージ $\boldsymbol{A}=(-By, 0)$ の波動関数が得られる．

固有状態としては互いに交換しない中心座標 X, Y のどれを対角に選ぶかの任意性がある．例として，Landauゲージ $\boldsymbol{A}=(0, Bx)$ で，中心座標 X を対角化した場合の波動関数を求めてみよう．このゲージでは $X=-l^2p_y/\hbar$ であり，y 方向の波動関数は平面波で与えられる．すなわち

$$\psi_{NX}(x, y) = \frac{1}{\sqrt{L_y}}\exp(-iXy/l^2)\phi_{NX}(x) \tag{5.14}$$

ここで L_y は y 方向の系の大きさである．基底Landau準位に対しては

$$a\phi_{0X}(x) = -\frac{i}{\sqrt{2}}\left(l\frac{\partial}{\partial x}+\frac{x-X}{l}\right)\phi_{0X}(x) = 0 \tag{5.15}$$

と規格化の条件から

$$\phi_{0X}(x) = \frac{1}{\sqrt{\sqrt{\pi}\,l}}\exp\left[-\frac{1}{2l^2}(x-X)^2\right] \tag{5.16}$$

したがって，Landau準位 N の波動関数は

$$\begin{aligned}\phi_{NX}(x) &= \frac{(-i)^N}{\sqrt{N!}}a^N\phi_{0X}(x)\\ &= \frac{1}{\sqrt{2^NN!\sqrt{\pi}\,l}}\left(\frac{x-X}{l}-l\frac{\partial}{\partial x}\right)^N\exp\left[-\frac{1}{2l^2}(x-X)^2\right]\\ &= \frac{1}{\sqrt{2^NN!\sqrt{\pi}\,l}}H_N\left(\frac{x-X}{l}\right)\exp\left[-\frac{1}{2l^2}(x-X)^2\right]\end{aligned} \tag{5.17}$$

と求められる．ここで $H_N(t)$ はHermiteの多項式である．ここでは X を決めたため不確定性関係(5.9)により Y は全く不定となるが，これが y 方向の波動関数が平面波となることに対応しているのである．

十分大きい $L_x\times L_y$ の系を考え，y 方向には周期的境界条件を採用すると，

X は $2\pi l^2/L_y$ の整数倍となる．したがって，中心 X についての和はつぎの積分に置き換えられる．

$$\sum_X \cdots = \frac{L_y}{2\pi l^2}\int_0^{L_x} \cdots dX \tag{5.18}$$

これから，各 Landau 準位は中心座標の位置に関して $L_xL_y/2\pi l^2$ だけ縮退することがわかる．すなわち，中心は面積が $2\pi l^2$ の領域に 1 個の割合で存在する．状態密度は次式のように各 Landau 準位のエネルギー E_N でピークをもつ δ 関数となる．

$$D(E) = \frac{1}{L_xL_y}\sum_{NX}\delta(E-E_N) = \frac{1}{2\pi l^2}\sum_N \delta(E-E_N) \tag{5.19}$$

一方，ゼロ磁場での 2 次元系の状態密度はスピンを除いて

$$D(E) = \frac{1}{(2\pi)^2}\int d\boldsymbol{k}\ \delta\left(E-\frac{\hbar^2k^2}{2m}\right) = \frac{m}{2\pi\hbar^2} \tag{5.20}$$

とエネルギーによらず一定であるので，各 Landau 準位の状態数はちょうど $\hbar\omega_{\mathrm{c}}$ の幅にある無磁場の場合の状態数と等しい．図 5-1 に磁場のない場合とある場合の 2 次元系の状態密度を示す．

X^2+Y^2 を対角にした波動関数もよく使われる．この場合対称性から対称ゲージを用いるのがもっとも便利である．その場合，

$$\begin{aligned} X^2+Y^2 &= 2l^2\left[\frac{l^2}{2\hbar^2}(\pi_x{}^2+\pi_y{}^2)-M\right] = 2l^2\left(N-M+\frac{1}{2}\right) \\ \hbar M &= xp_y-yp_x \end{aligned} \tag{5.21}$$

したがって，これは z 軸のまわりの角運動量 M を対角化した波動関数である．

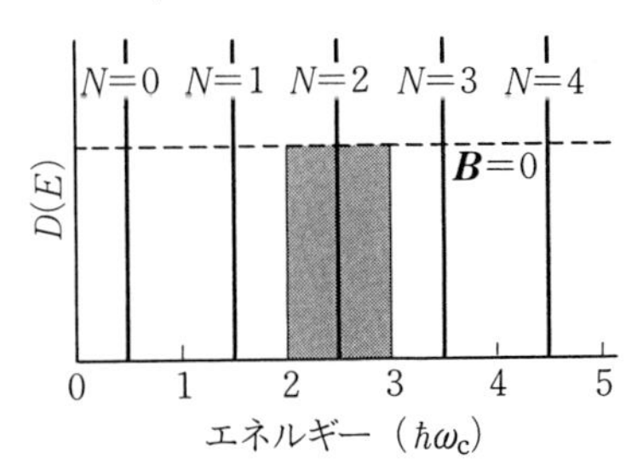

図 5-1 磁場中の 2 次元系の状態密度．ゼロ磁場では状態密度がエネルギーによらず一定（$m/2\pi\hbar^2$）であり，幅 $\hbar\omega_{\mathrm{c}}$ の部分を積分すると各 Landau 準位に含まれる状態数に等しい．

角運動量の固有値を $-m$ とすると $X^2+Y^2>0$ から $m=-N, -N+1, \cdots, \infty$ である．角運動量 $-m$ の状態はサイクロトロン運動の中心が面積 $2\pi l^2(p+1/2)$ $(p=m+N=0,1,\cdots)$ の同心円の周上の任意の場所に存在する状態を表わす．極座標 (r,θ) を使うと，波動関数は以下のように Laguerre の多項式 $L_n^m(t)$ で表わされる．

$$\begin{aligned} \psi_{Nm}(r,\theta) &= \frac{1}{\sqrt{2\pi}}\exp(-im\theta)\phi_{Nm}(r) \\ \phi_{Nm}(r) &= \frac{1}{l}\sqrt{\frac{N!}{(N+m)!}}\exp\left(-\frac{r^2}{4l^2}\right)\left(\frac{r}{\sqrt{2}\,l}\right)^m L_N^m\left(\frac{R^2}{2l^2}\right) \end{aligned} \tag{5.22}$$

一般に中心 $\boldsymbol{R}$ のまわりの角運動量を対角化した波動関数も求められる．それには，波動関数の位相を変え，ベクトルポテンシャルを $\boldsymbol{A}=\boldsymbol{B}\times\boldsymbol{r}/2$ から $\boldsymbol{A}=\boldsymbol{B}\times(\boldsymbol{r}-\boldsymbol{R})/2$ にゲージ変換すればよい．すなわち，

$$\psi_{Nm\,;\,\boldsymbol{R}}(\boldsymbol{r}) = \psi_{Nm}(\boldsymbol{r}-\boldsymbol{R})\exp\left(i\frac{\boldsymbol{r}\times\boldsymbol{R}}{2l^2}\right) \tag{5.23}$$

である．

次に，磁場中での電気伝導について考えよう．電場 $\boldsymbol{E}=(E_x, E_y)$ と電流密度 $\boldsymbol{j}=(j_x, j_y)$ を結びつけるのは**伝導率** $(\sigma_{\mu\nu})$ あるいは**抵抗率** $(\rho_{\mu\nu})$ である．

$$\begin{pmatrix} j_x \\ j_y \end{pmatrix} = \begin{pmatrix} \sigma_{xx} & \sigma_{xy} \\ \sigma_{yx} & \sigma_{yy} \end{pmatrix}\begin{pmatrix} E_x \\ E_y \end{pmatrix}, \qquad \begin{pmatrix} E_x \\ E_y \end{pmatrix} = \begin{pmatrix} \rho_{xx} & \rho_{xy} \\ \rho_{yx} & \rho_{yy} \end{pmatrix}\begin{pmatrix} j_x \\ j_y \end{pmatrix} \tag{5.24}$$

対称性から

$$\left.\begin{aligned} \sigma_{yy} &= \sigma_{xx} \\ \sigma_{xy} &= -\sigma_{yx} \end{aligned}\right\}, \qquad \left.\begin{aligned} \rho_{yy} &= \rho_{xx} \\ \rho_{yx} &= -\rho_{xy} \end{aligned}\right\} \tag{5.25}$$

の関係が成り立つ．また，伝導率と抵抗率は互いに逆行列の関係にある．すなわち，

$$\sigma_{xx} = \frac{\rho_{xx}}{\rho_{xx}^2+\rho_{xy}^2}, \qquad \sigma_{xy} = -\frac{\rho_{xy}}{\rho_{xx}^2+\rho_{xy}^2} \tag{5.26}$$

電場 (E_x, E_y) のもとでの古典的な電子の運動方程式は次式で与えられる．

$$m\left(\frac{d}{dt}+\frac{1}{\tau}\right)v_x = -e\left(E_x+\frac{B}{c}v_y\right), \qquad m\left(\frac{d}{dt}+\frac{1}{\tau}\right)v_y = -e\left(E_y-\frac{B}{c}v_x\right) \tag{5.27}$$

ここで τ は散乱の効果を現象論的に取り入れるための緩和時間である．この式を解き得られた速度に電荷 $-e$ と電子密度 n を掛けて電流密度を求める．その結果は

$$\sigma_{xx} = \frac{\sigma}{1+\omega_c^2\tau^2}, \qquad \sigma_{xy} = -\frac{\sigma\omega_c\tau}{1+\omega_c^2\tau^2}, \qquad \sigma = \frac{ne^2\tau}{m} \tag{5.28}$$

ただし，σ はゼロ磁場での伝導率である．荷電粒子の動きやすさを表わす量として

$$\sigma = ne\mu, \qquad \mu = \frac{e\tau}{m} \tag{5.29}$$

で定義される移動度 μ もよく用いられる．

図 5-2 に示すように，x 方向に長い導線に定常電流 I を流す場合を考えよう．電流は y 方向には流れないので，$j_y=0$ の条件から

$$E_y = \frac{\sigma_{xy}}{\sigma_{xx}}E_x \tag{5.30}$$

したがって，式(5.24)を用いると次式を得る．

$$j_x = \frac{\sigma_{xx}^2+\sigma_{xy}^2}{\sigma_{xx}}E_x = \rho_{xx}^{-1}E_x = \rho_{xy}^{-1}E_y \tag{5.31}$$

すなわち，このような配置で電流方向の電位差 V と垂直方向の電位差 V_H を測定することにより，V/I から抵抗率 ρ_{xx}，および V_H/I から Hall 抵抗率 ρ_{xy} が求められ，さらに(5.26)を用いて σ_{xx} と σ_{xy} が得られる．

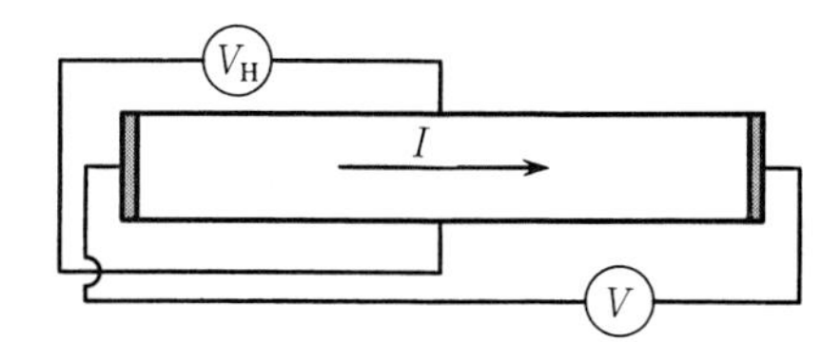

図 5-2 電流磁気効果を測定するときの細長い試料.

通常，電流と垂直方向に発生する電場 E_y を Hall 電場と言い，

$$R = \frac{E_y}{j_x B} = \frac{1}{B}\frac{\sigma_{xx}}{\sigma_{xx}^2 + \sigma_{xy}^2}, \qquad \mu_{\rm H} = \sigma R, \qquad \tan\theta = \frac{|\sigma_{xy}|}{\sigma_{xx}} \tag{5.32}$$

により Hall 係数 R，Hall 移動度 $\mu_{\rm H}$，Hall 角 θ を定義する．伝導率テンソル(5.28)の成分を代入すると

$$R = -\frac{1}{nec}, \qquad \mu_{\rm H} = \mu, \qquad \rho_{xx}^{-1} = \sigma, \qquad \tan\theta = \omega_{\rm c}\tau \tag{5.33}$$

となる．すなわち，Hall 係数からキャリアー濃度が得られ，抵抗と組み合わせて Hall 移動度が求められる．また，Hall 移動度はゼロ磁場での伝導率を与える移動度に等しく，抵抗は磁場により変化しない．ただし，これは非常に簡単な古典論の結果であり，厳密に成り立つ関係式ではないことに注意する必要がある．しかし，Hall 効果は電流の担い手であるキャリアーの性質を知る上で非常に有効な手段であることには変わりがない．

さて，強磁場の極限($\omega_{\rm c}\tau \gg 1$)では $\sigma_{xx} \to 0$ となる．散乱のない場合には電子がある中心のまわりで円運動をするだけで，電場方向に電流が流れないことから，これは当然の結果である．上記の伝導率 σ_{xx} と σ_{xy} の間には以下の関係が成り立つ．

$$\sigma_{xy} = -\frac{nec}{B} + \frac{1}{\omega_{\rm c}\tau}\sigma_{xx} \tag{3.34}$$

この関係は物理的にも理解しやすい．すなわち，y 方向に一様な電場 E_y のもとでは，すべての電子が x 方向に速さ cE_y/B で運動する．(これは速さ cE_y/B で動く座標系では Lorentz 変換により電場が消えることと同じである.) したがって，x 方向の電流密度は $j_x = -necE_y/B$ となり，これが上式の第1項に対応する．散乱はこの等速運動を妨げるような摩擦力を及ぼす．この摩擦力は $F_x = -mv_x/\tau$ であり，これは有効電場 $F_x/(-e)$ で置き換えることができ，これによる電流が

$$\Delta j_x = \sigma_{xx} F_x/(-e) = (1/\omega_{\rm c}\tau)\sigma_{xx} E_y \tag{5.35}$$

となる．これが上式の第2項である．

5-2 状態密度と伝導率

強磁場下の2次元系の電気伝導を比較的簡単な近似の範囲内で考察しよう．以下では，短距離型の散乱体がランダムに分布する面積L^2の系を考える．ハミルトニアンは

$$\mathcal{H} = \mathcal{H}_0 + V(\boldsymbol{r}), \qquad \mathcal{H}_0 = \frac{1}{2m}\boldsymbol{\pi}^2, \qquad V(\boldsymbol{r}) = \sum_i V_0 \delta(\boldsymbol{r}-\boldsymbol{r}_i) \tag{5.36}$$

散乱体のために各Landau準位が幅を持つようになる．その効果を考えるためにGreen関数を導入する．

$$G_N(E)\delta_{NN'}\delta_{XX'} = \left\langle \left(NX \left| \frac{1}{E-\mathcal{H}} \right| N'X' \right) \right\rangle \tag{5.37}$$

ここで$\langle\cdots\rangle$は散乱体の配置による平均である．よく知られた公式

$$\frac{1}{E-\mathcal{H}\pm i0} = \frac{P}{E-\mathcal{H}} \mp i\pi\delta(E-\mathcal{H}) \tag{5.38}$$

を使えば，状態密度は

$$\begin{aligned} D(E) &= \frac{1}{L^2}\sum_{NX}\langle (NX|\delta(E-\mathcal{H})|NX)\rangle \\ &= \frac{1}{2\pi l^2}\left(-\frac{1}{\pi}\right)\sum_N \operatorname{Im} G_N(E+i0) \end{aligned} \tag{5.39}$$

と表わされる．

このGreen関数を次の摂動公式により計算する．

$$\begin{aligned} \frac{1}{E-\mathcal{H}} &= \frac{1}{E-\mathcal{H}_0} + \frac{1}{E-\mathcal{H}_0}V\frac{1}{E-\mathcal{H}} \\ &= \frac{1}{E-\mathcal{H}_0} + \frac{1}{E-\mathcal{H}_0}V\frac{1}{E-\mathcal{H}_0} + \frac{1}{E-\mathcal{H}_0}V\frac{1}{E-\mathcal{H}_0}V\frac{1}{E-\mathcal{H}_0} + \cdots \end{aligned} \tag{5.40}$$

第1項からは非摂動のGreen関数が得られる．

$$\left(NX\left|\frac{1}{E-\mathcal{H}_0}\right|N'X'\right) = \frac{1}{E-E_N}\delta_{NN'}\delta_{XX'} = G_N^{(0)}(E)\delta_{NN'}\delta_{XX'} \tag{5.41}$$

第2項からは次式を得る.

$$G_N^{(0)}(E)n_{\mathrm{i}}V_0G_N^{(0)}(E)\delta_{NN'}\delta_{XX'} \tag{5.42}$$

ここで, n_{i} は散乱体の濃度である. これらをそれぞれ図5-3(a),(b)のように表わす. さらに第3項は次の2項の和となる.

$$G_N^{(0)}\left[n_{\mathrm{i}}V_0G_N^{(0)}n_{\mathrm{i}}V_0+\sum_{N_1}\frac{n_{\mathrm{i}}V_0^2}{2\pi l^2}G_{N_1}^{(0)}\right]G_N^{(0)}\delta_{NN'}\delta_{XX'} \tag{5.43}$$

これも同様に図5-3(c)で表わされる. 散乱体についての平均は散乱体濃度 n_{i} が一定で $L\to\infty$ の極限では, 次のように実行できる.

$$\left\langle\sum_i f(\boldsymbol{r}_i)\right\rangle = n_{\mathrm{i}}L^2\int\frac{d\boldsymbol{r}}{L^2}f(\boldsymbol{r}) = n_{\mathrm{i}}\int d\boldsymbol{r}f(\boldsymbol{r}) \tag{5.44}$$

$$\begin{aligned}\left\langle\sum_i f(\boldsymbol{r}_i)\sum_j g(\boldsymbol{r}_j)\right\rangle &= \left\langle\sum_{i\neq j}f(\boldsymbol{r}_i)g(\boldsymbol{r}_j)\right\rangle+\left\langle\sum_i f(\boldsymbol{r}_i)g(\boldsymbol{r}_i)\right\rangle \\ &= n_{\mathrm{i}}\int d\boldsymbol{r}f(\boldsymbol{r})n_{\mathrm{i}}\int d\boldsymbol{r}g(\boldsymbol{r})+n_{\mathrm{i}}\int d\boldsymbol{r}f(\boldsymbol{r})g(\boldsymbol{r})\end{aligned} \tag{5.45}$$

次の項は散乱体と3回散乱するプロセスに対応するが, その散乱体が同じかあるいは異なるかなどにより, 図5-3(d)に示すような項の和となる.

一般に, 摂動により得られる項はすべてこのようなダイアグラムにより表わされ, 摂動項の順番を並べ変えることにより, Green 関数は次の Dyson 方程式あるいは図5-3(e)に示すダイアグラムで表わされる.

$$G_N(E) = G_N^{(0)}(E)+G_N^{(0)}(E)\Sigma_N(E)G_N(E) \tag{5.46}$$

ここで, $\Sigma_N(E)$ は自己エネルギーと呼ばれ, 図5-3(f)に示すように実線(Green 関数)を1本だけ切断することにより2つの部分に分けられないダイアグラムの和である.

さて図5-3(f)において, 自己エネルギーの第1項はすべての Landau 準位のエネルギーが一様に移動することを表わす. 第2項は散乱を Born 近似で取り扱ったことに対応する. 単なる摂動では, 状態密度がもつ δ 関数型の特異性

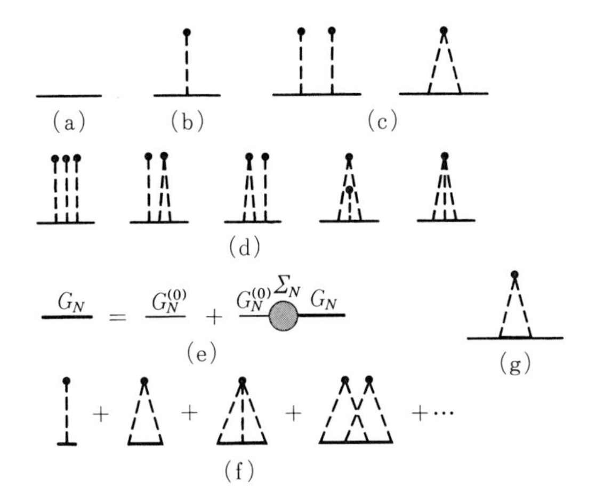

図 5-3 不純物配置について平均したGreen関数をダイアグラムで表わすことができる.（a）非摂動のGreen関数を表わす実線.（b）散乱の1次の項. 破線が散乱体との相互作用を表わす.（c）散乱の2次では, 2種類のダイアグラムが現われる.（d）散乱の3次では5種類のダイアグラムが現われる.（e）Dyson方程式. 細い実線が非摂動のGreen関数, 太い実線が求めるべきGreen関数である.（f）自己エネルギーの摂動展開.（g）セルフコンシステントBorn近似.

のためにほとんどすべての項が発散してしまうが，このような発散の困難のない最も簡単な近似が**セルフコンシステント Born 近似**である．この近似では，図5-3(g)に示すように，中間状態のGreen関数を求めるべきGreen関数で置き換え，Dyson方程式(5.46)とセルフコンシステントに決める．すなわち，

$$\Sigma_N(E) = \sum_{N'} \frac{n_{\mathrm{i}} V_0{}^2}{2\pi l^2} G_{N'}(E) \tag{5.47}$$

強磁場で各Landau準位の状態密度が重ならず十分離れている場合には，Landau準位N付近のエネルギーに対して次式のように近似してよい．

$$\Sigma_N(E) \approx \frac{\Gamma^2}{4} G_N(E), \qquad \Gamma^2 = 4\frac{n_{\mathrm{i}} V_0{}^2}{2\pi l^2} \tag{5.48}$$

これとDyson方程式から，$|E-E_N|<\Gamma$ の場合次式を得る．

$$G_N(E \pm i0) = 2\frac{E-E_N}{\Gamma^2} \mp i\frac{2}{\Gamma}\sqrt{1-\left(\frac{E-E_N}{\Gamma}\right)^2} \tag{5.49}$$

したがって状態密度は各 Landau 準位 E_N を中心とした幅 Γ の半楕円形となる．

$$D(E) = \frac{1}{2\pi l^2}\sum_N \frac{2}{\pi\Gamma}\sqrt{1-\left(\frac{E-E_N}{\Gamma}\right)^2} \tag{5.50}$$

また，Landau 準位の状態幅は磁場ゼロでの緩和時間 τ_0 で表わされる．

$$\Gamma = \sqrt{\frac{2}{\pi}\frac{\hbar}{\tau_0}\hbar\omega_c}, \qquad \frac{1}{\tau_0} = \frac{2\pi}{\hbar}n_i V_0{}^2\frac{m}{2\pi\hbar^2} \tag{5.51}$$

十分強磁場の場合には，$\Gamma \propto B^{1/2}$, $\hbar\omega_c \propto B$ より，Landau 準位の間隔が準位幅よりも大きくなり，Landau 準位が分離しているという最初の仮定が正しいことがわかる．

さて，電気伝導率を計算するには中心座標で表わした久保公式を用いるのが便利である．

$$\sigma_{xx} = \frac{\pi\hbar e^2}{L}\int dE\left(-\frac{\partial f}{\partial E}\right)\langle \mathrm{Tr}\,\delta(E-\mathscr{H})\dot{X}\delta(E-\mathscr{H})\dot{X}\rangle \tag{5.52}$$

ここで Tr はすべての1電子状態について和をとる．通常の久保公式は相対座標の寄与も含んだ速度の相関関数で与えられるが，相対運動が定常電流には寄与しないことからこの式が導かれる．これを計算するために次の量を考えよう．

$$\left\langle \sum_{NX}\left(NX\left|\frac{1}{E_1-\mathscr{H}}\dot{X}\frac{1}{E_2-\mathscr{H}}\dot{X}\right|NX\right)\right\rangle \tag{5.53}$$

これを散乱体のポテンシャルについて摂動展開すると，図 5-4(a)に示すダイアグラムが得られる．強磁場下では，セルフコンシステント Born 近似の範囲では図 5-4(b)のようなダイアグラムを考えればよい．(5.10)式を用いると次式を得る．

$$\begin{aligned}\sigma_{xx} &= \frac{\pi\hbar e^2}{L^2\pi^2}\int dE\left(-\frac{\partial f}{\partial E}\right)\sum_N(\mathrm{Im}\,G_N(E+i0))^2 \\ &\quad\times\sum_{XX'}n_i\int d\boldsymbol{r}_i\,\frac{V_0{}^2}{\hbar^2}\,|\psi^*_{NX}(\boldsymbol{r}_i)\psi_{NX'}(\boldsymbol{r}_i)|^2(X-X')^2\end{aligned} \tag{5.54}$$

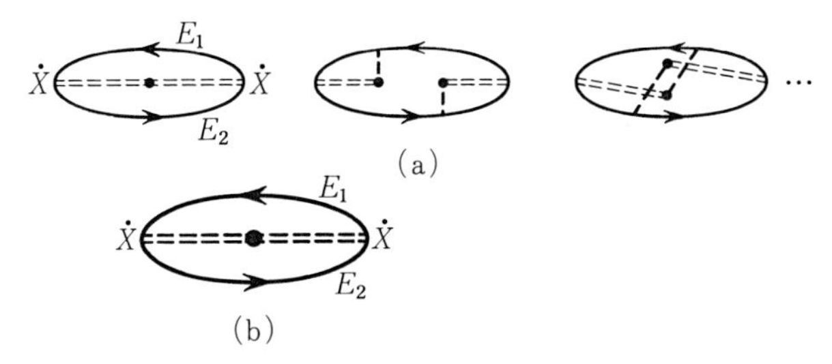

図 5-4 伝導率の計算に現われるダイアグラム．太い破線が $\dot{X}$ の行列要素を表わす．(a) いくつかの例．(b) 強磁場極限でセルフコンシステント Born 近似の範囲内で取り入れられるダイアグラム．

ここで，X, X' についての和と $\boldsymbol{r}_i$ についての積分は簡単に行なえる．まず，X と X' での和を実行すると結果は $\boldsymbol{r}_i$ に依存しないので，$\boldsymbol{r}_i$ の積分は系の面積 L^2 を与える．そこで，$\boldsymbol{r}_i=0$ と置き，$(X-X')^2=X^2+X'^2-2XX'$ と分解する．このとき，XX' の項は原点のまわりの対称性から消え，残りの項は

$$\frac{1}{L}\sum_X |\phi_{NX}(\boldsymbol{r})|^2 = \frac{1}{2\pi l^2} \tag{5.55}$$

$$\int dx \phi_N^*(x) x^2 \phi_N(x) = \left(N+\frac{1}{2}\right) l^2 \tag{5.56}$$

などの式を用いて簡単に計算できる．その結果は

$$\sigma_{xx} = \frac{e^2}{\pi^2 \hbar}\int dE\left(-\frac{\partial f}{\partial E}\right)\sum_N \left(N+\frac{1}{2}\right)\left[1-\left(\frac{E-E_N}{\Gamma}\right)^2\right] \tag{5.57}$$

Hall 伝導率 σ_{xy} は，すべての電子が電場と垂直方向に cE_y/B の等速度で運動することを表わす $\sigma_{xy}=-nec/B$ と散乱による補正 $\Delta\sigma_{xy}$ の和である．すなわち

$$\sigma_{xy} = -\frac{nec}{B} + \Delta\sigma_{xy} \tag{5.58}$$

この補正の計算は σ_{xx} の計算より多少複雑なので，ここでは詳細は省略して結果だけを述べる．セルフコンシステント Born 近似では絶対零度で次式を得る．

$$\Delta\sigma_{xy} = \frac{1}{\hbar\omega_c}(-2\,\mathrm{Im}\,\Sigma_N)\sigma_{xx} = \frac{e^2}{\pi^2\hbar}\left(N+\frac{1}{2}\right)\frac{\Gamma}{\hbar\omega_c}\left[1-\left(\frac{E-E_N}{\Gamma}\right)^2\right]^{3/2} \tag{5.59}$$

これは，$-2\,\mathrm{Im}\,\Sigma_N=\hbar/\tau$ と置けば，古典論における σ_{xx} と σ_{xy} との関係(5.34)と全く同じである．

上で得られた磁場中の電気伝導は電子の拡散運動により理解できる．電子はサイクロトロン円運動を行なっている．これだけでは電子は全体としてある方向に運動できないが，散乱体と衝突すると図5-5に示すように円運動の中心が移動する．すなわち，サイクロトロン軌道の中心は**ランダムウォーク**のように試料中を拡散運動する．散乱による各Landau準位の準位幅を Γ とすると，状態密度が $D(E)\sim(2\pi l^2\Gamma)^{-1}$ であることに注意して，黄金率から

$$\Gamma \sim 2\pi n_{\mathrm{i}}V_0{}^2D(E) \sim 2\pi n_{\mathrm{i}}V_0{}^2\frac{1}{2\pi l^2}\frac{1}{\Gamma} \tag{5.60}$$

すなわち，(5.48)あるいは(5.51)に対応して $\Gamma^2\sim n_{\mathrm{i}}V_0{}^2/2\pi l^2$ を得る．

また，伝導率も拡散係数 D^* との**Einsteinの関係式**

$$\sigma_{xx} = e^2D^*D(E_{\mathrm{F}}) \tag{5.61}$$

から簡単に理解できる．散乱体との衝突によってほぼサイクロトロン軌道半径 $\sqrt{2N+1}\,l$ 程度中心が移動するので，衝突までの平均の時間を τ とすると，拡散係数は $D^*\sim(2N+1)l^2/\tau$ で与えられる．これを上式に代入し，不確定性関係 $\Gamma\tau\sim 2\pi\hbar$ と $D(E)\sim(2\pi l^2\Gamma)^{-1}$ を使うと，ただちに

$$\sigma_{xx} \sim \frac{e^2}{\hbar}\left(N+\frac{1}{2}\right) \tag{5.62}$$

が得られるのである．伝導率は散乱強度に比例するが，散乱が増加すると

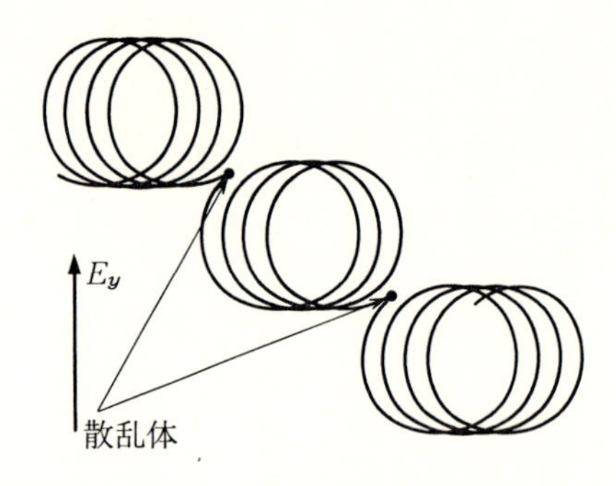

図5-5 強磁場下での2次元電子の運動．電子はサイクロトロン運動をするとともに，y 方向の電場 E_y によりその中心が x 方向に等速度 cE_y/B で運動する．散乱体と衝突すると，中心が軌道半径程度移動し，その結果電場方向にも電流が流れる．

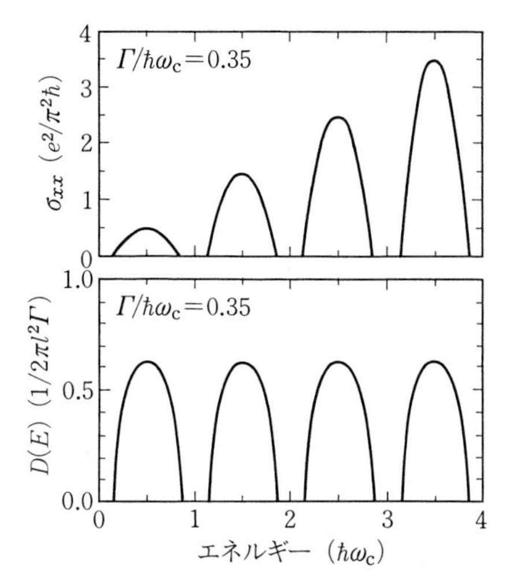

図 5-6 セルフコンシステント Born 近似で得られた強磁場下 2 次元系における状態密度と伝導率 σ_{xx}.

Landau 準位の幅が増大し，終状態の状態密度が減少する．この 2 つの効果が完全に消しあって，伝導率が散乱強度によらなくなったのである．また，Landau 準位の指数 N についての依存性は，1 回の散乱で中心が移動できる距離がサイクロトロン半径 $\sqrt{2N+1}\,l$ 程度であることを反映している．

図 5-6 は得られた結果の模式図である．各 Landau 準位の状態密度は端で急に消滅する．これは簡単なセルフコンシステント Born 近似のためであり，散乱の高次の効果を取り入れると実際には状態密度が緩やかにゼロに近づく．各 Landau 準位を独立と見なせるような強磁場極限では，基底 Landau 準位の状態密度が厳密に求められている．また，以上の議論すべては δ 関数型のポテンシャルを持つ散乱体の場合であるが，セルフコンシステント Born 近似はもちろん一般のポテンシャルの場合にも容易に拡張できる．

5-3 2次元電子系

代表的な2次元電子系として知られているのは**半導体表面反転層**である．図5-7に示すように，半導体(Semiconductor)の上に酸化膜(Oxide)，その上に電極となる金属(Metal)を載せたサンドイッチ型の構造をその頭文字からMOS構造と呼ぶ．主に半導体としてはシリコン(Si)，酸化膜としてはSiO_2が用いられる．絶対零度では，価電子帯すべてが電子で占められ伝導帯には電子が存在せず，半導体は完全な絶縁体である．半導体と金属の間にゲート電圧(V_G)と呼ばれる電圧をかけると，SiとSiO_2の界面付近の伝導帯の底が価電子帯上端の下になり，界面付近に電子がたまる．この電子は界面の強いポテンシャル障壁と電場により閉じこめられ，界面に沿った2次元電子系が形成される．

一般に伝導帯の下端付近では，電子は有効質量(自由電子の質量m_0とは一般に異なる)をもつ電荷$-e$の粒子のように振る舞う．Siの伝導帯下端のFermi面を図5-8に示す．伝導帯はBrillouin域の[001]方向に6個の最小点(谷と呼ぶ)をもち，各最小点のまわりでは有効質量が異方的である．たとえば[001]方向の最小点付近では[001]方向の有効質量が$m_l=0.916m_0$と重く，[100]および[010]方向は$m_t=0.1905m_0$と軽い．

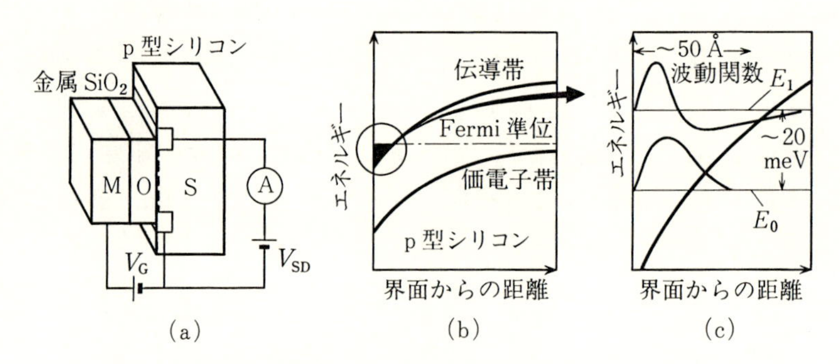

図5-7 MOS構造の概念図と表面反転層における2次元電子のエネルギー準位．(a) MOS構造．(b) 界面付近のエネルギーバンド．(c) 表面反転層の電子準位とポテンシャル．

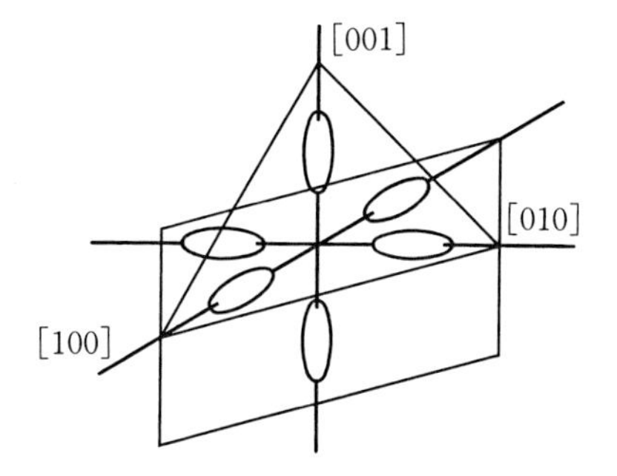

図 5-8　Siの伝導帯の下端付近での等エネルギー面. [001] 方向に6個の最小点が存在し，その付近で回転楕円体型の等エネルギー面をもつ.

界面を xy 面($z=0$)に選ぶと，x, y, z 方向の有効質量が m_x, m_y, m_z の電子は，次の Schrödinger 方程式を満足する.

$$\left[-\frac{\hbar^2}{2m_x}\frac{\partial^2}{\partial x^2}-\frac{\hbar^2}{2m_y}\frac{\partial^2}{\partial y^2}-\frac{\hbar^2}{2m_z}\frac{\partial^2}{\partial z^2}+V(z)\right]\psi(\boldsymbol{r}) = E\psi(\boldsymbol{r}) \tag{5.63}$$

ここで，$V(z)$ が界面垂直方向の電場と界面のポテンシャル障壁からなる閉じこめポテンシャルである. 電子は界面(xy 面)に沿った方向には自由運動を行なうので，波数 $\boldsymbol{k}=(k_x, k_y)$ で指定され，波動関数は平面波となる.

$$\psi(\boldsymbol{r}) = \exp[ik_x x+ik_y y]\zeta_n(z) \tag{5.64}$$

ここで，z 方向の波動関数 $\zeta(z)$ は1次元 Schrödinger 方程式

$$\left[-\frac{\hbar^2}{2m_z}\frac{d^2}{dz^2}+V(z)\right]\zeta_n(z) = \varepsilon_n\zeta_n(z) \tag{5.65}$$

を満足する. エネルギーは，z 方向の離散的エネルギー $\varepsilon_0, \varepsilon_1, \cdots$ と，xy 方向の運動エネルギーを加えて

$$E_n(\boldsymbol{k}) = \varepsilon_n+\frac{\hbar^2k_x^2}{2m_x}+\frac{\hbar^2k_y^2}{2m_y} \tag{5.66}$$

で与えられる. このように，量子数 $n(n=0, 1, \cdots)$ ごとに2次元的分散をもつエネルギー準位をサブバンドと呼ぶ. [001] と $[00\bar{1}]$ 方向の谷の電子に対しては $m_z=m_l$，一方，他の4個の谷では $m_z=m_t$ である. そのため，サブバンドは [001] と $[00\bar{1}]$ 方向の谷のサブバンド(2重縮重)とそれ以外(4重縮重)に分離するが，$m_l>m_t$ なので [001] と $[00\bar{1}]$ の ε_0 の方が小さく，通常の電子濃度

では［001］と［00$\bar{1}$］の谷の最低サブバンドに電子が分布する．このように Fermi 準位が最低サブバンドにある場合には，ほぼ厳密な意味での2次元電子系あるいは2次元電子ガスと考えてもよい．

この系の構造はコンデンサーと同じであり，電子の濃度はゲート電圧に比例する．すなわち，ゲート電圧により電子濃度したがって電流を自由にコントロールできる．これが現在コンピュータの心臓部に利用される MOSFET（MOS 電界効果トランジスタ）の原理である．シリコンの MOSFET は半導体 LSI 技術が生み出した典型的なデバイスである．この系で量子 Hall 効果が発見された．

分子線エピタクシー（MBE）や金属有機物気相成長（MOCVD）に代表される超薄膜結晶成長技術の進歩により，2種類の半導体を重ねた半導体ヘテロ構造や量子井戸，さらにその周期的な繰り返しである多重量子井戸や半導体超格子が作成されるようになった．この系は非常に優れた界面を持ち，表面反転層と比べると格段に良質の2次元電子系を生み出す．そのためこの系で後述する分数量子 Hall 効果が観測されたのである．図5-9は **GaAs/AlGaAs ヘテロ構造**と多重量子井戸の模式図である．

対角成分 σ_{xx} のピーク値については実験的にも確かめられている．その一例

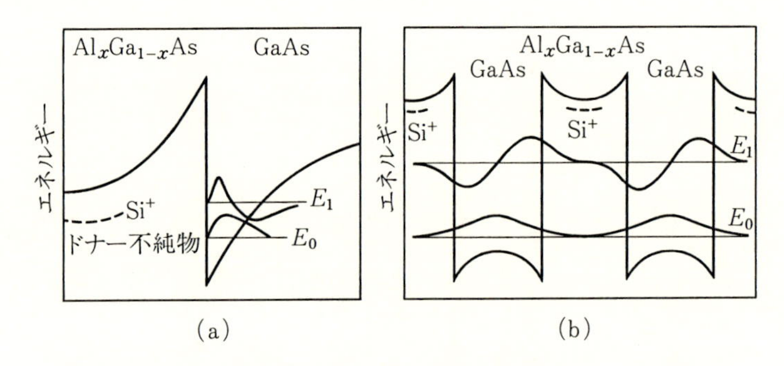

図5-9 GaAs/AlGaAs 半導体ヘテロ構造と多重量子井戸の概念図．（a）単一ヘテロ構造では AlGaAs の障壁ポテンシャルと GaAs 中の電場により電子が界面付近に閉じ込められる．（b）量子井戸では電子が AlGaAs 障壁ポテンシャルにより GaAs 層に閉じ込められる．

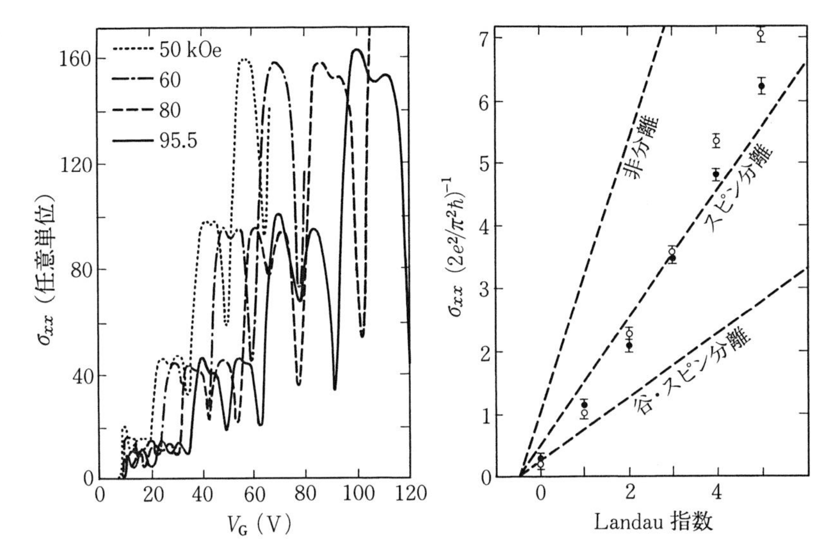

図 5-10 典型的な 2 次元系である Si の表面反転層における伝導率 σ_{xx} の測定例．(a) 異なる磁場での σ_{xx} のゲート電圧依存．ゲート電圧は電子濃度に比例する．伝導率のピーク値は磁場によりほとんど変化しない．(b) 得られたピーク値と Landau 準位の指数との関係．Landau 準位によりスピン分離と谷分離が異なっている．(T. Ando, Y. Matsumoto, Y. Uemura, M. Kobayashi and K. F. Komatsubara : J. Phys. Soc. Jpn. **32**(1972)859)

を図 5-10 に示す．まず，この図は Landau 準位に対応する σ_{xx} のピーク値が磁場によらずほぼ一定であることを示している．たとえば Landau 準位 $N=1$ の対応するところをみると，σ_{xx} は 4 個の山に分裂している．2 つに分かれるのは電子がスピンを持っているために，磁場中で上向きと下向きスピンの間で Zeeman 分離したためである．4 つのピークに分かれるのは，さらに [001] と [00$\bar{1}$] 方向の 2 つの谷が有効質量近似からのずれによって分離したためである．このような分離の程度の Landau 準位による違いを考慮すると，σ_{xx} のピーク値が試料によらずほぼ $(N+1/2)e^2/\pi\hbar$ となることが結論される．

シリコン表面反転層における強磁場下の Hall 効果を初めて測定したのは，学習院大学の川路と若林である．図 5-11 は，前述の $\Delta\sigma_{xy}$ と σ_{xx} のあいだの関係がほぼ正しいことを示した初めての実験結果である．ただし，これはまった

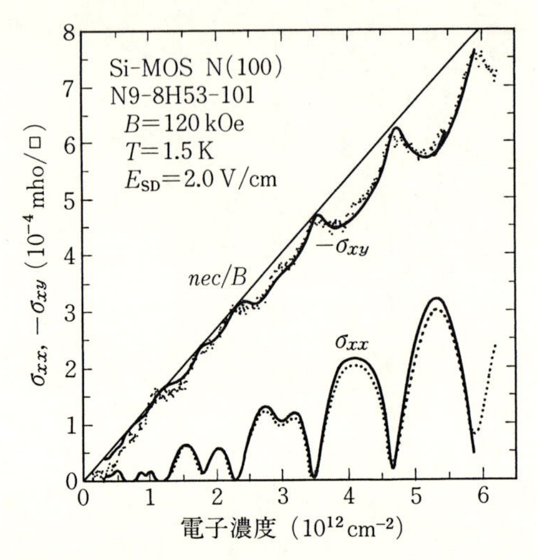

図 5-11 若林と川路が Hall 電流法により測定した σ_{xx}, σ_{xy} と，(5.59)式による解析結果．伝導率 σ_{xx} の実線と点線は異なる測定方法によって得られた結果，Hall 伝導率の点線は測定結果であり，実線は σ_{xx} にゼロ磁場の移動度から決めた Landau 準位の幅 Γ を使い，$\Delta\sigma_{xy}=(\Gamma/\hbar\omega_c)\sigma_{xx}$ から求めた．(J. Wakabayashi and S. Kawaji : Surf. Sci. **98**(1980) 299 ; J. Phys. Soc. Jpn. **48**(1980)333)

く新しい Hall 電流法で得られた結果であり，図 5-2 のような配置で観測量から σ_{xx} と σ_{xy} を求めようとしても，実際には非常に不合理な結果しか得られない．その理由は現在も理解されていない．

整数量子Hall効果

前章で述べた強磁場下の2次元系では，Hall 抵抗 R_{H} がある電子濃度領域あるいは磁場領域で自然定数 h/e^2 の分数倍，すなわち p と q を適当な整数として，$R_{\mathrm{H}}=(h/e^2)(q/p)$ と量子化される．これに対応して Hall 伝導率は $\sigma_{xy}=-(e^2/h)(p/q)$ と量子化される．ここで p と q を既約として，$q=1$ の場合を**整数量子 Hall 効果**，$q>1$ の場合を**分数量子 Hall 効果**という．整数量子 Hall 効果は系に存在する不規則ポテンシャルによる **Anderson 局在**と密接に結びついている．さらに，**トポロジカル不変量**などの新しい概念が登場し，系の端に局在した**端状態**も重要な役割を演じる．

6-1　発見と意義

学習院大学の川路グループの研究に少し遅れて，ドイツの Klaus von Klitzing はホールバー型のシリコンの表面反転層の試料を使い ρ_{xx} と ρ_{xy} の測定を開始したが，1980年になり大変興味深い事実に気がついた．図6-1は観測された $V_{\mathrm{H}}\propto\rho_{xy}$ と ρ_{xx} の一例である．抵抗 ρ_{xx} が隣合う Landau 準位の境目でゲート電圧 V_{G} のある幅にわたりゼロとなるが，その領域で Hall 抵抗 ρ_{xy} が V_{G} に

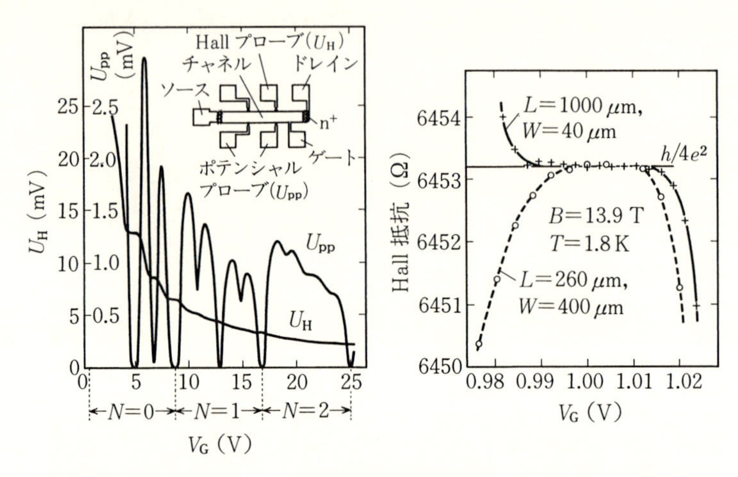

図 6-1 von Klitzing らが Si 表面反転層で観測した ρ_{xx} と ρ_{xy}. 左図の縦軸はポテンシャルプローブ間の電圧 U_{pp} と Hall プローブとポテンシャルプローブ間の電圧 U_H を示す. 右図はこのような測定から得られた形状の異なる 2 種類の試料の Hall 抵抗 ρ_{xy} である. (K. von Klitzing, G. Dorda and M. Pepper : Phys. Rev. Lett. 45(1980)449)

依らず一定となっている. この平らな部分をプラトーと呼ぶ. von Klitzing はこのプラトーでの Hall 抵抗 R_H が試料によらない普遍的な値をとることに気づいたのである. つまり, Landau 準位 N と $N+1$ の間にあるプラトーで, R_H が 6 桁弱の精度で

$$R_H = \frac{h}{(N+1)e^2} \tag{6.1}$$

で与えられる. これが整数量子 Hall 効果である.

伝導率と抵抗率の間の関係(5.26)によると, $\rho_{xx}=0$ の場合には, $\sigma_{xx}=0$ および $\sigma_{xy}=-\rho_{xy}^{-1}$ となる. また, $\rho_{xy}=R_H$ である. すなわち, (6.1)式は Landau 準位 N と $N+1$ の間の $\sigma_{xx}=0$ となる電子濃度領域で

$$\sigma_{xy} = -\frac{(N+1)e^2}{h} \tag{6.2}$$

と Hall 伝導率が量子化されることと同じである. von Klitzing と独立に同じ 1980 年, 川路と若林は Hall 電流法により $\sigma_{xx}=0$ の電子濃度領域で σ_{xy} がプラ

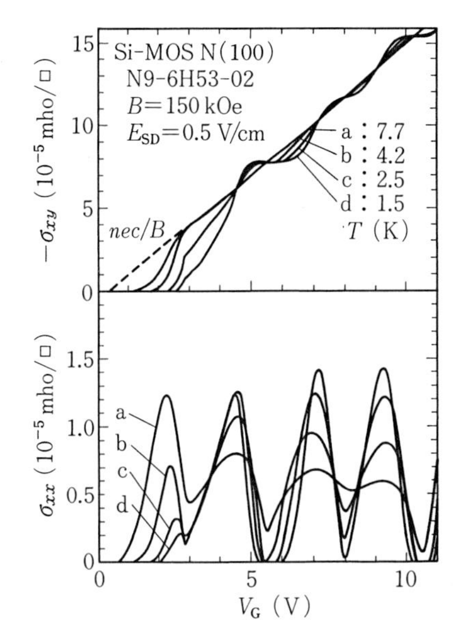

図6-2 学習院大学の川路と若林がHall電流法で観測したσ_{xx}とσ_{xy}.(S. Kawaji and J. Wakabayashi : *Physics in High Magnetic Fields*, edited by S. Chikazumi and N. Miura (Springer, Berlin, 1981), p. 284)

トーを示す実験結果を得た．図6-2は15 Tで測定された$N=0$と$N=1$のLandau準位でのσ_{xx}とσ_{xy}の測定結果である．たとえば$N=0$のLandau準位直上でのプラトーのσ_{xy}は$-4e^2/h$にほぼ0.3%の精度で等しい．

電気抵抗は導体の大きさや形状によるので，物質のバルク固有の性質を表わすために電気抵抗率が用いられる．電気抵抗率は，一辺が単位長をした立方体の均質な物質の向いあった面と面の間に一様な電流を流したときの電気抵抗である．純粋金属における電気抵抗率は，最良の導体である銀の$1.5\times10^{-8}\,\Omega\cdot\mathrm{m}$から，マンガンの$185\times10^{-8}\,\Omega\cdot\mathrm{m}$の間にある．また絶縁体の抵抗率は$10^{8}\sim10^{6}\,\Omega\cdot\mathrm{m}$の間に幅広く分布する．半導体の代表的な電気抵抗率の値は$10^{-4}\sim10^{5}\,\Omega\cdot\mathrm{m}$である．このように，物質固有の性質の中でも，電気抵抗率は物質ごとに最も大きく変わる性質である．また，同じ物質であっても温度あるいは試料の作成条件の微妙な差で大きく変化する．このような電気抵抗がユニバーサルな自然定数になるのはまさに驚異である．

量子化Hall抵抗の測定原理は簡単である．図6-3に示すように，既知の抵抗Rとホールバー型の試料を直列につなぎ，その間に電流Iを流す．そのと

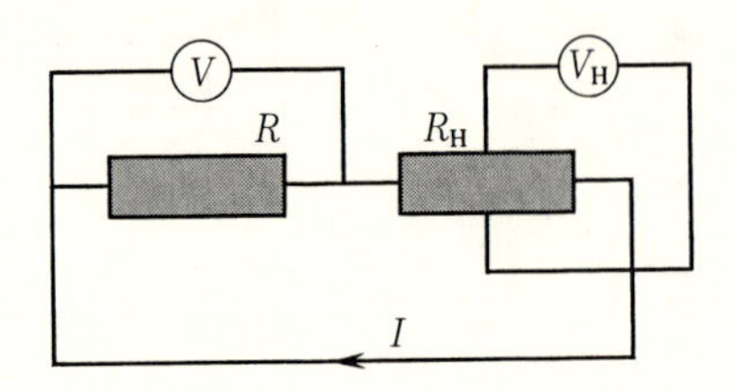

図 6-3 量子化 Hall 抵抗の測定の概念図.

き抵抗 R の両端に発生する電位差 V と 2 次元系に発生する Hall 電圧 V_H の比を使い，Hall 抵抗 R_H を $R_H=(V_H/V)R$ により求めるのである．電位差の比は高精度に測定できるので，抵抗 R の精度が最も問題である．

これに必要な抵抗の絶対標準はコンデンサーの容量から求める．図 6-4 に示すように断面が水平線に関して対称な 4 個のシリンダー状の導体からなる平行コンデンサー（クロスキャパシタと呼ばれる）を考えよう．このとき対角線の対の導体間の静電容量は導体の形によらず，単位長さあたり，$C_0=\ln 2/\pi^2\mu_0c^2$ となる．ここで，c は光速であり，μ_0 は $4\pi\times10^{-7}$ H/m で与えられる真空透磁率である．多少の非対称性があっても，2 個のシリンダー対の容量を平均すればそれは非常に小さな効果しか及ぼさない．これから，シリンダーの長さのみをコントロールすることにより静電容量が精密に求められる．このようにして静電容量の絶対値は約 $1/10^7$ の精度で求まる．コンデンサー C は $C/(-i\omega)$ の交流インピーダンスを与え，これから変換して直流抵抗の絶対値を求める．振動数の精度は非常によいので，このようにしてほぼ $1/10^7$ の精度で抵抗の絶

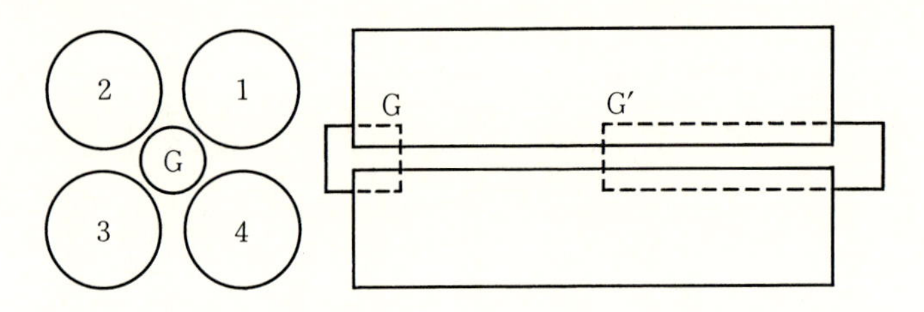

図 6-4 電子技術総合研究所で作られたクロスキャパシタの概念図．左が断面であり，円筒形の電極対 1-3，2-4 の間の容量の平均を測定する．中心にガード電極 G と G′ が通っており，G′ は移動可能である．G′ の移動量を精密にコントロールし，移動量に対する容量の変化を精確に求める．

対値が求められるのである．測定により量子化 Hall 抵抗値が h/e^2 となることが確かめられれば，このような複雑な手続きなしに，抵抗の標準が直接手にはいることになる．

一方，自然定数 e^2/h は量子電気力学に現われる**微細構造定数** $\alpha=e^2/\hbar c\sim 1/137$ と光速 c を組み合わせて求める．微細構造定数は，電子と電磁場の相互作用の強さを示す結合定数であり，最も基本的な物理定数の1つである．量子電気力学では，くりこみ理論を用いて種々の物理量を計算することができ，その結果は直接実験結果と比較できる．現在，実験的に最も精度よく求められているのは電子の**異常磁気能率** a_{e} である．磁場中でのスピンによる Zeeman 分離を与える g 因子 g_{e} は真空偏極の影響を受け2からずれる．このずれが異常磁気能率 a_{e} であり，量子電気力学によれば次式のような級数で表わされる．

$$a_{\mathrm{e}}=\frac{1}{2}(g_{\mathrm{e}}-2)=A_1\frac{\alpha}{\pi}+A_2\left(\frac{\alpha}{\pi}\right)^2+A_3\left(\frac{\alpha}{\pi}\right)^3+A_4\left(\frac{\alpha}{\pi}\right)^4+\cdots \quad (6.3)$$

現在，展開係数は A_1 から A_3 までがすでに計算され，A_4 の精度を上げる努力がされている．

異常磁気能率は，図6-5に示すように自由電子を電場と磁場で閉じ込め（Penning trap），サイクロトロン共鳴とスピン共鳴の周波数の比から，ほぼ10桁の精度で求められる．この異常磁気能率に関する実験と計算の比較により微細構造定数が求められ，すでに9桁の精度で決定されている光速度 c と組み合わせて，e^2/h が決まるのである．逆に，量子 Hall 効果によって e^2/h が精密に測定されれば，微細構造定数をこの方法と独立に決定できる．すなわち，

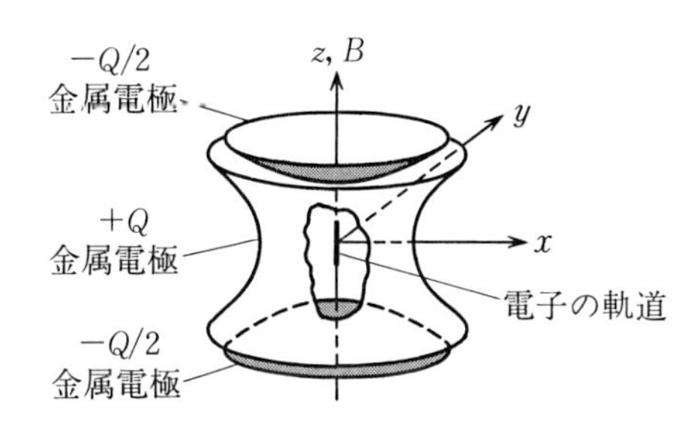

図6-5 自由電子のサイクロトロン共鳴とスピン共鳴を精密に測定するための Penning trap．電子は円筒形の金属電極による電場と円筒の中心軸方向の磁場 B により中心付近に束縛される．この電場により，実際には自由電子のサイクロトロン振動数から共鳴周波数が多少ずれる．

単なる電気抵抗の測定から基礎物理学上重要な理論である量子電気力学の正否を確かめられるのである．

発見当初の量子化 Hall 抵抗値の測定精度は 6 桁弱であったが，その後わが国の電子技術総合研究所や学習院大学を始め各国の標準局で精度をさらに上げる努力がされた．その結果，標準抵抗としては十分実用に耐えられることが確かめられ，1988 年 8 月には国際度量衡局の電気諮問委員会に量子化 Hall 抵抗の推奨値($R_K=h/4e^2$)が提案されるにいたっている．

6-2　Hall 伝導率による説明

対角成分の σ_{xx} がゼロとなる領域で σ_{xy} が量子化されることから，量子 Hall 効果が Anderson 局在と密接に関係していることが予想される．はじめに比較的理解しやすい強磁場極限を考えよう．久保公式(5.52)は

$$\sigma_{xx}=\frac{\pi\hbar e^2}{L^2}\int dE\left(-\frac{\partial f}{\partial E}\right)\sum_{\alpha,\beta}|\dot{X}_{\alpha\beta}|^2\delta(E-E_\alpha)\delta(E-E_\beta) \tag{6.4}$$

と書き直せる．ここで，状態 α,β は磁場中の固有状態である．いま状態 α の波動関数が指数関数的に局在しているとする．この場合，中心座標 X の行列要素が存在し，

$$\dot{X}_{\alpha\beta}=\frac{1}{i\hbar}(E_\beta-E_\alpha)X_{\alpha\beta} \tag{6.5}$$

を得る．これからただちに絶対零度で Fermi 準位が局在状態にあれば $\sigma_{xx}=0$ が結論される．

一方，Hall 伝導率は

$$\sigma_{xy}=-\frac{nec}{B}+\frac{\hbar e^2}{iL^2}\sum_{\alpha,\beta\neq\alpha}f(E_\alpha)\frac{\dot{X}_{\alpha\beta}\dot{Y}_{\beta\alpha}-\dot{Y}_{\alpha\beta}\dot{X}_{\beta\alpha}}{(E_\alpha-E_\beta)^2} \tag{6.6}$$

と表わされる．状態 α が局在していると，$\Delta\sigma_{xy}$ に対する状態 α の寄与 $\Delta\sigma_{xy}^\alpha$ は

$$\Delta\sigma_{xy}^\alpha=-\frac{\hbar e^2}{iL^2}\left(\frac{1}{i\hbar}\right)^2[X,Y]_{\alpha\alpha}f(E_\alpha)=\frac{e^2l^2}{\hbar L^2}f(E_\alpha)=\frac{ec}{H}n_\alpha \tag{6.7}$$

となる．ここで，n_α は電子濃度に対する状態 α の寄与であり，また交換関係(5.7)を用いた．すなわち局在状態に対しては，(6.6)式の第2項である $\varDelta\sigma_{xy}$ への寄与と第1項の電子濃度への寄与が完全に消し合う．これは「局在状態がHall 伝導率にまったく寄与しない」ことを意味する．したがって，Fermi 準位が局在状態にある電子濃度領域では Hall 伝導率が一定，すなわち量子化されることになる．

量子化された Hall 伝導率の値を求めるために，異なる Landau 準位の状態密度の重なりのない強磁場の極限を考えよう．いま，Fermi 準位が Landau 準位 N と $N+1$ の間にあり，N が完全に詰まり $N+1$ が完全に空いている場合を考える．この場合，状態 α, β としては各 Landau 準位内の状態だけをとればよい．そのときにはただちに

$$\varDelta\sigma_{xy} = \frac{\hbar e^2}{iL^2} \sum_{\beta \neq \alpha} \frac{\dot{X}_{\alpha\beta}\dot{Y}_{\beta\alpha} - \dot{Y}_{\alpha\beta}\dot{X}_{\beta\alpha}}{(E_\alpha - E_\beta)^2} = 0 \tag{6.8}$$

が示せ，(6.2)式が得られる．電子濃度を局在状態の範囲内で変化させても Hall 伝導率は変化しないので，これから強磁場極限での Hall 伝導率が $-e^2/h$ の整数倍に量子化されることが結論される．ここで，整数は Fermi 準位以下の Landau 準位の数である．このことから「強磁場ではすべての状態が局在することはなく，各 Landau 準位内に非局在状態が存在する」という重要な結論も得られる．

上の結果は，各 Landau 準位が散乱体がないときと全く同じ Hall 電流を運ぶことを意味している．この辺の事情をもう少し詳しく見るために，y 方向の電場 E のもとでの Hall 電流 j_x を考える．1個の電子の運ぶ電流はサイクロトロン軌道の中心座標の速度により $-e\dot{X}$ で表わされる．中心座標の運動方程式(5.10)からただちに次式を得る．

$$j_x = (-e)\frac{l^2}{\hbar}\sum_{\alpha'}\left[\left(\alpha'\left|\frac{\partial V}{\partial y}\right|\alpha'\right) + eE\right] \tag{6.9}$$

ここで α' は電子の占めている全状態にわたって和をとる．また，$|\alpha')$ は無限小の電場 E 下での状態であり，

$$\psi_{\alpha'}(\boldsymbol{r}) = \sum_X C_{NX}^{\alpha'}\psi_{NX}(\boldsymbol{r}) \tag{6.10}$$

で表わされる．局在状態は Hall 電流に寄与しないので，その波動関数は電場の中でちょうど(6.9)式の右辺の第1項が第2項の eE を打ち消すように歪む．一方，ポテンシャルの微分の行列要素の間には一種の総和則が成り立つ．

$$\sum_{\alpha'}\left(\alpha'\left|\frac{\partial V}{\partial y}\right|\alpha'\right) = \int d\boldsymbol{r}\sum_X |\psi_{NX}(\boldsymbol{r})|^2\,\frac{\partial V}{\partial y} = \frac{1}{2\pi l^2}\int d\boldsymbol{r}\frac{\partial V}{\partial y} = 0 \tag{6.11}$$

ここで，完全性を表わす関係式

$$\sum_{\alpha'} C_{NX}^{\alpha'}C_{NX'}^{\alpha'*} = \delta_{XX'} \tag{6.12}$$

と，各 Landau 準位ごとに成り立つ関係式(5.55)を用いた．この(5.55)式は Landau 準位に電子が完全に詰まったときに電荷密度が空間的に一様になることを意味している．つまり，各 Landau 準位の中に電流を運ぶ非局在状態が必ず存在し，電荷密度一様の条件と局在状態との直交条件のために，その波動関数がより電場を強く受けるように変形するのである．そして，非局在状態が運ぶ大きな Hall 電流が局在効果による減少を完全に打ち消し，各 Landau 準位の運ぶ電流が散乱体のない理想的な場合と全く同じになる．

ここで述べた議論は強磁場極限の場合は正しいが，もちろん Landau 準位間の相互作用が無視できない現実の場合にはそのまま使えない．このような場合にも Hall 伝導率が量子化されることを示す議論が数多く提案されているが，以下ではトポロジカル不変量を使った説明の1つを紹介する．

図6-6に示すように，面積 $L\times L$ で，x, y 両方向に周期的なトーラス(ドーナツの表面)上の2次元系を考える．磁場 B はいたるところで面に垂直である．Hall 伝導率に対する久保公式は

$$\sigma_{xy} = -\frac{\hbar}{iL^2}\sum_{\alpha,\beta\neq\alpha}\frac{f(E_\alpha)}{(E_\alpha-E_\beta)^2}\left[(\alpha|j_x|\beta)(\beta|j_y|\alpha)-(x\leftrightarrow y)\right] \tag{6.13}$$

と書ける．ここでトーラスを貫く磁束 $\boldsymbol{\Phi}_x, \boldsymbol{\Phi}_y$ を導入しよう．この磁束はトーラス面上の2次元電子には全然磁場を与えない．しかし，この磁束によりベク

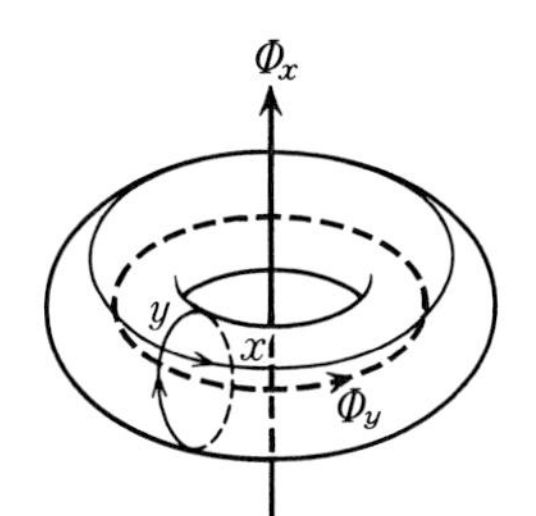

図 6-6 トーラス上の2次元系．磁場はトーラスの表面に垂直である．トーラス内部と中心付近には磁束 $\boldsymbol{\Phi}_x, \boldsymbol{\Phi}_y$ が通っている．この磁束によって2次元系には磁場が生じないが，ベクトルポテンシャル $A_x=\boldsymbol{\Phi}_x/L$，$A_y=\boldsymbol{\Phi}_y/L$ が生じる．

トルポテンシャル $A_x=\boldsymbol{\Phi}_x/L$，$A_y=\boldsymbol{\Phi}_y/L$ が生じる．一般に，場所と時間に依存しないベクトルポテンシャルはゲージ変換，すなわち波動関数の位相を変化させることにより，ハミルトニアンから消去できる．たとえば A_y を消去するには $\psi(x,y)=\psi'(x,y)\exp(-ieA_y y/\hbar)$ とする．ところが $\psi(x,y)$ が周期境界条件を満足しても一般には $\psi'(x,y)$ は位相因子のために同じ境界条件を満足しなくなる．実際，$y\to y+L$ で ψ' の位相は $\Delta\phi=e\boldsymbol{\Phi}_y/ch=2\pi(\boldsymbol{\Phi}_x/\boldsymbol{\Phi}_0)$ だけ変化する．ただし，磁束 $\boldsymbol{\Phi}_y$ が磁束の量子 $\boldsymbol{\Phi}_0=ch/e$ の整数倍のときには ψ' に対しても周期境界条件が成り立ち，磁束 $\boldsymbol{\Phi}_y$ の影響を完全に消去できる．したがって，エネルギー準位や全エネルギーなどのすべての物理量は磁束 $\boldsymbol{\Phi}_x, \boldsymbol{\Phi}_y$ に関して周期 $\boldsymbol{\Phi}_0$ の周期関数である．磁束 $(\boldsymbol{\Phi}_x, \boldsymbol{\Phi}_y)$ は系の境界条件を周期条件から一般化された条件

$$\begin{aligned}\psi(x+L,y) &= \psi(x,y)\exp\left[2\pi i\,\frac{\boldsymbol{\Phi}_x}{\boldsymbol{\Phi}_0}\right]\\ \psi(x,y+L) &= \psi(x,y)\exp\left[2\pi i\,\frac{\boldsymbol{\Phi}_y}{\boldsymbol{\Phi}_0}\right]\end{aligned} \tag{6.14}$$

に変化させることに対応するのである．

さて，エネルギー準位と波動関数がこの磁束 $\boldsymbol{\Phi}_x, \boldsymbol{\Phi}_y$ によるベクトルポテンシャル (A_x, A_y) の連続関数として求められたと仮定しよう．電流演算子 $\boldsymbol{j}=(j_x, j_y)$ はハミルトニアンのベクトルポテンシャルによる微分で与えられる．すなわち，

$$j_x = c\frac{\partial\mathcal{H}}{\partial A_x}, \qquad j_y = c\frac{\partial\mathcal{H}}{\partial A_y} \tag{6.15}$$

一方，状態 α と β $(\alpha \neq \beta)$ に対して一般に，

$$\left(\alpha\left|\frac{\partial \mathcal{H}}{\partial A_\mu}\right|\beta\right) = -(E_\alpha - E_\beta)\left(\alpha\left|\frac{\partial \beta}{\partial A_\mu}\right.\right) = +(E_\alpha - E_\beta)\left(\frac{\partial \alpha}{\partial A_\mu}\right|\beta\Big) \qquad (\mu = x, y) \tag{6.16}$$

の関係が成り立つ．したがって，(6.13)式は以下のように書き直せる．

$$\sigma_{xy} = -\frac{\hbar c^2}{iL^2}\sum_\alpha f(E_\alpha)\left[\left(\frac{\partial \alpha}{\partial A_x}\middle|\frac{\partial \alpha}{\partial A_y}\right) - (x \leftrightarrow y)\right] \tag{6.17}$$

この Hall 伝導率を磁束 $\boldsymbol{\Phi}_x, \boldsymbol{\Phi}_y$ で平均する．

$$\sigma_{xy} = \frac{e^2}{h}\sum_\alpha f(E_\alpha)\frac{1}{2\pi i}\iint dA_x dA_y\left[\left(\frac{\partial \alpha}{\partial A_x}\middle|\frac{\partial \alpha}{\partial A_y}\right) - (x \leftrightarrow y)\right] \tag{6.18}$$

系が十分大きい熱力学的極限 $(L \to \infty)$ では，物理量が境界条件によらないので，この磁束平均が観測量と考えてもよいはずである．

さて，上式に現われる

$$N_\alpha = \frac{1}{2\pi i}\iint dA_x dA_y\left[\left(\frac{\partial \alpha}{\partial A_x}\middle|\frac{\partial \alpha}{\partial A_y}\right) - (x \leftrightarrow y)\right] \tag{6.19}$$

で与えられる量は，**"winding number"** と呼ばれるトポロジカルな量であり，常に整数となる．$|\alpha(A_x, A_y))$ はベクトルポテンシャルの空間から波動関数への写像である．非常に簡単に言えば，このトポロジカルな量は，(A_x, A_y) がベクトルポテンシャルの空間を覆いつくすように動いたときに，波動関数の空間を何度覆うかの数を表わすのである．すなわち，Hall 伝導率を磁束で平均した量は常に $-e^2/h$ の整数倍となるのである．

ところで(6.19)式が整数となることを示すために，A_x と A_y により部分積分する．

$$N_\alpha = \frac{1}{4\pi i}\oint dA_s\left[\left(\alpha\left|\frac{\partial \alpha}{\partial A_s}\right.\right) - \left(\frac{\partial \alpha}{\partial A_s}\middle|\alpha\right)\right] \tag{6.20}$$

ここで，積分は正方形の領域 $[0 < A_x < \boldsymbol{\Phi}_0/L, 0 < A_y < \boldsymbol{\Phi}_0/L]$ の境界に沿って

$$(0,0) \to (\boldsymbol{\Phi}_0/L, 0) \to (\boldsymbol{\Phi}_0/L, \boldsymbol{\Phi}_0/L) \to (0, \boldsymbol{\Phi}_0/L) \to (0,0) \tag{6.21}$$

のように行なう．さて状態が縮退していない場合には，$A_x = 0$ と $A_x = \boldsymbol{\Phi}_0/L$

の波動関数は位相因子を除いて等しい．これは $A_y=0$ と $A_y=\Phi_0/L$ の波動関数に対しても全く事情が同じである．したがって，線積分はベクトルポテンシャル (A_x, A_y) が境界に沿って，(6.21)と変化したときの波動関数の位相変化の2倍を与える．境界を1周した結果の波動関数は位相を除いて元に戻るから，当然この位相変化は $2\pi i$ の整数倍であり，N_α が整数になるのである．

もちろん，このことが観測される Hall 伝導率が常に $-e^2/h$ の整数倍に量子化されることを意味するわけではない．この整数は各準位ごとに異なり，観測されるのは Fermi 準位付近のいろいろな状態についての平均である．もちろん，熱力学的極限をとれば，寄与する状態は無数になる．一般に整数の平均が整数である必要がないのは言うまでもない．しかし，Fermi 準位が局在状態にあれば，局在状態は Hall 伝導率に寄与せず，熱力学的極限でも $-e^2/h$ の整数倍が観測される．残念ながら，この議論は非常に一般的である反面，局在状態の存在と整数の値に対しては何も言えない．

6-3 強磁場下の局在

これまでに見てきたように，整数量子 Hall 効果は強磁場下2次元系の Anderson 局在と密接に関係している．この節ではこの問題の理解の現状について簡単に概観しよう．

a) 計算機による研究

1辺が L の正方形の系を考えよう．同じ大きさの別の正方形を組み合わせて大きさ $2L$ の正方形を作ることができる．さらにこの操作を繰りかえすことにより任意の大きさの系の状態も求めることができる．2つの系を接続したとき，各々の系のエネルギー準位は相互作用により混じり合い，新しいエネルギー準位を形成する．その際，最近接準位間の相互作用が最も重要である．このような最近接準位間の共鳴積分を $V(L)$，エネルギー差を $W(L)$ としよう．$W(L)$ は各正方形内の近接エネルギー準位の平均間隔の程度であり，単位面積あたりの状態密度を $D(E)$ とすれば，$W(L)\sim[L^2D(E)]^{-1}$ で与えられる．この

$V(L)$ と $W(L)$ の比

$$g(L) = \frac{V(L)}{W(L)} \tag{6.22}$$

が **Thouless 数**である．2つの系のエネルギー準位の混じり合いの程度はこの Thouless 数によって決まる．したがって，局在した状態の場合には $L\to\infty$ で $g(L)$ は指数関数的にゼロに近づき，非局在状態の場合には $g(L)$ は $L\to\infty$ で正の一定値に近づく．電子が1辺 L の正方形内にとどまる“緩和時間”を $\tau(L)$ とすれば拡散係数 $D^*(L)$ は $D^*(L)\sim L^2/\tau(L)$ の程度である．不確定性関係 $\tau(L)V(L)\sim\hbar$ と Einstein の関係式を使い

$$\sigma = e^2D^*D(E_\mathrm{F}) \sim e^2\frac{L^2}{\tau(L)}\frac{1}{L^2W(L)} \sim \frac{e^2}{\hbar}\frac{V(L)}{W(L)} \sim \frac{e^2}{\hbar}g(L) \tag{6.23}$$

を得る．すなわち $(e^2/h)g(L)$ は系のコンダクタンスである．

局在問題への最も直接的なアプローチの方法は，数値計算によりこの Thouless 数と系の大きさの関係を調べることである．$L\times L$ の大きさの2次元系に散乱体をランダムにばらまく．この系で x と y 両方向に周期的境界条件を使った場合と y 方向に反周期境界条件を使った場合の固有エネルギーの差を求め，その幾何平均 $\langle\Delta E\rangle\equiv\exp(\ln|\Delta E|)$ と平均エネルギー間隔の比から Thouless 数 $g(L)$ が得られる．

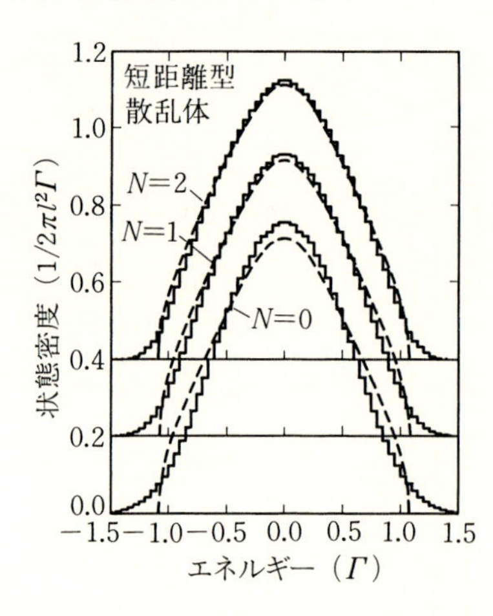

図 6-7 有限系の数値対角化から得られた強磁場下2次元電子系の Landau 準位の状態密度．(T. Ando : J. Phys. Soc. Jpn. **52** (1983) 1893 ; **53** (1983) 310 and 3126 ; Phys. Rev. **B 40** (1989) 9965)

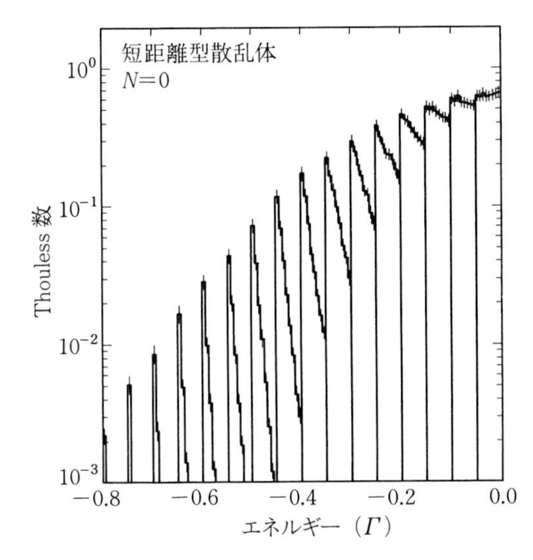

図 6-8 基底 Landau 準位の Thouless 数と系の大きさ.（T. Ando : J. Phys. Soc. Jpn. **52**(1983)1893 ; **53**(1983)310 and 3126 ; Phys. Rev. **B 40**(1989)9965）

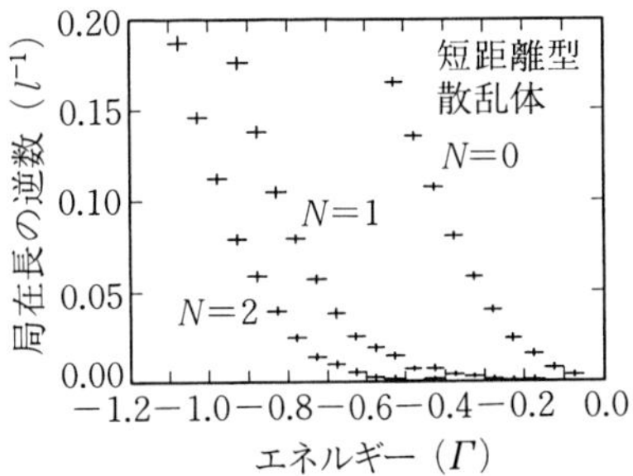

図 6-9 Thouless 数から得られた Landau 準位 $N=0, 1, 2$ の局在長の逆数.（T. Ando : J. Phys. Soc. Jpn. **52**(1983)1893 ; **53**(1983)310 and 3126 ; Phys. Rev. **B 40**(1989) 9965）

引力的と斥力的な短距離型のポテンシャルを持つ散乱体を同数高濃度分布させた系の Landau 準位 $N=0, 1, 2$ の状態密度を図 6-7 に示す．状態密度や伝導率は Landau 準位の中心に関して対称である．また高い Landau 準位ほど簡単な近似の結果(破線)に近づく．図 6-8 に $N=0$ の Landau 準位に対する Thouless 数の計算結果を示す．Thouless 数は Landau 準位の中心付近のごく近傍を除き L の増大とともに指数関数的に減少する．**局在長**の逆数 $\alpha(E)$ は

$$g(L) = g(0)\exp[-\alpha(E)L] \tag{6.24}$$

として求められるが，その結果を図 6-9 に示す．中心のエネルギーに対応する状態を除きすべての状態が局在し，α が中心付近で連続的にゼロに近づく．

$$\alpha(E) \propto |E|^s \tag{6.25}$$

で定義される“臨界指数”は最低 Landau 準位の場合 $s \sim 2$ である．

各 Landau 準位をほぼ独立と考えてよい強磁場極限の場合には，上記の結果も量子 Hall 効果に基づいた議論も，各 Landau 準位の中に非局在状態が存在する点で一致している．一方，ゼロ磁場ではすべての状態が局在することがほぼ定説となっている．したがって，一般の磁場でも非局在状態が存在するか，あるとすれば非局在状態が消滅する臨界磁場が存在するであろうか，またそれは何で決まるのであろうか，など大変に興味深い問題が生じる．この問題に対して，計算機では Landau 準位間の相互作用により非局在状態のエネルギーが高エネルギー側に移動することが示されている．

有限サイズスケーリングもよく用いられる方法である．x 方向に長さ L_x，y 方向に幅 L_y の非常に細長い($L_x \gg L_y$) 2 次元系を考える．$L_x \to \infty$ の極限では，幅 L_y の大きさに関係なく系の状態は x 方向に指数関数的に局在してしまう．これは結局系が 1 次元系となるからであり，1 次元系においてはすべての状態が指数関数的に局在することが厳密に証明されている．この方法では，x 方向の局在長の逆数を $\alpha(L_y)$ とすると，スケーリング関係式

$$\alpha(E, L_y)L_y = h[\alpha(E)L_y] \tag{6.26}$$

から，$L \to \infty$，すなわち 2 次元系での局在長の逆数 $\alpha(E)$ を求める．得られた局在長の逆数を図 6-10 に示す．Thouless 数の方法で得られた結果とよく一致していること，精度が格段によくなったことが見て取れよう．また長距離型ポテンシャルを持つ散乱体の場合には，局在効果がさらに強くなる．

Huckestein-Kramer はハミルトニアンの行列要素として 2 次のモーメントまで正しいランダムな複素数を仮定し，さらに幅の広い系に有限サイズスケーリングの方法を拡張した*．得られた局在長の臨界指数は $N=0$ の基底 Landau 準位の場合 $s \approx 2.34$ である．これは図 6-10 の Landau 準位の中心からかなり離れた場所での指数に一致している．ただし，このランダム行列模型の妥

---

* B. Huckestein and B. Kramer : Phys. Rev. Lett. **64**(1990)1437.

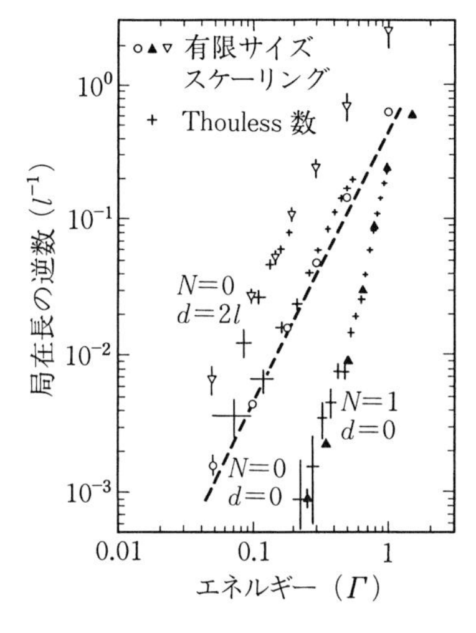

図 6-10 有限サイズスケーリングの方法で計算された局在長の逆数．d は Gauss 型散乱体ポテンシャル[$V(\boldsymbol{r}) \propto \exp(-r^2/d^2)$]の有効距離であり，$d=0$ は δ 関数型の短距離型散乱体，$d=2l$ は長距離型の散乱体に対応する．(T. Ando and H. Aoki: J. Phys. Soc. Jpn. **54**(1985)2238; H. Aoki and T. Ando: Phys. Rev. Lett. **54**(1985)831)

当性はあまり明らかではない．

ポテンシャルが電子のサイクロトロン軌道半径と比べて非常にゆっくりと変化する古典的極限を考えよう．この場合，サイクロトロン軌道の中心は等エネルギー線に沿い，そこでの局所的な電場に比例した速度で運動する．エネルギーが低い場合には等エネルギー線はポテンシャルの“谷”のまわりの閉曲線となり，逆に高い場合にはポテンシャルの“山”のまわりの閉曲線となり，電子は有限の空間に閉じ込められる(地図を考えれば分かりやすい)．この場合，あるエネルギー1点を除きすべての等エネルギー線が閉曲線となる(すなわち電子が局在する)ことが数学的に証明できる．引力型と斥力型のポテンシャルの散乱体が同数分布する場合には，この例外的なエネルギーが Landau 準位の中心となることは容易に理解できよう．したがって，Landau 準位の中心を除きすべての状態が局在することが定性的に理解できる．

b) 局在問題のさまざまな研究

計算機以外にもいろいろな方法で局在問題が研究されている．小野はダイアグラムを用いたセルフコンシステント摂動論をこの系に応用し，計算機による結論とほぼ同じく，Landau 準位の中心を除いてすべて局在するとの結論をえ

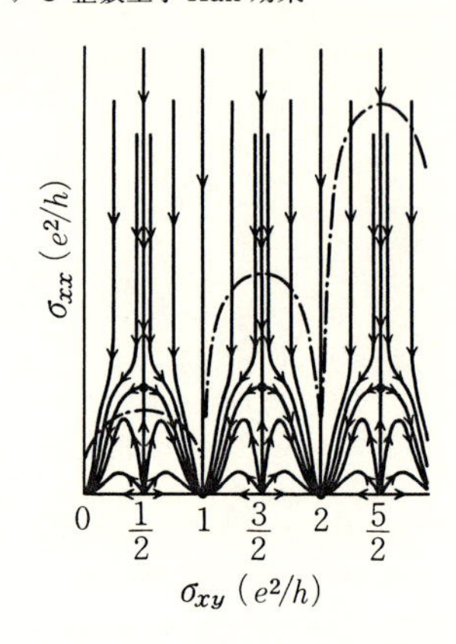

図 6-11 σ_{xx} と σ_{xy} を独立なパラメータとする非線形シグマ模型で簡単なインスタントン近似で得られた流線．1点鎖線はセルフコンシステント Born 近似の結果を表わす．(H. Levine, S. B. Libby and A. M. M. Pruisken : Phys. Rev. Lett. **51**(1983)1915 ; Nucl. Phys. **B 240**(1984)30 ; A. M. M. Pruisken : Phys. Rev. **B 32** (1985)2636)

た*．また，氷上は散乱効果を摂動で扱い，高次の項を低次から適当に見積り無限項の和を求め，計算機で得られた結果とほぼ一致する結論を得ている**．一方，Pruisken らは通常のユニタリー非線形シグマ模型のラグランジアンにトポロジカル項を新たに導入した***．この場の理論の模型では σ_{xx} と σ_{xy} が独立なスケーリング変数となり，系の大きさを変化させたとき σ_{xx} と σ_{xy} がある流線に沿って変化する．図 6-11 は提案された流れ図であり，σ_{xy} が $-e^2/2h$ の奇数倍の場合を除き，系が十分に大きい極限で σ_{xy} が $-e^2/h$ の整数倍に量子化され，σ_{xx} がゼロになることを示す．唯一の例外は Landau 準位の中心に対応する $\sigma_{xy}=-(j+1/2)e^2/h$ である．流線は σ_{xy} 方向に $-e^2/h$ を周期とする周期関数であるので，Landau 準位中心の非局在状態では，$L\to\infty$ で σ_{xx} が Landau 準位に依存しない一定値となる．ただし，数値計算では伝導率 σ_{xx} と σ_{xy} が独立な変数となり得るかについて肯定的な結論が得られていない．

c) 実験の研究から

有限温度では主に電子間非弾性散乱により局在効果が壊される．非弾性散乱による緩和時間を τ_ϕ，非弾性散乱により決まる系の有効的な大きさを L_ϕ としよ

* Y. Ono : J. Phys. Soc. Jpn. **51**(1982)2055 ; **51**(1982)3544 ; **52**(1983)2492 ; **53**(1984)2342.

** S. Hikami : Phys. Rev. **B29**(1984)3726 ; Prog. Theor. Phys. **72**(1984)722 ; **76**(1986)1210 ; **77**(1987)602.

*** H. Levine, S. B. Libby and A. M. M. Pruisken : Phys. Rev. Lett. **51**(1983)1915 ; Nucl. Phys. **B240**(1984)30. A. M. M. Pruisken : Phys. Rev. **B32**(1985)2636.

う．L_ϕ は平均エネルギー準位間隔が非弾性散乱による準位幅 $\hbar/\tau_\phi$ と同程度になるという条件

$$\frac{1}{D(E)L_\phi^2} \sim \frac{\hbar}{\tau_\phi} \tag{6.27}$$

から決まる．状態密度 $D(E) \sim (2\pi l^2 \Gamma)^{-1}$ と不確定性関係 $\Gamma\tau \sim \hbar$ を使い，$L_\phi \sim (\tau_\phi/\tau)^{1/2} l$ を得る．非弾性散乱時間 τ_ϕ は低温で T^{-p} に比例する．したがって，有効的な移動度端 E_ϕ は $\alpha(E_\phi)L_\phi \sim 1$ の条件から，

$$E_\phi \sim T^q, \qquad q = \frac{p}{2s} \tag{6.28}$$

で求められる．

非弾性緩和時間の指数 p はその原因によって変化する．通常低温で重要となるのは電子間相互作用である．無磁場では，Fermi 流体理論によれば，運動量とエネルギー保存に伴う位相空間の体積の温度変化によって $p=2$ となる．一方，運動量保存が重要でない乱れた系では温度のベキが下がり $p=1$ となる．強磁場では運動量保存が重要ではなく $p<2$ となると期待できるが，具体的な計算はまだ報告されていない．

Wei らは InGaAs/InP 単一ヘテロ構造の細長いホールバー型の試料で ρ_{xy} を測定した．図 6-12 は測定で得られた Landau 準位 $N=0$ と 1 の中心付近で

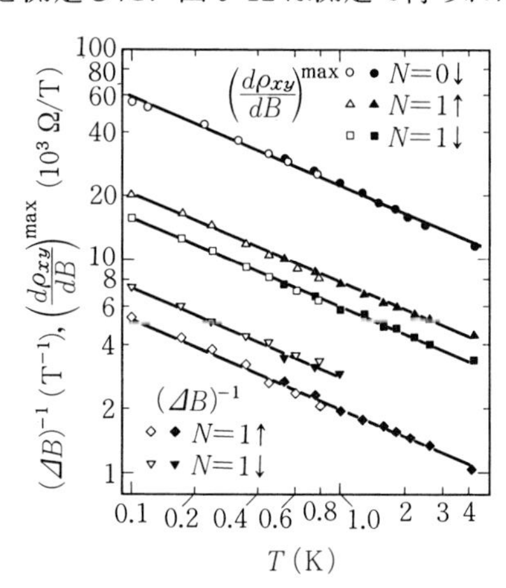

図 6-12　InGaAs/InP 単一ヘテロ構造で測定された $(d\rho_{xy}/dB)^{\max}$ と $d\rho_{xx}/dB$ の極大と極小に対応する磁場の差 ΔB の温度変化．(H. P. Wei, D. C. Tsui, M. A. Paalanen and A. M. M. Pruisken: Phys. Rev. Lett. 61 (1988) 1294)

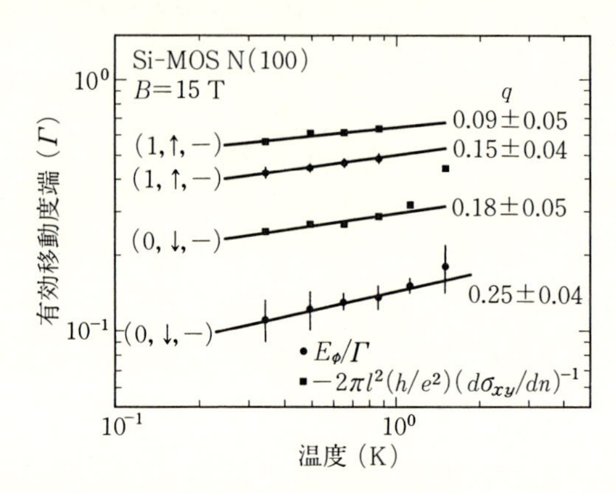

図 6-13 Si 表面反転層で測定された有効移動度端 $E_\phi(T)$ と Landau 準位中心付近での $-[d\sigma_{xy}/dn]^{-1}$ の温度変化．(0, ↓, −) は $N=0$ の'スピン下向き'で'上谷'(谷分離により分裂したエネルギーの高い方の谷)の Landau 準位，(1, ↑, −) は $N=1$ の'スピン上向き'で'下谷'の Landau 準位である．(J. Wakabayashi, M. Yamane and S. Kawaji : J. Phys. Soc. Jpn. **58** (1989) 1903)

$\rho_{xy}(B)$ が変化する幅 ΔB と微係数 $d\rho_{xy}/dB$ の温度変化を示す．図は非常に広い温度範囲にわたって ΔB^{-1} と $d\rho_{xy}/dB$ が T^{-q} ($q\sim 0.43$) に比例することを示す．これから，局在長の臨界指数 s が Landau 準位によらない普遍的な値であること，したがって，非線形シグマ模型が正しいことの傍証であると主張した．一方，学習院大学の若林らはシリコンの表面反転層で Hall 電流法を用いて σ_{xx} と σ_{xy} の温度変化を測定し，有効移動度端のエネルギーの温度指数 q を求めた．図 6-13 に $d\sigma_{xy}/dn$ と状態密度に Gauss 型を仮定した解析により得られた $E_\phi(T)$ を示す．これは Landau 準位 $N=1$ の温度変化が $N=0$ のそれに比べて小さく，Landau 準位に依存した q の値を与える．これらの実験結果の相違の原因は現在もまだ理解されてはいない．

6-4 端電流による説明

量子 Hall 効果を端状態が運ぶ電流でも説明できる．2 次元系を幅 L の領域に

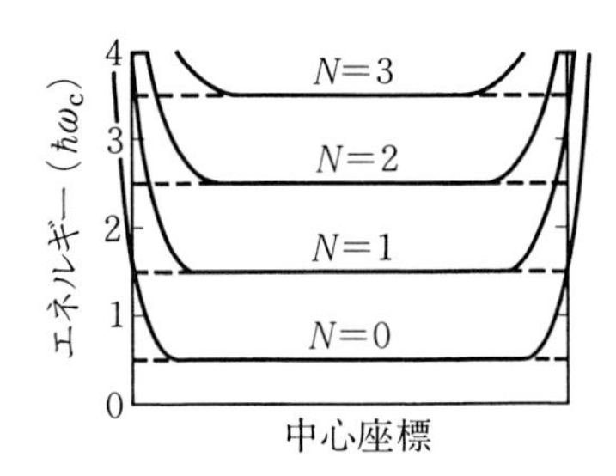

図 6-14 2次元電子を幅 L の領域に閉じ込めたときのエネルギー準位．中心付近では通常の Landau 準位になるが，サイクロトロン軌道の中心が障壁に近づくと，端状態が形成されエネルギーが増大する．古典的なスキッピング軌道を量子化したのが端状態である．

閉じこめた場合のエネルギー準位を図 6-14 に示す．サイクロトロン軌道の中心が端から十分に離れていれば，そのエネルギーは中心によらないが，端に近づくとその影響でエネルギーが高くなり端状態が形成される．同一の端に局在した端状態の電子は端に沿って同じ方向に運動しその速さは $v_j(k)=\partial E_j(k)/\hbar\partial k$ で与えられる．ここで k は端に沿った方向の波数であり，中心座標 X と $X=-l^2k$ で結びついている．また $E_j(k)$ は j 番目の端状態のエネルギーを表わす．系を流れる全電流は

$$I=\frac{(-e)}{h}\sum_{j=1}^{q}\int_{k_j^{\min}}^{k_j^{\max}}dk\frac{\partial E_j(k)}{\partial k}=\frac{(-e)}{h}\sum_{j=1}^{q}\left[E_j(k_j^{\max})-E_j(k_j^{\min})\right] \tag{6.29}$$

で与えられる．ここで，$k_j^{\max}$ と $k_j^{\min}$ は電子により占められた最大と最小の波数，整数 q は Fermi 準位以下の Landau 準位の数である．電流 I が流れている状態では系の左右の化学ポテンシャルが異なる．この差が Hall 電圧である．左の Hall 電極では左の端状態の化学ポテンシャルの平均，右では右の端状態の平均を観測すると考えると，Hall 電圧は

$$(-e)V_{\mathrm{H}}=q^{-1}\sum_{j=1}^{q}\left[E_j(k_j^{\max})-E_j(k_j^{\min})\right] \tag{6.30}$$

となり，Hall 抵抗は

$$R_{\mathrm{H}}=\frac{V_{\mathrm{H}}}{I}=\frac{h}{e^2}\frac{1}{q} \tag{6.31}$$

すなわち h/e^2 の $1/q$ 倍に量子化される．

2次元系では Fermi 準位が必ずある Landau 準位（散乱などにより幅をもつ

場合も含めて)に位置し，端状態はバルク状態と必ず混じり合っている．すなわちこの単純な議論は量子 Hall 効果の真の説明にはなり得ない．このような場合には 1 次元系のコンダクタンスと透過・反射確率を関係づける Landauer の公式を用いればよい．2 次元電子を閉じ込めた細線からなる図 6-15 に示すような 4 端子の構造を考えよう．端子 i から流入する電流を I_i とし，対応する電極の化学ポテンシャルを μ_i とすると，**Landauer の公式**は次のようになる．

$$I_i = \frac{-e}{\pi\hbar}\left[(1-R_{ii})\mu_i - \sum_{j\neq i} T_{ij}\mu_j\right] \tag{6.32}$$

ここで，T_{ij} は端子 j から i への透過確率，R_{ii} は端子 i から i への反射確率である．幅がある細線では，電流を運ぶ 1 次元的サブバンドが多数存在し，それぞれごとに電流を運ぶチャネルが 2 つ(電流の向きを含めて)存在する．したがって，透過確率は入射と透過チャネルの番号についての行列になる．しかし，放出吸収される電子の化学ポテンシャルがチャネルによらない理想的な電極の場合には，入射と透過のチャネルの番号について和をとった透過確率で上式を置き換えればそのまま成り立つ．

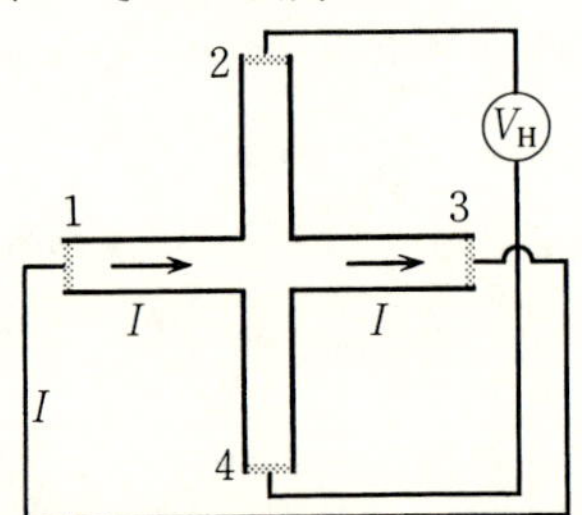

図 6-15 Hall 効果測定用の交差点の構造．電流を端子 1-3 間に流し，端子 2-4 間の電位差を測定する．

Hall 効果では端子 1 と 3 に電流 I を流し，端子 2 と 4 間の電圧を測定する．すなわち，

$$I_1 = -I_3 = I, \quad I_2 = I_4 = 0, \quad (-e)V_{\mathrm{H}} = \mu_2 - \mu_4 \tag{6.33}$$

もちろん，端状態は散乱によってバルクの状態と混じり合うが，非局在状態が Landau 準位の中心付近の 1 点だけであるため，十分幅の広い導線では反対側の端状態と混じり合う確率はほとんどない．すなわち，散乱によっても端状態

は後方散乱を受けることはない．また，Hall プローブとの交差点ですべての電子が左側の Hall 端子に確率 1 で流れ込む．したがって，Fermi エネルギー以下の端状態の数を q とすると，

$$T_{31} = T_{23} = T_{42} = T_{14} = q \tag{6.34}$$

となり，他のすべての透過・反射確率はゼロとなる．これからただちに量子化 Hall 抵抗 $R_{\mathrm{H}}=q^{-1}h/e^2$ が得られる．

この Landauer の公式による説明では，Hall 電流に伴った Hall 電場がまったく現われない．これは Hall 電場が電気伝導に全然影響を及ぼさないことを意味しており，通常の電流磁気効果の議論からは非常に理解しがたいことである．2 次元系における局在と Hall 伝導率による説明とこの端電流による説明とがどのように関係しているのかは，量子輸送現象の根幹に関わる非常に基本的な問題であるが，残念ながら今も未解決の問題として残されている．最近の量子 Hall 効果の実験は，どちらかと言えばむしろ後者の端電流の説明の方が正しいことを示唆しているように見える．これからの研究の発展に期待したい．

7
分数量子Hall効果

前章で議論した整数量子 Hall 効果では，強磁場下の2次元系の Hall 伝導率 σ_{xy} が自然定数 e^2/h の整数倍に量子化された．一方，分数量子 Hall 効果では，Hall 伝導率が e^2/h の分数倍に量子化される．強磁場下では，量子効果が強いために電子間の Coulomb 斥力の短距離部分が重要な役割を演じ，電子がお互いに遠く離れるように相対的角運動量が大きい状態が基底状態となる．この基底状態は新しい**非圧縮性量子液体状態**であり，そこでの素励起は**分数電荷**を持つ準粒子である．2次元系では，Fermi 統計・Bose 統計・$\boldsymbol{m}$ **重の分数統計**など粒子の異なる統計性の間を適当にハミルトニアンを変換することにより移り変われるが，この素励起はこの**エニオン**なのである．

7-1 分数量子 Hall 効果の発見

1982年，GaAs/AlGaAs ヘテロ構造の2次元系で，Bell 研究所の Tsui-Stormer-Gossard は新しいプラトーを発見した．実験結果を図 7-1 に示す．磁場を変えていくと，Landau 準位がちょうど整数個つまったことに対応する Landau 準位の充填率 $\nu\equiv2\pi l^2 n=$“整数” の付近で抵抗 ρ_{xx} がゼロとなり，Hall

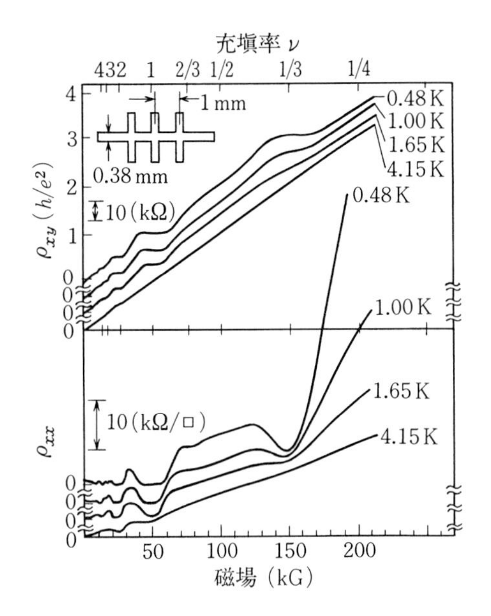

図 7-1 GaAs/AlGaAs 単一ヘテロ構造で発見された分数量子 Hall 効果．Landau 準位の充塡率 $\nu=1/3$ と 2/3 で異常（ρ_{xx} が極小，ρ_{xy} がプラトー）が見られる．（D.C. Tsui, H.L. Stormer and A.C. Gossard: Phys. Rev. Lett. **48**(1982) 1559）

抵抗 ρ_{xy} にプラトーが見える．これは整数量子 Hall 効果である．それ以外に，充塡率 ν が 1/3 と 2/3 の分数付近の磁場で ρ_{xx} のくぼみが見え，ρ_{xy} がプラトーらしきものを示す．このプラトーは，$\rho_{xy}=3h/e^2$ と $3h/2e^2$，Hall 伝導率では $\sigma_{xy}=-e^2/3h$ と $-2e^2/3h$ に対応する．これまで議論してきた整数量子 Hall 効果では，$\sigma_{xy}=-(e^2/h)\times$“整数” 以外にはあり得ないことから，これは全く新しい現象と考えられる．Hall 伝導率が $-e^2/h$ の分数倍に量子化されることから，これを分数量子 Hall 効果と呼んでいる．

その後，結晶成長技術の進歩とあいまって，GaAs/AlGaAs ヘテロ構造の性質が向上し，$\nu=1/3$，2/3 だけではなく，2/7，3/5，2/5，4/3，5/3 など他の分数でもこのようなプラトー現象が観測された．現在では実験結果についても解説がいくつか出版されている．最近の非常に美しい実験結果の一例を図 7-2 に示す．たとえば $\nu=1/3$ に対する量子化 Hall 抵抗の精度は 10^{-4} であり，整数量子 Hall 効果の $10^{-7}\sim10^{-8}$ には遠く及ばないが，それでもその精度から完全な量子化が起こっていると考えてよいであろう．これまでの多くの実験の

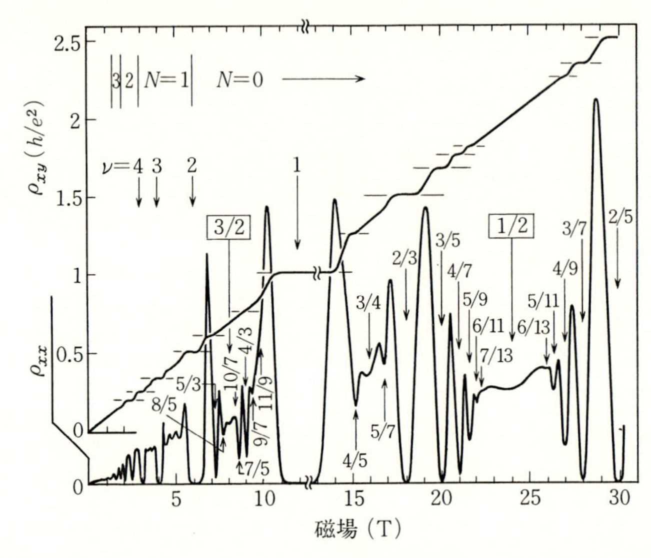

図7-2 GaAs/AlGaAs 単一ヘテロ構造で観測された分数量子 Hall 効果の例. 非常に多くの分数 ν で ρ_{xx} が熱励起型の温度変化を示し, 同時に ρ_{xy} がプラトーを示す. (R. Willet, J. P. Eisenstein, H. L. Stormer, D. C. Tsui, A. C. Gossard and J. H. English : Phys. Rev. Lett. **59** (1987) 1776)

結果, 特殊な例外を除けば奇数分母だけが観測され, 偶数分母が現われないのが最も顕著な特徴である.

前述のように, GaAs/AlGaAs ヘテロ構造はシリコンの表面反転層に比べると, 格段に優れた界面をもち, また電子の散乱の原因となる不規則性も非常に少ない. そのため, 電子間の Coulomb 相互作用が不規則性に比べて重要な役割を演じている. すなわち, 分数量子 Hall 効果は電子間相互作用の結果であると考えるのが最も自然である.

強磁場下 2 次元電子系の基底状態については分数量子 Hall 効果発見以前からすでに理論的な研究が行なわれていた. $\nu \ll 1$ の低濃度の極限では, 電子の波動関数の重なりが完全に無視でき, したがって電子の運動エネルギーを考える必要がない. この場合には, 古典的な荷電粒子の場合とまったく同じとなり, 低温では Coulomb 反発力を最小とするように電子系は結晶状態となる. もちろん，電子濃度がある程度大きくなり各サイクロトロン軌道の重なりが無視できない場合には，この結晶状態が不安定となる．その場合には，Laughlin* により提案された特殊な非圧縮性の**量子液体状態**が基底状態となっていると考えられている．

7-2 非圧縮性量子液体

a) Laughlin 状態

以下の議論では対称ゲージ $\boldsymbol{A}=(-By/2, Bx/2)$ を用い，原点のまわりの角運動量を対角化した波動関数(5.22)を基底に選ぶ．特に $N=0$ の場合には，複素数 $z=x-iy$，角運動量を $-m$ とすると，

$$\phi_m(x,y) = (2\pi 2^m m!)^{-1/2} l^{-1}\left(\frac{z}{l}\right)^m \exp\left(-\frac{|z|^2}{4l^2}\right) \tag{7.1}$$

前述のように，角運動量 m の状態ではサイクロトロン運動の中心が面積 $2\pi l^2(m+1/2)$ の円周上に存在する．したがって，面積 $(M+1/2)2\pi l^2$ の十分に大きい円形の系を考えると，許される角運動量は $m=0,1,\cdots,M$ である．

さて，N 個の電子の波動関数は(7.1)から作られる Slater 行列式の線形結合で与えられる．この Slater 行列式は指数関数の部分を除けば電子の座標 $z_1, \cdots, z_N$ の反対称多項式となる．一般に，反対称な多項式は対称多項式と完全反対称な多項式である Vandermonde の行列式の積で表わされる．すなわち，対称多項式を $f(z_1,\cdots,z_N)$ とすると，

$$\Psi(z_1,\cdots,z_N) \propto f(z_1,\cdots,z_N) \prod_{i<j}(z_i-z_j)\exp\left(-\sum_{i=1}^{N}\frac{|z_i|^2}{4l^2}\right) \tag{7.2}$$

Coulomb 相互作用により，電子は互いに反発し離れ合いながら運動する．基底状態の波動関数はその反発力を最小とする対称多項式で表わされることになる．そのような候補として次の波動関数を考えよう．

---

* R.B. Laughlin : Phys. Rev. Lett. **50**(1983)349.

$$\Psi_m(z_1,\cdots,z_N) \propto \prod_{i<j}(z_i-z_j)^m \exp\left(-\sum_{i=1}^{N}\frac{|z_i|^2}{4l^2}\right) \tag{7.3}$$

もちろん反対称性から m は奇数である．この状態では電子対間の相対的角運動量がすべて m であり，2 体分布関数 $\rho(r)$ が原点付近で r^{2m} に比例してゼロに近づく．すなわち，この波動関数は電子が互いにあまり近づかないエネルギーの低い状態を表わしている．この波動関数の表わす状態を 1/m Laughlin 状態と呼ぶ．

この波動関数の z_1 の最大ベキから電子の占める最大角運動量 M が $M=(N-1)m$ と求められる．上述のように，この最大角運動量は電子の占め得る状態の総数であり，系の面積と $2\pi l^2(M+1/2)$ と関係している．これから Laughlin 状態の充塡率 ν として $\nu=N/M=1/m$ が得られる(以下では $M,N\gg 1$ を満足する十分大きい系を考える)．もちろん $\nu>1/m$ ではこのような波動関数を選ぶことは不可能であり，逆に $\nu<1/m$ では Laughlin 状態は基底状態とはならず，相対的角運動量が m より大きい電子対(すなわちお互いがさらに遠く離れる)を含む状態の方がエネルギーが低い．すなわち，ちょうど $\nu=1/m$ の場合にのみ Laughlin 状態が基底状態となり得ると考えられる．

さて，この状態の性質を見るために(7.3)式を 2 乗しよう．

$$|\Psi_m(z_1,\cdots,z_N)|^2 \propto \exp\left[2m\sum_{i<j}\ln|z_i-z_j|-\sum_{i=1}^{N}\frac{|z_i|^2}{2l^2}\right] \tag{7.4}$$

ここで，

$$m=\frac{\sigma^2}{k_{\mathrm{B}}T}, \qquad 2\pi l^2=\frac{k_{\mathrm{B}}T}{\sigma\rho} \tag{7.5}$$

と置くと，

$$|\Psi_m(z_1,\cdots,z_N)|^2 \propto \exp\left[-\frac{1}{k_{\mathrm{B}}T}V(z_1,\cdots,z_N)\right] \tag{7.6}$$

と書き直せる．ただし，

$$V(z_1,\cdots,z_N) = -2\sigma^2\sum_{i>j}\ln|z_i-z_j|+\pi\rho\sigma\sum_{i=1}^{N}|z_i|^2 \tag{7.7}$$

この V は N 個の線電荷(単位長さあたりの電荷が $-\sigma$)が電荷密度 $+\rho$ の一様な媒質中で古典的な運動をする場合のポテンシャルエネルギーに等しい．実際，V の第1項は線電荷間の Coulomb 相互作用，第2項は一様な正電荷との相互作用を表わしている．Laughlin 状態の波動関数に対しては，$|\Psi_m|^2$ がこの線電荷の系の Boltzmann 因子と等しいため，そのエネルギーや電子密度分布など多くの物理量が線電荷の系のものと同じになる．

この仮想的な2次元プラズマにおける電気中性の条件は

$$N\sigma = 2\pi l^2 M\rho \tag{7.8}$$

であるが，これはもとの変数では $\nu=N/M=1/m$ を意味し，これからもこの波動関数が $\nu=1/m$ のときにのみエネルギーの低い状態を表わすことがわかる．古典プラズマにおける Coulomb 相互作用の大きさを特徴づけるのは，相互作用の大きさを表わすエネルギーと温度の比であるプラズマパラメータ

$$\Gamma = \frac{2\sigma^2}{k_{\mathrm{B}}T} \tag{7.9}$$

である．これまでのいろいろな研究の結果，$\Gamma<140$ では長距離秩序を持たない液体状態，$\Gamma>140$ では3角格子の結晶状態が安定であることが知られている．これをもとのパラメータ m で表わすと $\Gamma=2m$ となり，これから Laughlin 状態は $m>70$，すなわち $\nu<1/70$ の場合に電子の結晶状態を表わし，$m<70$，すなわち $\nu>1/70$ では長距離秩序のない液体状態を表わすことが結論できる．すなわち典型的な $m=3, 5, 7, \cdots$ の場合，この状態は長距離相関のない液体状態となる．

この Laughlin の波動関数はハミルトニアンの厳密な固有状態ではない．しかし電子数が数個程度の小さな有限系で，ハミルトニアンを数値的に対角化して得られた波動関数とこの Laughlin の波動関数が近いことが示されている．図7-3に吉岡らが x, y 両方向に周期的な境界条件を付加した長方形の有限系で得た $\nu=1/3$ での基底状態と電荷密度波状態(励起状態の1つ)に対する2体相関関数を示す．2体相関関数 $g(r)$ とは，ある電子に着目したとき他の電子が距離 r に存在する確率のことである．Laughlin 状態では，原点 $r=0$ の付近

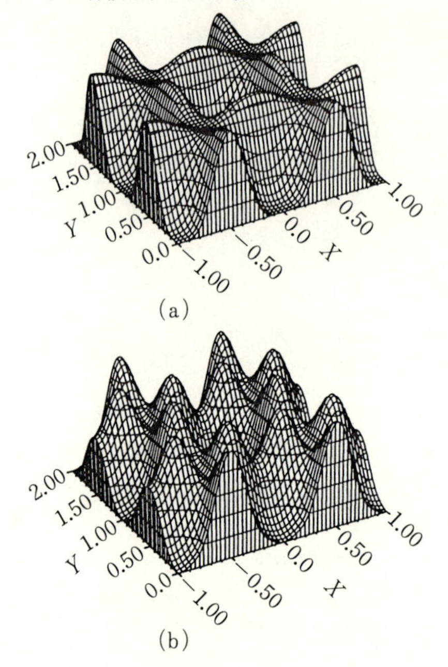

図 7-3 吉岡らにより有限系の数値対角化の方法で得られた量子液体状態(a)と電荷密度波状態(b)に対する2体相関関数 $g(r)$. 図示していない部分にも周期的につながっている. (D. Yoshioka : Phys. Rev. **B 29**(1984)6833 ; J. Phys. Soc. Jpn. **53**(1984)3740 ; **55**(1986)885 ; **55**(1986)3960 ; **56**(1987)1301)

で $g(r)\propto r^{2m}$ のようにゼロに近づくことが(7.3)式からわかる. 吉岡らの数値計算で得られた基底状態の波動関数も, $\nu=1/3$ すなわち $m=3$ の場合には Laughlin 状態の $g(r)\propto r^{2m}$ と非常に近いことがわかっている. 同様の数値計算による研究は, 球面上に数個の電子を置いた系でも行なわれており, Laughlin の波動関数が与えるエネルギーと真の基底状態のエネルギーが非常に近いとの結論が得られている.

b)　分数電荷励起

次の波動関数で表わされる状態を考えよう.

$$S(z_0)\Psi_m \propto \prod_i (z_i - z_0)\Psi_m \tag{7.10}$$

この波動関数で表わされる状態では, 電子がお互いになるべく離れ合いながら運動しているが, z_0 のまわりの電子密度が小さくなっている. そこで, この状態を $z=z_0$ に電子の穴である準正孔が存在する状態, また $S(z_0)$ を z_0 に準正孔を作る演算子と呼ぶ. もとの Laughlin 状態では, 2体相関関数が原点付

近で $|z-z_0|^{2m}$ となるように各電子が他の電子を排除し，電気的に中性となっている．ところが z_0 の準正孔の付近では電子の電荷は $|z-z_0|^2$ に比例してゼロになっている．したがって準正孔の電荷は $+e$ よりも小さい．この波動関数の z_1 の最大ベキは $1/m$ の Laughlin 波動関数と比べて1だけ大きい．全電子数は同じであるので，z_0 付近での電子密度の減少分だけ系の面積が $2\pi l^2$ 増えたことになる．電子は $2\pi l^2 m$ の面積に1個の密度で分布するので，電子1個分だけの空孔を作るには系の面積を $2\pi l^2 m$ だけ増やさなければならない．したがって，z_0 の準正孔のまわりの電子密度の減少は $1/m$ となる．すなわち，この準正孔は分数電荷 $+e/m$ を持つ．

準正孔が分数電荷をもつことはこの他にもいろいろな方法で示すことができる．たとえば，この波動関数を2乗する．

$$|S(z_0)\Psi_m|^2 \propto |\Psi_m|^2 \exp\left[-\frac{V'(z_1, \cdots, z_N, z_0)}{k_B T}\right] \tag{7.11}$$

ここで

$$V'(z_1, \cdots, z_N, z_0) = -2\sigma\frac{\sigma}{m}\sum_i \ln|z_i - z_0| \tag{7.12}$$

これは z_0 に置いた線電荷 $-\sigma/m$ と N 個の線電荷 σ との相互作用のポテンシャルエネルギーである．Coulomb 相互作用は長距離力であり，必ず電気中性の条件が満足されるため，z_0 の周りには全部で σ/m の電荷が集まり，この線電荷を遮蔽する．これも z_0 の準正孔の電荷が $+e/m$ であることを示している．

準正孔の電荷が $+e/m$ となることは **Berry の位相** * からも示すことができる．ハミルトニアンがあるパラメータ s に依存するとする．いま，時刻 $t=0$ から s を非常にゆっくりと断熱的に変化させ，時刻 $t=T$ での $s(T)$ で時刻 $t=0$ でのハミルトニアンとまったく同じに戻るとする．ここで，$s(T)=s(0)$ である必要は必ずしもなく，$\mathscr{H}[s(T)]=\mathscr{H}[s(0)]$ であればよい．状態が縮退するようなことがなければ，時刻 $t=T$ での状態は $t=0$ での状態とまったく同

* M.V. Berry : Proc. Roy. Soc. London, **A 392**(1984)45.

一である．したがって，$t=T$ での波動関数 $\psi(T)$ は位相因子を除いて $t=0$ の波動関数と等しい．そこで，

$$\psi(T) = \psi(0)\exp\left(-i\gamma - \frac{i}{\hbar}\int_0^T dt' E_0[s(t')]\right) \tag{7.13}$$

と書こう．ここで，指数関数の変数の第2項に現われる $E_0[s(t)]$ は定常状態の Schrödinger 方程式の固有エネルギーである．

$$\mathcal{H}[s(t)]\psi_0[s(t)] = E_0[s(t)]\psi_0[s(t)] \tag{7.14}$$

すなわち，この第2項は通常のエネルギーによる位相変化である．それ以外に余分な位相 γ が現われるが，これが Berry の位相である．Berry の位相を求めるために，時刻 t での波動関数を

$$\psi(t) = \psi[s(t)]\exp\left(-i\gamma(t) - \frac{i}{\hbar}\int_0^t dt' E_0[s(t')]\right) \tag{7.15}$$

と置く．これを時間に依存する Schrödinger 方程式に代入すると，$\gamma(t)$ に対する次の方程式を得る．

$$\frac{d\gamma(t)}{dt} = -i\left\langle \psi[s(t)] \middle| \frac{d\psi[s(t)]}{dt} \right\rangle \tag{7.16}$$

これを積分して，Berry の位相は

$$\gamma = -i\int_0^T dt \left\langle \psi[s(t)] \middle| \frac{d\psi[s(t)]}{dt} \right\rangle \tag{7.17}$$

と求められる．

簡単な例として，電子を $\boldsymbol{R}$ $(R \gg l)$ のまわりで対称なポテンシャルにより閉じ込めた場合を考えよう．その場合，$\boldsymbol{R}$ のまわりの角運動量がよい量子数となるので，電子の波動関数は(5.23)式で表わされる．そこで，$\boldsymbol{R}(t)$ をゆっくり原点を中心として半径 R の円周上を1周させる．すなわち $R_x(t)=R\cos\theta$, $R_y(t)=R\sin\theta$ $(\theta=2\pi t/T)$ とする．このとき

$$\frac{d\gamma(t)}{dt} = \frac{R^2}{2l^2}\frac{d\theta}{dt} \tag{7.18}$$

したがって，Berry の位相は

$$\gamma = \frac{\pi R^2}{l^2} = 2\pi \frac{\Phi}{\Phi_0} \tag{7.19}$$

である．ただし，$\Phi_0 = ch/e$ は磁束量子である．これは，半径 R の円を貫く磁束による **Aharonov-Bohm の位相**である．

次に，準正孔の座標 z_0 を原点を中心とした半径 R の円周上を反時計回りに1周させ，そのときの波動関数の位相変化を見よう．準正孔の波動関数に対しては

$$\frac{d\gamma(t)}{dt} = -i\left\langle S(z_0)\Psi_m \middle| \frac{d}{dt} \sum_j \ln[z_j - z_0(t)] \middle| S(z_0)\Psi_m \right\rangle \tag{7.20}$$

を得る．円周に沿って1周すると，円の外にいる電子からの寄与はゼロとなり，円の内部の電子からそれぞれ $-2\pi i$ の寄与がある（$z = x - iy$ であることに注意）．したがって，電子の平均密度を $\rho_0 = \nu/2\pi l^2 = 1/2\pi l^2 m$，円を貫く磁束を Φ とすると，位相変化は

$$\gamma_0 = i \int_{|r|<R} dxdy\, \rho_0 2\pi i = -2\pi \frac{1}{m} \frac{\Phi}{\Phi_0} \tag{7.21}$$

これは，電子の場合の(7.19)と比べると，準正孔の電荷が $+e/m$ であることを示している．この準正孔を原点のまわりに1周させたときの位相変化は，(7.10)式でそのまま z_0 を動かしたときの変化ではないことに注意しよう．もちろんただ z_0 を動かしても半端な位相は全然現われない．

電子の密度が $1/m$ Laughlin 状態と比べてわずかに高い場合，電子的な準粒子の励起状態が出現する．準正孔の場合に電子数をそのままで多項式の次数を1増やすことにより系の面積を $2\pi l^2$ 増加したように，準電子の場合には多項式の次数を1減らし，面積を $2\pi l^2$ 減らせばよい．そこで，その近似的波動関数を Laughlin は以下のように与えた．

$$S^{\dagger}(z_0)\Psi_m \propto \exp\left(-\sum_{i=1}^{N} \frac{|z_i|^2}{4l^2}\right) \prod_j \left(2l^2 \frac{\partial}{\partial z_j} - z_0^*\right) \prod_{i<j} (z_i - z_j)^m \tag{7.22}$$

この準電子の場合には，準正孔の場合と異なり古典プラズマとの類推が困難であり，その性質を議論することが難しい．また，この波動関数には異論もあり，

まったく異なる波動関数も提案されている．ここではその詳細については省略する．

7-3 階層構造と分数統計

$\nu=1/m$ の基底状態は Laughlin の与えた波動関数で記述されると考えてよいようである．分子が 1 以外の分数の状態については準粒子の階層構造による説明が提案されている．もとの Laughlin 状態が非常に安定で大きな励起ギャップを持ち，そこで多数の準粒子が励起されても本質的に変化せず，励起された準粒子が短距離的な斥力ポテンシャルで相互作用すると仮定する．準粒子は適当な濃度で Laughlin 状態を形成するが，この状態が非常に固く安定であれば，そこで生成された準粒子がさらに Laughlin 状態を形成する．たとえば $\nu=2/7$ 状態は $\nu=1/3$ の Laughlin 状態で生じた多数の準正孔が Laughlin 状態を形成した状態，$\nu=2/5$ 状態は多数の準電子が Laughlin 状態を形成した状態と理解するのである．

最初，**階層構造**は Haldane * によって提案された．$1/m$ Laughlin 状態に N_1 個の準粒子が励起されると，

$$M = mN+\alpha_1 N_1 \tag{7.23}$$

ただし，準正孔に対して $\alpha_1=+1$，準電子に対して $\alpha_1=-1$ と選ぶ．ここで，全電子数 $N_0=N$ を現世代の準粒子の数，電子の占め得る場所の数 $N_{-1}=M$ を親世代の準粒子の数，N_1 を子世代の準粒子の数とみなす．そうすると，この式は「現世代の粒子の数の m 倍と子世代の準粒子の数の和が親世代の準粒子の数に等しい」と解釈できる．N_1 個の準粒子が $1/p_1$ の Laughlin 状態を形成し，そこでさらに N_2 の準粒子が励起されると

$$N_0 = p_1 N_1+\alpha_2 N_2 \tag{7.24}$$

となる．ただし，準粒子は Bose 統計に従うと考え p_1 を正の偶数とする．さ

* F. D. M. Haldane : Phys. Rev. Lett. **51**(1983)605.

らにこれを一般化すると $\alpha_i = \pm 1$ として

$$N_{i-1} = p_i N_i + \alpha_{i+1} N_{i+1} \tag{7.25}$$

ここで，$p_0 = m$ だけが奇数であり，他の p_i $(i>0)$ はすべて偶数である．そこで，$\nu_i = N_i/N_{i-1}$ と置くと，上式はただちに

$$\nu_i^{-1} = p_i + \alpha_{i+1}\nu_{i+1} \tag{7.26}$$

と書き直せる．したがって安定な充填率 $\nu = \nu_0$ として次の連分数が得られる．

$$\nu = \cfrac{1}{m + \cfrac{\alpha_1}{p_1 + \cfrac{\alpha_2}{p_2 + \cdots}}} \tag{7.27}$$

もちろん，j 番目の階層の充填率は $\nu_{j+1} = 0$ とすることにより求められる．たとえば最も簡単な場合として $\nu_2 = 0$ とすれば，$\nu = (m + \alpha_1/p_1)^{-1}$ となる．これは $m=3$，$p_1 = 2$，$\alpha_1 = \pm 1$ に対して，$\nu = 2/7$ と $2/5$ を与える．これを続けると実験で観測される分数のほぼすべてが得られる．

この議論では Laughlin 状態からの励起である準粒子をボソンと仮定したが，それは正しいのであろうか？　この疑問に答えるまえに 2 次元系における粒子の統計性を考える必要がある．図 7-4 に示すように，粒子 A と B の入れ換えには，互いに左回りに動かす場合と右回りに動かす場合の 2 種類存在する．左向きの回転による入れ換えを P とすれば，逆の右向きの回転による入れ換えは P^{-1} である．同種粒子であるから，$P\psi(z_1, z_2)$ と $P^{-1}\psi(z_1, z_2)$ はもとの $\psi(z_1, z_2)$ とまったく同じ状態を表わすので，それらは位相を除いて等しい．すなわち，

$$\begin{aligned} P\psi(z_1, z_2) &= \exp(-i\Delta\gamma/2)\psi(z_1, z_2) \\ P^{-1}\psi(z_1, z_2) &= \exp(+i\Delta\gamma/2)\psi(z_1, z_2) \end{aligned} \tag{7.28}$$

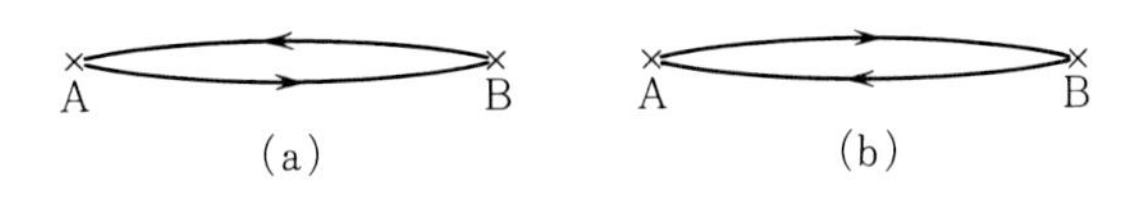

図 7-4　2 粒子の入れ換えの操作．(a)と(b)は 3 次元系では区別ができないが，2 次元系では区別できる．

3次元系では回転軸を連続的に変えることにより，P から P^{-1} へ連続的に移り変わる．したがって，P と P^{-1} は本質的に同じ操作であり，$\Delta\gamma=0, 2\pi$ だけが許される．すなわち，$P^2=PP^{-1}=1$ から P の固有値は ± 1 に限定され，2粒子の統計性として $+1\,(\Delta\gamma=0)$ の Bose 統計と $-1\,(\Delta\gamma=2\pi)$ の Fermi 統計だけが許される．一方，2次元系の場合には回転軸が2次元平面に垂直な方向に固定されているので，右向きと左向きの回転を区別することができ，P と P^{-1} が位相まで含めてまったく同じ波動関数を与える必要はない．すなわち，$\Delta\gamma$ はまったく任意である．特に，$\Delta\gamma=2\pi/m$ と書けるとき，粒子は m 重の分数統計に従うという．

さて，準正孔が $z_{\rm A}$ と $z_{\rm B}$ にある場合の電子の波動関数を考える．

$$S(z_{\rm A})S(z_{\rm B})\Psi_m \propto \prod_j (z_j-z_{\rm A})(z_j-z_{\rm B})\Psi_m \tag{7.29}$$

ここで，$z_{\rm A}$ を $z_{\rm B}$ を中心として円周上を反時計回りに1周させる．これは準粒子 $z_{\rm A}$ と $z_{\rm B}$ を2回入れ換えたことに対応する．そのときの位相変化(Berry の位相)を計算すると，準正孔1個の場合に比べて余分に $\Delta\gamma=2\pi/m$ すなわち $\exp(-2\pi i/m)$ が加わることが容易に示せる．すなわち，この波動関数を基底として，

$$\int dz_{\rm A}\int dz_{\rm B}\,\Psi(z_{\rm A}^*, z_{\rm B}^*)S(z_{\rm A})S(z_{\rm B})\Psi_m \tag{7.30}$$

で定義される準正孔の波動関数 $\Psi(z_{\rm A}, z_{\rm B})$ は m 重の分数統計に従うのである．

準粒子の統計性には任意性がある．たとえば，始めから波動関数(3.29)に $(z_{\rm A}^*-z_{\rm B}^*)^{1/m}$ を掛けたものを基底に取ると，2個の準粒子は Bose 統計に従うと見なすことができる．実際，

$$\int dz_{\rm A}\int dz_{\rm B}\,\Psi(z_{\rm A}^*, z_{\rm B}^*)(z_{\rm A}^*-z_{\rm B}^*)^{1/m}S(z_{\rm A})S(z_{\rm B})\Psi_m \tag{7.31}$$

のように表わすと，$\Psi(z_{\rm A}, z_{\rm B})$ は $z_{\rm A}$ と $z_{\rm B}$ の入れ換えに関してまったく対称となるのである．準粒子の統計性を言うためには，準粒子の波動関数 $\Psi(z_{\rm A}, z_{\rm B})$ に対する有効ハミルトニアンを求め，それが長距離相互作用を含まない単純な

短距離相互作用する2粒子のハミルトニアンに近いことを示さなければならない．これは，「2次元系ではハミルトニアンを変えることにより粒子の統計性を任意に変えることができる(**エニオン**と呼ばれる)」ことに対応しているのである．

相互作用するFermi粒子のハミルトニアン

$$\mathcal{H}=\sum_{j=1}^{N}\frac{1}{2m}\left(\boldsymbol{p}_j+\frac{e}{c}\boldsymbol{A}(z_j)\right)^2+\sum_{i<j}V(z_i-z_j) \tag{7.32}$$

を考えよう．そこで各粒子に仮想的に$\boldsymbol{\Phi}_0/m$の大きさの磁束を加える．この磁束は新たなベクトルポテンシャルを導入する．粒子z_jの位置でのベクトルポテンシャル$\vec{\mathcal{A}}(z_j)$は

$$\frac{\partial\mathcal{A}_y}{\partial x}-\frac{\partial\mathcal{A}_x}{\partial y}=\frac{\boldsymbol{\Phi}_0}{m}\sum_{i\neq j}^{N}\delta(x-x_i)\delta(y-y_i) \tag{7.33}$$

により決まる．粒子の位置でのみ$\mathrm{rot}\,\vec{\mathcal{A}}\neq 0$であり，他のすべての場所で$\mathrm{rot}\,\vec{\mathcal{A}}=0$であるため，これは**特異ゲージ変換**と呼ばれる．しかし，2粒子が決して同じ場所に来ないので，粒子はこの仮想的な磁束による磁場を感じることもなく，またベクトルポテンシャルの特異性も物理的におかしなことを引き起こすこともない．このベクトルポテンシャルは粒子がお互いのまわりを回転したときの波動関数の位相にだけ現われるのである．

今2粒子の位置を，ゆっくりとお互いの左回りに回転させることにより入れ換える．そのとき，系の波動関数の位相は，粒子の統計性による位相の他に仮想的な磁束による位相π/mだけ変化する．すなわち，粒子の統計性をそのままFermi統計とすれば，磁束は系の波動関数とエネルギーを変化させてしまう．しかし，粒子の統計性を位相が$\pi(1-m^{-1})$となるように変え，この全体の位相変化がもとのFermi粒子による位相πと同じになるようにすれば，波動関数とエネルギーは磁束のないFermi粒子の系の場合に戻るのである．すなわち，もとのFermi粒子の系は仮想的な磁束をもち，それに対応し適当な統計性に従う粒子の系とまったく同等になる．このように2次元系では，仮想ゲージ場を加えることにより，粒子の統計性を任意に変えることができるので

ある.

階層構造を説明するために，Haldane は始めから準粒子がボソンと仮定した．これは(7.31)式の基底で定義される Bose 準粒子に対する有効ハミルトニアンが短距離型斥力相互作用する粒子で近似できると仮定したことに対応する．一方，Halperin * は(7.30)式で定義される分数統計に従う準粒子と仮定して，Haldane と同じ階層構造を得た．

たとえば，$1/m$ Laughlin 状態で N 個の準正孔(電荷を $qe(q=+1/m)$ とする)が Laughlin 状態を作ったときの波動関数は

$$\Psi(z_1,\cdots,z_N)\propto\prod_{i<j}(z_i-z_j)^{p+1/m}\exp\left(-\sum_{i=1}^{N}\frac{q|z_i|^2}{4l^2}\right) \tag{7.34}$$

で与えられる．この波動関数に現われる

$$\prod_{i<j}(z_i-z_j)^{1/m} \tag{7.35}$$

が基底の分数統計性を打ち消す役割をしており，残りは Bose 統計に従うことから p は偶数である．この系の面積を求めるために z_1 に着目すると，波動関数は $\propto z_1^{(N-1)(p+1/m)}\exp(-q|z_1|^2/4l^2)$ と書ける．これから面積は $2\pi l^2(N-1)(p+1/m)/q\approx 2\pi l^2N(p+1/m)/q$ となる．この中に電荷 $+qe$ の準正孔が N 個存在するから，Landau 準位の充塡率は

$$\nu=\frac{1}{m}-\frac{qN}{N(p+1/m)q^{-1}}=\left(m+\frac{1}{p}\right)^{-1} \tag{7.36}$$

となる．これは，Haldane の場合とまったく同様に，$m=3$，$p=2$ に対して $\nu=2/7$ を与える．

これは任意の階層に対して次のように一般化できる．世代 t の充塡率 ν_t の状態で現われる準粒子は電荷 $\pm q_te$ をもち，有理数 m_t で決まる分数統計に従うとする．すなわち，N_t 個の準粒子 $z_1,\cdots,z_{N_t}$ に対する波動関数を

$$\Psi(z_1,\cdots,z_{N_t})\propto\prod_{j}(z_i-z_j)^{p_{t+1}+\alpha_{t+1}/m_t}\exp\left(-\sum_{i=1}^{N_t}\frac{|q_t||z_i|^2}{4l^2}\right) \tag{7.37}$$

* B.I. Halperin : Phys. Rev. Lett. 52(1984)1583, 2390(E).

と仮定する．ここで，準正孔・準電子に対してそれぞれ，$\alpha_t=+1,-1$ であり，p_{t+1} は正の偶数である．こうすれば，確かに $m_{-1}=1$，$q_{-1}=1$，$p_{-1}=m-1$，$\alpha_0=1$ に対して $t=0$ で $1/m$ Laughlin 状態が得られ，$m_0=m$，$q_0=1/m$，$\alpha_1=1$ と置けば，(7.34)を再現する．

もともとの $1/m$ Laughlin 状態(7.3)と(7.34)で表わされる準正孔の Laughlin 状態との類推からただちに次式を得る．

$$m_{t+1}=p_{t+1}+\frac{\alpha_{t+1}}{m_t} \tag{7.38}$$

また，N_t 個の準粒子が面積 $2\pi l^2/|q_t|$ に存在し，各準粒子は電荷密度 $\alpha_{t+1}q_te$ をもつため，対応する Landau 準位の充塡率は

$$\nu_{t+1}=\nu_t-\frac{\alpha_{t+1}q_t|q_t|}{m_{t+1}} \tag{7.39}$$

で与えられる．もちろん，新しい状態での準粒子の電荷は

$$q_{t+1}e=\frac{\alpha_{t+1}q_te}{m_{t+1}} \tag{7.40}$$

である．

これから，$q_{-1}=m_{-1}=\alpha_0=1$，$\nu_{-1}=0$ を初期条件として計算すると，$\{\alpha_t, p_t\}$ の組ごとに ν に対する有理数の列が得られる．たとえば，$p_0=2$，$\alpha_0=-1$ と置くと，$\nu=1/3$ が得られ，さらに $p_1=2$，$\alpha_1=+1$ あるいは -1 と置くと，それぞれ $\nu=2/7$ と $2/5$ が得られるのである．この階層構造は複雑に見えるが，Haldane とほとんど同じことを仮定しているので，各階層で得られる充塡率はまったく同じになる．

すべての階層で，準粒子がもともとの電子と同様に準電荷で決まる Coulomb 相互作用をすると仮定すると，その全エネルギーに対する漸化式を導くことができる．Halperin は近似的な古典プラズマの相関エネルギーを使い，電子系のエネルギーを充塡率 ν に対して計算した*．得られた全エネルギーはすべて

---

* B.I. Halperin : Helv. Phys. Acta **56**(1983)75.

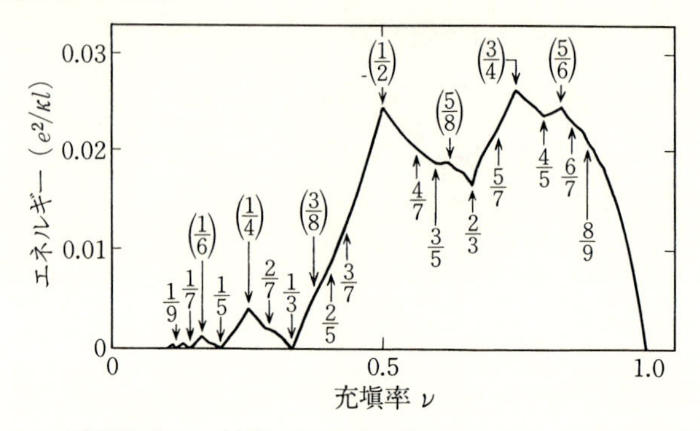

図 7-5 階層構造から計算された電子系のエネルギー．Landau 準位の充塡率νに比例したなめらかな部分を差し引いた残りを示す．(B. I. Halperin : Phys. Rev. Lett. **52**(1984)1583, 2390(E))

の点で連続であるが微分不可能となる．図 7-5 にその結果を示す．安定な分数の充塡率で下向きの凹みが現われる．

次に，高い階層の状態を準粒子ではなく電子のミクロな波動関数で表わしてみよう*．ここでは最も簡単な場合を例に選ぶ．そのためにまず$\nu<1$の場合のνと$1-\nu$状態の間の電子・正孔対称性に注意する．すなわち，ある個数の電子が詰まった状態と，完全に詰まった Landau 準位から同じ個数の電子をぬいた状態が本質的に同じであり，片方の波動関数がわかると他方も自動的にわかる．さて，基底 Landau 準位に電子が充満した場合の波動関数は(7.3)式で $m=1$ とすればよい．この状態から電子を 1 個取り去り，角運動量 m の正孔ができた状態の波動関数を求めるために，$m=1$ の状態をもともとの Slater 行列式で表わす．

$$\Psi_1(z_1, \cdots, z_{N+1}) \propto \det[\phi_j(z_{k+1})] \qquad (j, k=0, \cdots, N) \qquad (7.41)$$

この行列式をϕ_mを含む列で小行列に展開し，$\phi_m^*(z_{N+1})$ を掛けて z_{N+1} で積分すると，残りが角運動量 m の正孔ができた状態の波動関数となる．したがって，

$$\Phi_m(z_1, \cdots, z_N) \propto \int dx_{N+1} \int dy_{N+1} \phi_m^*(z_{N+1}) \Psi_1(z_1, \cdots, z_{N+1}) \qquad (7.42)$$

* S. M. Girvin : Phys. Rev. **B 29**(1984)6012.

p を正の偶数として $\nu=1-(p+1)^{-1}$ での基底状態を考えよう．この状態では すべての正孔対が相対的角運動量 $p+1$ の Laughlin 状態となるから，(7.42) との類推で，ただちに

$$\Psi_{\nu=1-(p+1)^{-1}} \propto \prod_{k=N+1}^{M} \int dx_k \int dy_k \prod_{N<i<j}^{M} (z_i^* - z_j^*)^{p+1}$$
$$\times \exp\left(-\sum_{i=N+1}^{M} \frac{|z_i|^2}{4l^2}\right) \Psi_1(z_1, \cdots, z_M) \qquad (7.43)$$

と表わされる．この状態の充塡率はもちろん $\nu=N/M=1-(p+1)^{-1}$ となる．

次にこの $\Psi_{\nu=1-(p+1)^{-1}}$ に対して次式で表わされる状態を考えよう．

$$\Psi_\nu \propto \prod_{i<j} (z_i - z_j)^{m-1} \Psi_{\nu=1-(p+1)^{-1}} \qquad (7.44)$$

ただし，m は正の奇数である．この波動関数もある基底状態を表わすと期待できる．この状態の充塡率は前と同様に z_1 の最大ベキ $(m-1)(N-1)+M-1$ から

$$\nu = \frac{N}{(m-1)N+M} = \left(m + \frac{1}{p}\right)^{-1} \qquad (7.45)$$

となる．この式でたとえば $m=3$，$p=2$ と置けば $\nu=2/7$ を得る．一方(7.43)式を $\Psi_{\nu=1-(p+1)^{-1}} \propto g_{p+1}(z_1, \cdots, z_N)\Psi_1$ のように書き直すと，対称多項式 g_{p+1} は正孔が $\nu=(p+1)^{-1}$ の Laughlin 状態を作る演算子と解釈できる．(7.44)式が $\Psi_{\nu=(m+1/p)^{-1}} \propto g_{p+1} \Psi_{\nu=1/m}$ と書き換えられることから，$\nu=(m+1/p)^{-1}$ 状態は $\nu=1/m$ の Laughlin 状態で正孔が $\nu=(p+1)^{-1}$ の Laughlin 状態を形成した状態であると言ってもよいであろう．以上のように $\nu=2/7$ 状態に対してミクロな波動関数を与えることができる．同様のことは他の分数に対しても試みられているが，すべての分数で成功しているわけではない．

この階層構造にも問題がないわけではない．たとえば $\nu=2/7$ 状態では，(7.23)から $N_1=N/2$ となり，励起されている準正孔の数は 1/3 Laughlin 状態の電子の半分にも達している．これだけ多くの準正孔が励起されても，もとの 1/3 状態が何の変更も受けないとは非常に考えにくい．実際，Haldane や

Halperin の階層構造以外にもいくつかの提案がある．Laughlin の波動関数は $m-1$ 次の対称多項式と基底 Landau 準位が完全に詰まった状態の波動関数の積で表わされる．Jain* はこれを一般化し，対称多項式と Landau 準位 N まで完全に詰まった状態を考え，それを基底 Landau 準位に射影した．この考えだと，たとえば最も簡単な場合の充塡率として $\nu=[m-1+(N+1)^{-1}]^{-1}$ $(N=0, 1, \cdots)$ を得る．この階層構造の方が Haldane や Halperin の階層構造よりも実験で観測される分数の順番などをよく説明できるとの主張である．

7-4 その他の問題

a) 活性化エネルギー

Laughlin 状態では励起エネルギーにギャップ $E_g=E_p+E_h$ が存在する．ここで，E_p と E_h は系にそれぞれ独立な準電子と準正孔をつくるに要するエネルギーである．これまでのいろいろな計算により，κ を媒質の誘電定数(GaAs の場合 $\kappa\approx 12$)とすると

$$E_g \approx 0.1\,\frac{e^2}{\kappa l} \tag{7.46}$$

と求められている．温度 T でプラトー領域での電気抵抗を測れば，$\rho_{xx}(T)\propto \exp(-\Delta/k_B T)$ のように活性化エネルギー $\Delta=E_g/2$ で決まる温度変化を示すと期待される．

このような活性化エネルギーから励起エネルギーのギャップを実験的に決めることが世界中で試みられている．図 7-6 にこれまでの実験結果をまとめて示す．図には $\Delta=Ce^2/\kappa l$ $(C=0.03)$ を破線で示す．実際の GaAs/AlGaAs の 2 次元系では，電子の波動関数が面垂直方向に厚みをもち，それが電子間の有効的な斥力を弱める．この厚みの効果を 1 次元サブバンドを記述する変分関数を使って取り入れた計算でも，実験で得られた小さなギャップを説明することがで

---

* J.K. Jain : Phys. Rev. Lett. **63**(1989)199 ; Phys. Rev. **B 41**(1990)7653.

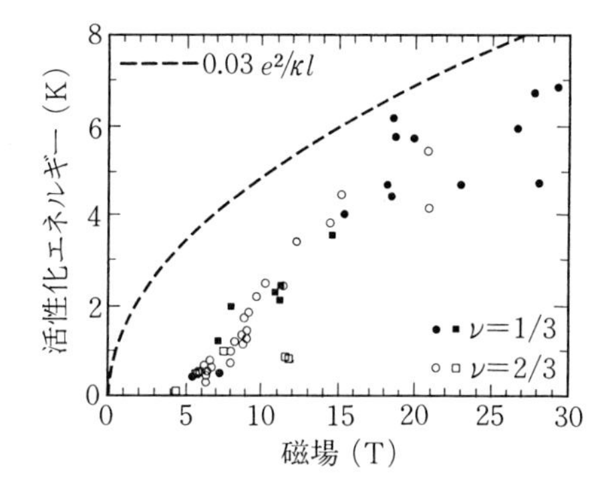

図 7-6 充塡率 $\nu=1/3$ と 2/3 で測定された ρ_{xx} の活性化エネルギーと磁場との関係．□と■は若林らの実験結果(S. Kawaji, J. Wakabayashi, J. Yoshino and H. Sakaki : J. Phys. Soc. Jpn. **53**(1984)1915 ; J. Wakabayashi, S. Kawaji, J. Yoshino and H. Sakaki : J. Phys. Soc. Jpn. **55**(1986)1319)，○と●は他のグループの実験結果(G. S. Boebinger, A. M. Chang, H. L. Stormer, D. C. Tsui : Phys. Rev. Lett. **55**(1985)1606 ; G. S. Boebinger, A. M. Chang, H. L. Stormer, D. C. Tsui, J. C. M. Hwang, A. Cho, C. Tu and G. Weimann : Surf. Sci. **170**(1986)129 ; Phys. Rev. **B 36**(1987)7919 ; G. E. Ebert, K. von Klitzing, J. C. Maan, G. Remenyi, C. Probst, G. Weimann and W. Schlapp : J. Phys. **C 17**(1984)L 775 ; Phys. Rev. **B 32**(1985)4268 ; V. M. Pudalov and S. G. Semenchinskii : JETP Lett. **39**(1984)170)である．また，破線は 0.03 $e^2/\kappa l$ である．

きない．

Kukushkin-Timofeev はシリコン表面反転層に微弱な光をあて，そこで界面付近のアクセプターに束縛された小数の正孔と 2 次元電子の再結合による発光スペクトルを観測した．図 7-7 (a)に $\nu=7/3$ 付近で観測されたスペクトルを示す．線幅が変化せず，ピーク位置が電子濃度で振動的に変化する．得られたピーク位置を電子濃度に対して示した結果が図 7-7 (b)である．発光により 1 個分の電子が消滅するが，それが $m=3$ 個の準粒子を生成するため，この振幅が $3E_{\rm p}, 3E_{\rm h}$ に対応すると考えられる．実際，活性化電気抵抗の測定から得られたギャップとこれから得られた準電子と準正孔のエネルギーの和が近いようである．

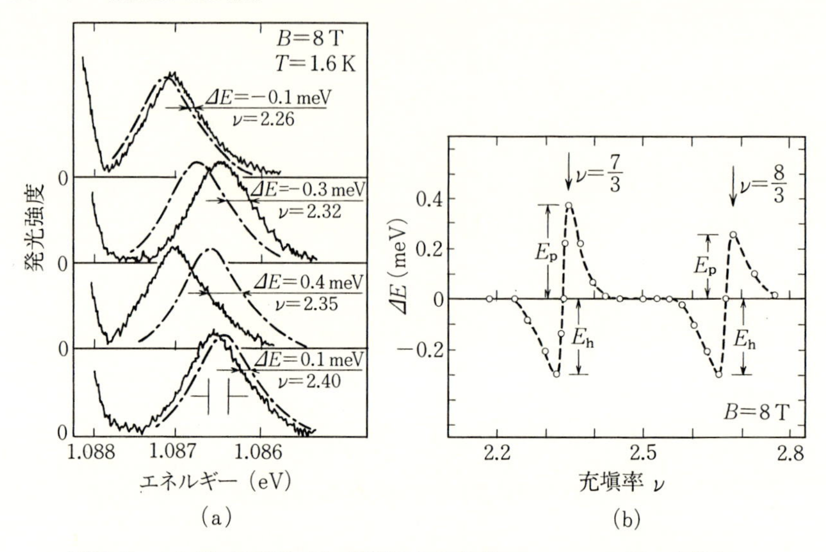

図 7-7 (a) Si 表面反転層で観測された発光スペクトルの例．充塡率は上から $\nu=2.26$, 2.32, 2.35, 2.40 であり，ΔE はスペクトルピーク位置のずれを表わす．(b) ΔE と充塡率の関係．$\nu=7/3$ と 8/3 の付近で特徴的な変化を示す．この変化がほぼ，3 個の準電子の励起エネルギーと 3 個の準正孔の励起エネルギーに対応する．(I. V. Kukushkin and V. B. Timofeev : Surf. Sci. **196**(1988)196)

b) スピンの自由度

電子間相互作用のエネルギーは $e^2/\kappa l \propto B^{1/2}$ と磁場の平方根に比例して増大し，Landau 準位のエネルギー差とスピン分離は磁場に比例して増大する．したがって，強磁場の極限では基底 Landau 準位のスピンが揃った電子だけを考えてもよい．ところが，GaAs の伝導帯の有効質量は $m^*=0.067m_0$ と非常に軽いのに対して，スピン分離を与える g 因子は 0.52 と非常に小さいため，スピン分離 $(g\hbar eB/2m_0c)$ は Landau 準位間隔 $(\hbar eB/m^*c)$ に比べてほぼ $(g/2)(m^*/m_0)\sim 1/60$ である．すなわち，比較的低磁場ではスピンのエネルギーに比べて電子間相互作用が大きい場合があり得る．高い Landau 準位あるいは比較的弱い磁場領域では，このスピンの自由度が顔を出す．

上向きと下向きが同数存在する場合には次のように Laughlin 状態を拡張することができる．

$$\Psi \propto \prod_{i<j}(z_i-z_j)^m \prod_{\alpha<\beta}(z_\alpha-z_\beta)^m \prod_{i,\alpha}(z_i-z_\alpha)^n \exp\left(-\sum_{i=1}^{N}\frac{|z_i|^2}{4l^2}-\sum_{\alpha=1}^{N}\frac{|z_\alpha|^2}{4l^2}\right) \tag{7.47}$$

ここで，i, j は上向きスピンの電子の座標，α, β は下向きスピンの電子の座標であり，N がそれぞれの電子の数である．この波動関数の z_1 の最大ベキ $(m+n)N$ が電子の取り得る場所の数であり，それを $2N$ 個の電子が占めるから，充填率として $\nu=2/(m+n)$ を得る．たとえば，$m=3$, $n=2$ とすれば $\nu=2/5$, $m=3$, $n=4$ とすれば $\nu=2/7$ 状態が得られる．

スピンの自由度まで考慮すると，安定なスピン配置が充填率によって変化する．4 個の電子を含む有限系で安定なスピン配置が数値計算により求められている*．それによれば，確かに $\nu=1/3$ では完全にスピンが偏極した(すべての電子が同じ向きのスピンをもつ)状態が安定であるが，$\nu=2/5$ と 2/7 では全スピンがゼロの状態が，4/13, 4/11, 4/9 では部分的に偏極した状態が基底状態となる．ただし，電子の個数があまりにも少ないことから，これが無限系にそのまま当てはまるかどうか大変に疑問である．

c) 電子結晶

低電子濃度極限での基底状態は結晶状態である．実際，$1/m$ Laughlin の波動関数で記述される状態でも，$\nu\sim 1/70$ で非圧縮性液体状態から 3 角格子の電子結晶状態に移行する．しかし，この波動関数が結晶状態をよく記述するとは限らない．Hartree-Fock 近似で得られた結晶状態のエネルギーを用いると，液体から固体へ遷移する濃度は $\nu_c\sim 1/10$ と見積もられる．もっと改良された変分関数による電荷密度波状態の計算からは $\nu_c=6.5\pm 0.5$ が得られている．この液体から結晶への遷移は分数量子 Hall 効果と関連した重要な問題である．

d) 不規則性

これまでの議論から，強磁場下の 2 次元系では階層構造を持った量子状態が現実に実現していると考えてよいであろう．しかし，Hall 伝導率の量子化には，

* F. C. Zhang and T. Chakraborty : Phys. Rev. **B 30**(1984)7320.

現実の系に必ず存在するポテンシャルの不規則性が必要である．すなわち，電子間の相互作用は内力であるため電気伝導には直接影響しない．実際，不純物などが存在しなければ，たとえ励起状態との間にギャップがあっても，Hall 伝導率が常に $-nec/B$ で与えられ，分数量子 Hall 効果は現われない．不規則性があってはじめて，安定な充塡率の付近で電子濃度あるいは磁場をわずかに変化しても励起された準粒子が不規則ポテンシャルにより局在し Hall 電流に寄与しないために，Hall 伝導率が量子化されるのである．

非常に弱いポテンシャル不規則性がある場合を考えよう．高次の階層になるほど，準粒子の分数電荷が小さくさらにその濃度も小さくなる．したがって，準粒子間の相互作用が弱く，ある階層で不規則性に負け局在するであろう．すなわち，不規則性と Coulomb 斥力の比で決まるある世代以降の複雑な分数が現われないことになる．分数量子 Hall 効果を完全に理解するためには，電子間相互作用と不規則性による局在効果の共存という困難な問題を解決する必要がある．

III

電荷密度波・スピン密度波

通常の金属物質については，イオンや他の電子からのCoulomb相互作用を平均化した，ある1体ポテンシャルの中を個々の伝導電子がほぼ自由に運動していると見なすことで，基本的な物性を理解することができる．ところが，このような1体描像(バンド理論)からは金属と予測され，ある温度以上では確かに予想通りの金属的な振舞いを示すものの，低温になると通常の金属特性とは全く異質な現象を示す物質群がいくつか存在する．その典型の1つが電荷密度波(charge density wave：CDW)，あるいはスピン密度波(spin density wave：SDW)が出現する物質群である．CDWとSDWは，文字どおり，電子の電荷密度とスピン密度に空間的な周期構造を伴う状態を意味する．その周期は高温領域(通常の金属状態)での結晶の周期よりは長く，長周期構造とも呼ばれる．CDWおよびSDWはそれぞれ，上述の1体描像では記述しきれない電子とフォノン間の相互作用および電子間相互作用に起因する多体現象であり，多数の電子(CDWの場合はイオンも加わる)が互いに強い相関を及ぼし合うことで，通常の金属には見られない長周期構造を形成している．しかも電場などの外力に対して，これらの電子が相関を保ったまま集団的に応答するため，1体描像からは想像できない特異な物性を示す．CDW･SDWの出現機構と，それに伴われる種々の特異な現象について以下に解説する．

Fermi面のネスティング効果とCDW・SDW状態

多数の荷電粒子(電子とイオン)の集団である物質中の個々の電子がバンド理論(1体描像)で完璧に記述しきれるとはむしろ考え難く，どんな金属物質にも電子とフォノン間の相互作用や電子間相互作用が存在するものと考えられるが，金属物質であればCDWやSDWが必ず出現するとは限らない．これまでにCDWやSDWの出現が確認されている物質には，それらが金属状態にあると想定したときのFermi面に関して，ある共通の特性が見られる．これは**Fermi面のネスティング**と呼ばれるもので，電子-フォノン相互作用や電子間相互作用の効果を著しく増大させる働きがあり，CDWやSDWの形成に重要な役割を演じている．

8-1 金属状態

物性論の目標は，原子の世界を支配する量子力学の法則に基づいて種々の物質の示す性質を理解することにある．物質は多数の電子と原子核とからなる．これらはいずれも荷電粒子であり，電子間，原子核間，および電子と原子核間にCoulomb相互作用が働く．物質内の電子のうち，ある原子核にCoulomb引力で強く束縛されている電子の振舞いは，孤立原子の対応する状態にある電子の振舞いとほとんど変わらない．そのような電子と原子核の集合体がイオンである．残りの電子もまた正電荷のイオンに引きつけられるが，これらの電子によってイオン間の Coulomb 斥力が打ち消されるばかりでなく，イオン間に引力型の有効相互作用が生じ，物質に固有な，安定な原子配置(結晶構造)が決まる．荷電粒子間に働くこのような Coulomb 相互作用の効果を具体的に評価する処方箋の 1 つがバンド理論である．最近では，物質を構成する原子の種類と組成比だけから，その物質がどのような結晶構造をとるか，また，物質内の電子はどのようにふるまうかなどをバンド理論の範囲ですべて予測しようとする試みもされており，物質によってはかなりの成功を収めている．“第 1 原理からの物性予測” とよばれる方法論である．

本章の議論は，金属物質に対してバンド理論から導かれる，次のような描像から出発する．物質の結晶構造は与えられたものとする．i 番目のイオンの安定な位置(結晶の格子点)を $\boldsymbol{R}_{i0}$ で表わし，全イオンの配置 $\{\boldsymbol{R}_{10}, \boldsymbol{R}_{20}, \cdots, \boldsymbol{R}_{N_{\mathrm{i}}0}\}$ を $\{\boldsymbol{R}_0\}$ と略記する(N_{i} はイオンの総数)．原子核の束縛から離れた伝導電子は次のハミルトニアン $\mathcal{H}^{\mathrm{e}}$ に従って物質中を動きまわっていると考える：

$$\mathcal{H}^{\mathrm{e}} = \mathcal{H}^{\mathrm{e}}_0 + \mathcal{H}^{\mathrm{e}}_{\mathrm{res}} \tag{8.1}$$

$$\mathcal{H}^{\mathrm{e}}_0 = \sum_i \left\{-\frac{\hbar^2}{2m}\nabla_i^2 + u_{\mathrm{eL}}(\boldsymbol{r}_i, \{\boldsymbol{R}_0\})\right\} \tag{8.2a}$$

$$= \sum_{k\sigma} \varepsilon_k a^{\dagger}_{k\sigma} a_{k\sigma} \tag{8.2b}$$

ただし，m は電子の質量，$\boldsymbol{r}_i$ は i 番目の電子の位置を表わす(∇_i は対応するグラジアント記号)．(8.2a)式は，個々の伝導電子は他の伝導電子とは無関係に，イオン配置 $\{\boldsymbol{R}_0\}$ で指定される有効ポテンシャル $u_{\mathrm{eL}}(\boldsymbol{r}, \{\boldsymbol{R}_0\})$ 中を運動していることを表わしている．他の伝導電子との Coulomb 相互作用の効果を，それらの平均的な挙動だけで決まる静的なポテンシャル(平均場)で近似し，$u_{\mathrm{eL}}(\boldsymbol{r}, \{\boldsymbol{R}_0\})$ に取り込んだものとする考え方で，平均場近似，あるいは 1 粒子近似とよばれる．

バンド理論はこの1粒子近似の上に構築されている．どのような平均場が最も有効かをめぐってこれまでに膨大な研究が蓄積されており，その最先端が密度汎関数法に基づいてCar-Parrinello法などを用いた“第1原理からの物性予測”である．その詳細は本講座7「固体——構造と物性」を参照されたい．本章では(8.2)式で記述される電子をバンド電子とよび，その1電子エネルギー ε_k はバンド理論で導出されたものとして話を進める．(8.2b)式は(8.2a)式の第2量子化法による表式で，$a^\dagger_{k\sigma}$ $(a_{k\sigma})$ は波数 $\boldsymbol{k}$，スピン σ をもった l 番目のバンドの電子の生成(消滅)演算子である(k は l と $\boldsymbol{k}$ を表わす)．(8.1)式の第2項 $\mathscr{H}^{\mathrm{e}}_{\mathrm{res}}$ は1粒子近似，したがってバンド理論では記述しきれない伝導電子間，あるいは電子とイオン間の相互作用を表わす．

相互作用 $\mathscr{H}^{\mathrm{e}}_{\mathrm{res}}$ がもたらす，ある一連の特異な物性現象を解説するのが本章の目的であるが，$\mathscr{H}^{\mathrm{e}}_{\mathrm{res}}$ の話に入る前に，$\mathscr{H}^{\mathrm{e}}_{0}$ で記述される1粒子描像をまとめておこう．電子の総数が N_{e} の電子系の基底状態は，N_{e} 個の電子をPauliの排他律に従ってエネルギー ε_k が低い1電子状態から順に占有させていくことによって得られる．最後の電子で占有された状態とまだ電子で占有されていない状態の間に有限のエネルギーギャップがない物質が金属である．1電子状態を指定する波数空間でみると，電子で占有されている状態と占有されていない状態とを分ける境界が存在する．この境界をFermi面，対応する1電子エネルギーをFermiエネルギーとよび，後者を ε_{F} で表わす．有限温度になるとFermi統計に従って ε_{F} 以上の1電子状態も占有される．その結果として，低温における温度に比例する比熱や温度によらないPauli常磁性など，金属の最も一般的な性質が説明される(Sommerfeldの金属電子論)．このような状態をノーマルな金属状態，あるいは単に金属状態とよぶことにする．金属状態では電荷密度は空間的に均一であり，また，各軌道状態に対する2つのスピン状態は等しい確率で占有されているのでスピン密度はゼロである．

8-2 多体系

バンド理論からは金属と予想される物質のなかで，実際には絶縁体であるなど，通常の金属電子論では説明できない物性を示すものが数多く存在する．その原因は(8.1)式の相互作用 $\mathcal{H}_{\rm res}^{\rm e}$ にある．$\mathcal{H}_{\rm res}^{\rm e}$ が本質的な役割を演ずる現象に着目したとき，その対象となる系を**多体系**(あるいは相関系)とよぶ．(8.1)式において，$\mathcal{H}_{\rm res}^{\rm e}$ が $\mathcal{H}_0^{\rm e}$ より大きく，そもそも，第0近似としてのバンド理論の妥当性が疑問視されるような系は強相関系とよばれる．Mott 絶縁体がその典型である．逆に，$\mathcal{H}_{\rm res}^{\rm e}$ が $\mathcal{H}_0^{\rm e}$ より比較的小さく，$\mathcal{H}_{\rm res}^{\rm e}$ の効果を $\mathcal{H}_0^{\rm e}$ に対する摂動として評価できるような系は弱相関系とよばれる．ただし，強相関系と弱相関系との間に明確な境界があるわけでなく，相関系の両極端の特徴を捉えた見方，あるいは，相関系に対するアプローチの違いを指した呼び分けであることに注意しておく．実際，たとえば，最近注目を集めている銅酸化物高温超伝導体に対しては，強相関系と弱相関系双方からのアプローチが調べられている(電子相関に関しては本講座 16「電子相関」に詳しい解説がある)．

弱相関系に分類される物質のなかで特に興味深いのは，熱ゆらぎが $\mathcal{H}_{\rm res}^{\rm e}$ の効果をかき消してしまうような高温側では $\mathcal{H}_0^{\rm e}$ が支配的で，通常の金属特性を示すが，十分低い温度になると $\mathcal{H}_{\rm res}^{\rm e}$ が効いて，金属状態とは本質的に異なる状態が出現するような物質群である．従来の超伝導体がその1つの典型で，$\mathcal{H}_{\rm res}^{\rm e}$ が引力型の BCS 相互作用であるため，その大きさがどんなに小さくても，十分低温になると金属状態は不安定になり，超伝導状態が出現する(超伝導については本講座 17「超伝導・超流動」を参照されたい)．もう1つの典型が本章のテーマである，**電荷密度波**(**CDW**)，および，**スピン密度波**(**SDW**)の出現する系である．$\mathcal{H}_{\rm res}^{\rm e}$ が比較的小さいと見なされるにもかかわらず，十分低い温度になると金属状態に取って替わって CDW や SDW が現われる機構がこれらの系に共通して存在する．Fermi 面のネスティング効果とよばれるものである．

8-3 Fermi 面のネスティング効果

Fermi 面のネスティング効果を理解するため，まず空間1次元のバンド電子系を考えよう．図 8-1(a) の細い実線があるバンドの1電子エネルギー ε_k を表わし(バンド添え字 l は省略)，基底状態では $|k|\leqq k_{\mathrm{F}}$ の波数 k をもつ状態が電子で占有されているとする(金属状態)．k_{F} は Fermi 波数とよばれ，$\varepsilon_{\pm k_{\mathrm{F}}}=\varepsilon_{\mathrm{F}}$ を満たし，また，単位長さあたりの電子数 n_{e} とは

$$n_{\mathrm{e}} = \frac{2}{\pi}k_{\mathrm{F}} \tag{8.3}$$

の関係にある．本節の議論は電子のスピンによらないのでスピンの添え字は省略する．この1次元バンド電子系に波数 q の周期ポテンシャル

$$V_{\mathrm{p}}(x) = V_q\{e^{iqx}+e^{-iqx}\} \tag{8.4}$$

が加えられたとしよう．特に波数 q が k_{F} のちょうど2倍である場合($q=2k_{\mathrm{F}}\equiv Q$)，$V_{\mathrm{p}}(x)$ を加えた系のハミルトニアン $\mathscr{H}_V^{\mathrm{e}}$ を第2量子化法で書き下すと，

$$\mathscr{H}_V^{\mathrm{e}} = \sum_{|k|\leqq Q}\varepsilon_k a_k^\dagger a_k + V_Q\left\{\sum_{Q\geqq k>0}a_{k-Q}^\dagger a_k + \sum_{-Q\leqq k<0}a_{k+Q}^\dagger a_k\right\} \tag{8.5}$$

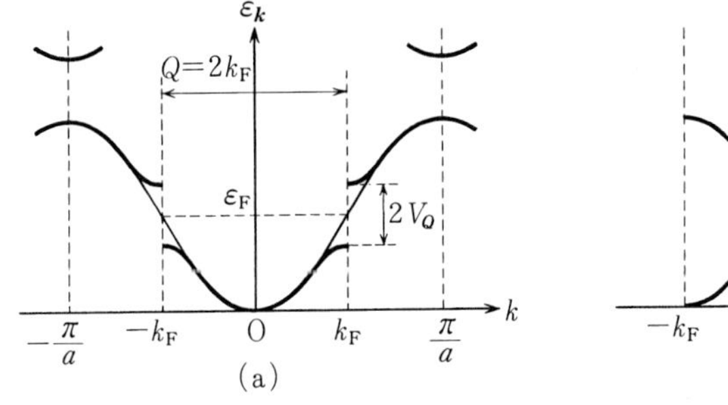

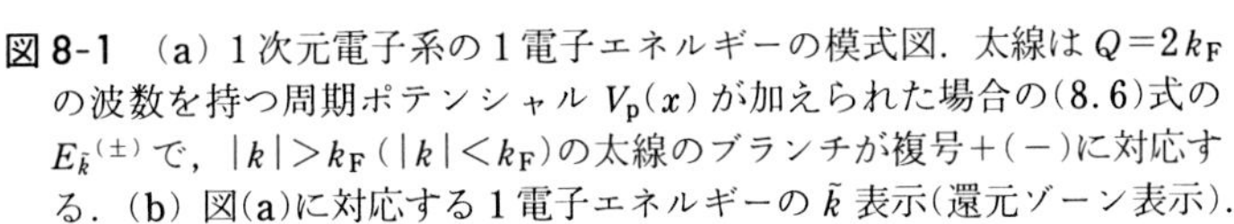

図 8-1 (a) 1次元電子系の1電子エネルギーの模式図．太線は $Q=2k_{\mathrm{F}}$ の波数を持つ周期ポテンシャル $V_{\mathrm{p}}(x)$ が加えられた場合の(8.6)式の $E_{\tilde{k}}^{(\pm)}$ で，$|k|>k_{\mathrm{F}}$ ($|k|<k_{\mathrm{F}}$)の太線のブランチが複号＋(－)に対応する．(b) 図(a)に対応する1電子エネルギーの $\tilde{k}$ 表示(還元ゾーン表示)．

となる．以下で見るように，Fermi面のネスティング効果には $|k|\cong k_{\rm F}$ の波数をもつ電子状態がおもに関与しているので，上式では波数が $|k|\leqq Q$ の電子状態だけを取り出してある．これらの状態を $k=\tilde{k}+k_{\rm F}>0$ と $k=\tilde{k}-k_{\rm F}<0$ の2成分にわけて考えれば（$|\tilde{k}|\leqq k_{\rm F}$），$V_{\rm p}(x)$ は2つの成分間に働くポテンシャルとなる．そこで，$\mathscr{H}_V^{\rm e}$ を 2×2 の行列で表示し，これを対角化すれば，$V_{\rm p}(x)$ で補正された固有エネルギー

$$E_{\tilde{k}}^{(\pm)}=\frac{1}{2}\left\{\varepsilon_{\tilde{k}+Q/2}+\varepsilon_{\tilde{k}-Q/2}\pm\sqrt{(\varepsilon_{\tilde{k}+Q/2}-\varepsilon_{\tilde{k}-Q/2})^2+4V_Q^2}\right\} \qquad (8.6)$$

を得る．その結果が図8-1(a),(b)の太い実線で，図(a)は k 表示，図(b)は $\tilde{k}$ 表示である．以下では2つの表示を使い分けるが，もちろん，同じ電子状態を表わしている．(8.6)式までの議論は，結晶の周期ポテンシャル中の1電子エネルギー ε_k は対応するBrillouinゾーン境界にギャップをもつ，というバンド理論の最も基礎的な議論に他ならないが，ここで $V_{\rm p}(x)$ の周期を $1/Q$ とした点が重要である．すなわち，この周期に対応してちょうどFermi波数のところに大きさ $2V_Q$ のエネルギーギャップが生じ，その近傍で $E_{\tilde{k}}^{(-)}$ が $\varepsilon_{\tilde{k}\pm Q/2}$ より顕著に低下している．電子が波数 $|k|\leqq k_{\rm F}$ の状態を占有する状況は $V_{\rm p}(x)$ が加わっても変わらないから，バンド電子系の全エネルギーは $V_{\rm p}(x)$ によって必ず低下することがわかる．

1次元電子系の，波数が $Q=2k_{\rm F}$ の周期ポテンシャル $V_{\rm p}(x)$ に関連したもう1つの特徴が，$V_{\rm p}(x)$ に対する系の応答に見られる．2,3次元系との違いを見るため，ここでは任意の空間次元について考え，ただし簡単のためバンド電子を自由電子で近似する．エネルギーの固有値，固有状態はそれぞれ $\varepsilon_{\boldsymbol{k}}=\hbar^2\boldsymbol{k}^2/2m$，$\phi_{\boldsymbol{k}}^0(\boldsymbol{r})=e^{i\boldsymbol{k}\cdot\boldsymbol{r}}$（単位体積について規格化した）である．この系に，(8.4)式を多次元空間に拡張した，波数ベクトルが $\boldsymbol{q}$ の周期ポテンシャル $V_{\rm p}(\boldsymbol{r})$ が加わると，$V_{\rm p}(\boldsymbol{r})$ の1次摂動による状態の補正は

$$\phi_{\boldsymbol{k}}(\boldsymbol{r})=\phi_{\boldsymbol{k}}^0(\boldsymbol{r})\left\{1+V_{\boldsymbol{q}}\left(\frac{e^{i\boldsymbol{q}\cdot\boldsymbol{r}}}{\varepsilon_{\boldsymbol{k}}-\varepsilon_{\boldsymbol{k}+\boldsymbol{q}}}+\frac{e^{-i\boldsymbol{q}\cdot\boldsymbol{r}}}{\varepsilon_{\boldsymbol{k}}-\varepsilon_{\boldsymbol{k}-\boldsymbol{q}}}\right)\right\} \qquad (8.7)$$

となる．$|\phi_{\boldsymbol{k}}(\boldsymbol{r})|^2$ にFermi分布関数 $f(\varepsilon)$ を乗じて波数およびスピン自由度に

ついて和をとったものが温度 T における この電子系の粒子数密度 $\boldsymbol{n}(\boldsymbol{r})$ であり，その Fourier 成分 $n_{\boldsymbol{q}}$ は

$$n_{\boldsymbol{q}} = -2\chi_{\boldsymbol{q}}^{0} V_{\boldsymbol{q}} \tag{8.8}$$

$$\chi_{\boldsymbol{q}}^{0} = \sum_{\boldsymbol{k}} \frac{f(\varepsilon_{\boldsymbol{k}}) - f(\varepsilon_{\boldsymbol{k}+\boldsymbol{q}})}{\varepsilon_{\boldsymbol{k}+\boldsymbol{q}} - \varepsilon_{\boldsymbol{k}}} \tag{8.9}$$

で与えられる．ここで Fermi 分布関数は $f(\varepsilon) = [\exp\{\beta(\varepsilon-\mu)\}+1]^{-1}$，ただし，$\beta = 1/k_{\mathrm{B}}T$，$k_{\mathrm{B}}$ は Boltzmann 定数であり，また，ここで考察している温度領域では化学ポテンシャル μ の温度依存性は無視できて，$\mu = \varepsilon_{\mathrm{F}}$ としてよい．$\chi_{\boldsymbol{q}}^{0}$ は周期ポテンシャル $V_{\mathrm{p}}(\boldsymbol{r})$ に対する自由電子系の(スピン 1 成分当りの)応答を表わす基本的な量である．$T=0$ における(8.9)式は容易に計算できて，

$$\chi_{q,D}^{0,f} = \frac{Dn_{\mathrm{e}}}{8\varepsilon_{\mathrm{F}}} f_D\left(\frac{q}{Q}\right) \tag{8.10a}$$

$$f_3(x) = 1 + \frac{1-x^2}{2x} \ln\left|\frac{1+x}{1-x}\right| \tag{8.10b}$$

$$f_2(x) = \begin{cases} 2 & (x<1) \\ 2\left\{1 - \dfrac{1}{x}\sqrt{x^2-1}\right\} & (x>1) \end{cases} \tag{8.10c}$$

$$f_1(x) = \frac{1}{x} \ln\left|\frac{1+x}{1-x}\right| \tag{8.10d}$$

となる．ここで，$q = |\boldsymbol{q}|$，D は次元数，n_{e} は平均電子数密度である．関数 $f_D(x)$ を図 8-2 に示す．$q=Q$ の場合，Fermi 面が存在するために生じた(8.9)式の積分端で被積分関数が発散しているため，$\chi_q^{0,f}$ は $q=Q$ で特異的になって

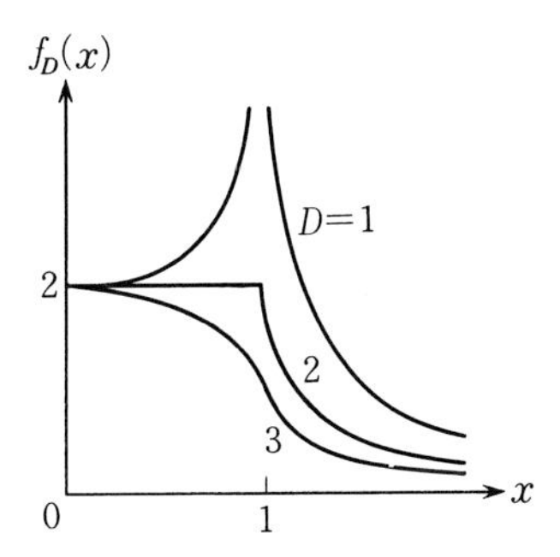

図 8-2 (8.10)式の関数 $f_D(x)$．

いる．ただし，2,3次元系ではこの発散の積分全体に対する相対的寄与が小さいので$\chi_Q^{0,f}$自体の発散に到らないが，1次元系では積分結果の$\chi_Q^{0,f}$が発散しているという違いがここでの議論のポイントである．有限温度ではFermi分布関数に不連続な跳びがなくなり，$\chi_q^{0,f}$の$q=Q$における特異性はぼかされるが，十分低温であれば，1次元系の$\chi_q^{0,f}$は$q=Q$に鋭いピークをもつ．具体的にそのピーク値は

$$\chi_{Q,1}^{0,f} \cong \frac{m}{2\pi\hbar^2 Q}\int_{-k_F}^{k_F} d\tilde{k}\ \frac{1}{\tilde{k}}\tanh\left(\frac{\hbar^2 k_F}{2k_B T m}\tilde{k}\right) \cong \frac{m}{\pi\hbar^2 Q}\ln\left(\frac{2A\varepsilon_F}{k_B T}\right) \qquad (8.11)$$

と評価される．Aは，Euler定数γを用いて，$A=2\gamma/\pi \cong 1.13$で与えられる定数である．

ところで，自然界には文字通りの1次元物質(原子鎖)は存在しない．しかし結晶のある1つの方向にはよい伝導性を示すが，それと垂直方向にはほとんど伝導性を示さないような物質が存在する．**擬1次元導体**と呼ばれる物質群である．そのFermi面は，図8-3(a)に示すように，3次元波数空間においてほぼ平行な2枚の平面からなり，上で述べた1次元系の特異性がほぼそのまま当てはまるものと考えられる．さらに一般化すれば，1つの波数ベクトル$\boldsymbol{Q}$の平行移動でほぼ重なる領域が有意の大きさになる1対のFermi面をもつ物質では，この波数ベクトル$\boldsymbol{Q}$をもつポテンシャル$V_p(\boldsymbol{r})$が加わると基底状態での全エネルギーは必ず低下し，また，有限温度でも大きな応答($\chi_{\boldsymbol{Q}}^0$)を示すものと推論される．これがFermi面のネスティング効果であり，$\boldsymbol{Q}$は**ネスティングベクトル**とよばれる．図8-3(b),(c)にこの効果が顕著にみられる典型的な物質のFermi面を示した．

以上の考察から明らかなように，Fermi面のネスティング効果では，数ある電子のバンドのうちネスティングするFermi面を持つバンドのFermi面近傍の電子が主要な役割を演じる．本節の冒頭に導入し，また，以下でも度々考察する1次元電子系は，ネスティングするFermi面をもつバンドだけ取り出し，それを$\boldsymbol{Q}$方向の1次元(自由)電子系と見なした議論であり，ネスティング効果の基本的なポイントを捉えた最も単純化された模型と言える．また，以

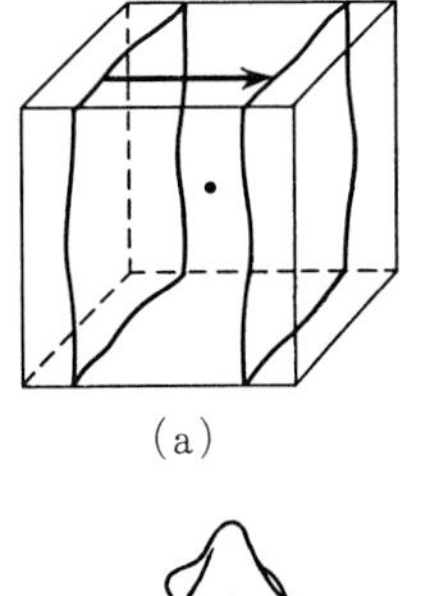

(a)

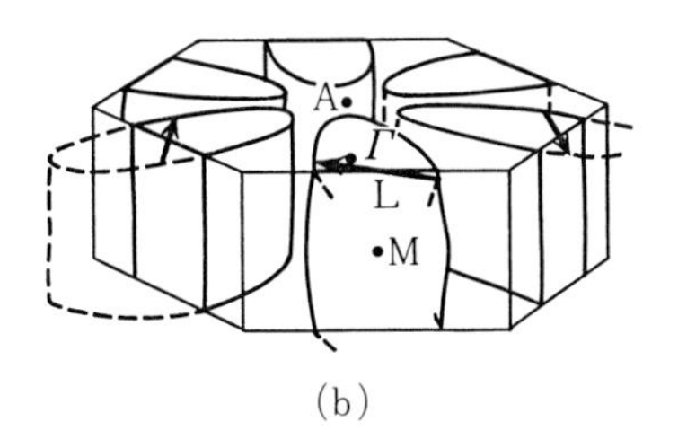

(b)

(c)

図 8-3 ネスティングする Fermi 面の例. (a) 擬 1 次元導体, (b) 擬 2 次元(層状)導体(9-2 節 c)参照 : J. A. Wilson, F. J. DiSalvo and S. Mahajan : Adv. Phys. **24**(1975)117), (c) 金属 Cr(10-3 節参照 : L. F. Mattheiss : Phys. Rev. **A 139** (1965)1893). 矢印はネスティングベクトル $\boldsymbol{Q}$ を表わす.

下では特に断わらないかぎり, ネスティングする Fermi 面をもつバンドだけを考えることにして, バンドの添字は省略する.

さて, これまで周期ポテンシャル $V_{\mathrm{p}}(\boldsymbol{r})$ はバンド電子系に導入した外部ポテンシャルとして議論を進めてきたが, (8.1)式の相互作用 $\mathscr{H}^{\mathrm{e}}_{\mathrm{res}}$ を考慮すると, 電子系, あるいは電子系とイオン系が一緒になってネスティングベクトル $\boldsymbol{Q}$ に対応した周期構造を自らがとることによって周期ポテンシャル $V_{\mathrm{p}}(\boldsymbol{r})$ を生じ, 全エネルギーがもともとの金属状態より低い状態を実現している可能性が考えられる. SDW 状態, CDW 状態が正にそのような状態である.

8-4 電子間相互作用と SDW 状態

鉄のような金属強磁性体では電子のスピン密度が空間的に一様にある一定値をとるのに対して, SDW 状態ではある一定の波長のスピン密度波が生じている. SDW 状態を考察するための最も基本的な物理量はスピン状態を指定した電子数密度 $\rho_\sigma(\boldsymbol{r})$ と, 電子数密度 $\rho(\boldsymbol{r})$, および, スピン密度 $\sigma(\boldsymbol{r})$ であり, 第 2 量

子化法の演算子としてそれぞれ,

$$\rho_\sigma(\boldsymbol{r}) = \psi^\dagger_\sigma(\boldsymbol{r})\psi_\sigma(\boldsymbol{r}) \tag{8.12a}$$

$$\rho(\boldsymbol{r}) = \rho_\uparrow(\boldsymbol{r})+\rho_\downarrow(\boldsymbol{r}) \tag{8.12b}$$

$$\sigma(\boldsymbol{r}) = \rho_\uparrow(\boldsymbol{r})-\rho_\downarrow(\boldsymbol{r}) \tag{8.12c}$$

と定義される.(8.12a)式の $\psi^\dagger_\sigma(\boldsymbol{r})$, $\psi_\sigma(\boldsymbol{r})$ はスピン状態が σ の電子場の生成,消滅演算子であり,また,(8.12b, c)式の↑,↓は適当な量子化軸に対する上向きと下向きのスピン状態を表わす.なお,(8.12b)式に電子の素電荷をかけたものが電荷密度であるが,以後単に $\rho(\boldsymbol{r})$ も電荷密度とよぶことにする.(8.12)式の諸量のFourier成分は波数ベクトルを添えて表わす.$\rho_\sigma(\boldsymbol{r})$ のFourier成分 $\rho_{\boldsymbol{q},\sigma}$ は(8.2b)式で導入したバンド電子の生成(消滅)演算子 $a^\dagger_{\boldsymbol{k}\sigma}$ ($a_{\boldsymbol{k}\sigma}$) を用いて,

$$\rho_{\boldsymbol{q},\sigma} = \sum_{\boldsymbol{k}} a^\dagger_{\boldsymbol{k}+\boldsymbol{q}\sigma}a_{\boldsymbol{k}\sigma} \tag{8.12d}$$

と表わされる.観測される物理量は(8.12)式の演算子 $P(\boldsymbol{r})$ の着目する状態に関する期待値あるいは熱平均値であり,以下両者を単に鍵括弧付き量 $\langle P(\boldsymbol{r})\rangle$ で表わす.SDW状態とは,ある $\boldsymbol{q}$(実はネスティングベクトル $\boldsymbol{Q}$)に対して

$$\langle\sigma_{\boldsymbol{q}}\rangle \neq 0 \tag{8.13}$$

が成り立つ状態である.

バンド電子系($\mathscr{H}^{\mathrm{e}}_{\mathrm{res}}=0$)においても波数ベクトル $\boldsymbol{q}$ をもつ周期的な磁場 $\boldsymbol{h}_{\boldsymbol{q}}$ がかかれば $\langle\sigma_{\boldsymbol{q}}\rangle\neq 0$ となる.この状態をSDW状態とはよばないが,以下の考察のため誘起される $\langle\sigma_{\boldsymbol{q}}\rangle$ を求めておこう.磁場による電子のZeemanエネルギーは,(8.4)式の $V_{\boldsymbol{q}}$ がスピンの向きによって符号の異なる周期ポテンシャルと見なせる.すなわち,磁場の方向を量子化軸にとれば,$V_{\boldsymbol{q}}=\mp g\mu_{\mathrm{B}}h_{\boldsymbol{q}}/2$ である(g はバンド電子の g 因子,μ_{B} はBohr磁子).したがって,(8.9)式の $\chi^0_{\boldsymbol{q}}$ を用いて,$\langle\sigma_{\boldsymbol{q}}\rangle$ は

$$\langle\sigma_{\boldsymbol{q}}\rangle = 2\langle\rho_{\boldsymbol{q},\uparrow}\rangle = -2\langle\rho_{\boldsymbol{q},\downarrow}\rangle = g\mu_{\mathrm{B}}\chi^0_{\boldsymbol{q}}h_{\boldsymbol{q}} \tag{8.14}$$

となる.

SDW状態は,(8.1)式の $\mathscr{H}^{\mathrm{e}}_{\mathrm{res}}$ のうちのバンド電子間の相互作用 $\mathscr{H}^{\mathrm{e}}_{\mathrm{int}}$ と

Fermi 面のネスティング効果が協調的に働いて出現する．$\mathscr{H}^{\rm e}_{\rm int}$ は，

$$\mathscr{H}^{\rm e}_{\rm int} = \frac{1}{2} \sum_{\boldsymbol{k}_1, \boldsymbol{k}_2, \boldsymbol{k}_3, \boldsymbol{k}_4} \sum_{\sigma\sigma'} U_{\boldsymbol{k}_1\boldsymbol{k}_2\boldsymbol{k}_3\boldsymbol{k}_4} a^\dagger_{\boldsymbol{k}_1\sigma} a^\dagger_{\boldsymbol{k}_2\sigma'} a_{\boldsymbol{k}_3\sigma'} a_{\boldsymbol{k}_4\sigma} \tag{8.15a}$$

$$U_{\boldsymbol{k}_1\boldsymbol{k}_2\boldsymbol{k}_3\boldsymbol{k}_4} = \iint d^3\boldsymbol{r} d^3\boldsymbol{r}' \psi^*_{\boldsymbol{k}_1}(\boldsymbol{r}) \psi^*_{\boldsymbol{k}_2}(\boldsymbol{r}') u_{\rm ee}(\boldsymbol{r}-\boldsymbol{r}') \psi_{\boldsymbol{k}_3}(\boldsymbol{r}') \psi_{\boldsymbol{k}_4}(\boldsymbol{r}) \tag{8.15b}$$

と表わされる．上式で $u_{\rm ee}(\boldsymbol{r}-\boldsymbol{r}')$ はバンド電子間の有効相互作用ポテンシャル，$\psi_{\boldsymbol{k}}(\boldsymbol{r})$ はバンド電子の波動関数である．両者は(8.1)式の前提となるバンド理論によるわけだが，詳細には立ち入らない．なお，(8.15a)式で和をとる波数ベクトルは結晶運動量の保存則，$\boldsymbol{k}_1+\boldsymbol{k}_2-\boldsymbol{k}_3-\boldsymbol{k}_4=0$，を満たすものとする(ウムクラップ(umklapp)過程は考えない)．

さて，何かの理由で $\langle \rho_{\boldsymbol{q},\sigma} \rangle \neq 0$ であるような状態を考えることにして，(8.15a)式を，その相互作用項の1組の $\sum_{\boldsymbol{k}} a^\dagger_{\boldsymbol{k}+\boldsymbol{q}\sigma} a_{\boldsymbol{k}\sigma}$ を $\langle \rho_{\boldsymbol{q},\sigma} \rangle$ で置き換え，

$$\begin{aligned} \mathscr{H}^{\rm e}_{\rm int} \cong \mathscr{H}^{\rm MF}_{\rm int} = \bar{U}_{\boldsymbol{q}} \{ \langle \rho_{-\boldsymbol{q}} \rangle \rho_{\boldsymbol{q}} + \langle \rho_{\boldsymbol{q}} \rangle \rho_{-\boldsymbol{q}} - \langle \rho_{-\boldsymbol{q}} \rangle \langle \rho_{\boldsymbol{q}} \rangle \} \\ - \bar{V}_{\boldsymbol{q}} \sum_{\sigma} \{ \langle \rho_{-\boldsymbol{q},\sigma} \rangle \rho_{\boldsymbol{q},\sigma} + \langle \rho_{\boldsymbol{q},\sigma} \rangle \rho_{-\boldsymbol{q},\sigma} - \langle \rho_{-\boldsymbol{q},\sigma} \rangle \langle \rho_{\boldsymbol{q},\sigma} \rangle \} \end{aligned} \tag{8.16}$$

とする近似を導入しよう．$\mathscr{H}^{\rm e}_{\rm int}$ に対する平均場近似である．(8.16)式で $\bar{U}_{\boldsymbol{q}}$ と $\bar{V}_{\boldsymbol{q}}$ とでまとめられた項は，それぞれ(8.15a)式の相互作用定数が $U_{\boldsymbol{k}+\boldsymbol{q},\boldsymbol{k}'-\boldsymbol{q},\boldsymbol{k}',\boldsymbol{k}}$ と $U_{\boldsymbol{k}+\boldsymbol{q},\boldsymbol{k}'-\boldsymbol{q},\boldsymbol{k},\boldsymbol{k}'}$ とで表わされる項からの寄与で，$\bar{U}_{\boldsymbol{q}}$ と $\bar{V}_{\boldsymbol{q}}$ はそれぞれの相互作用定数の $\boldsymbol{q}$ 依存性のみを残した近似値である．**直接相互作用**とよばれる $\bar{U}_{\boldsymbol{q}}$ 項は電荷密度 $\rho_{\pm\boldsymbol{q}}$ の間に働くのに対して，**交換相互作用**とよばれる $\bar{V}_{\boldsymbol{q}}$ 項は同じスピン状態にある電子間にのみ働く．後者は純粋に量子力学的な過程であり，古典力学には対応する過程は存在しない．なお，(8.16)式中の平均値の積の項は，$\mathscr{H}^{\rm MF}_{\rm int}$ の期待値をとったときの相互作用エネルギーの数え過ぎを差し引く項である．

スピン密度 $\langle \sigma_{\boldsymbol{q}} \rangle$ が周期的な磁場 $h_{\boldsymbol{q}}$ で誘起されている状態を考える．このとき，$\langle \rho_{\boldsymbol{q},\uparrow} \rangle = -\langle \rho_{\boldsymbol{q},\downarrow} \rangle$ であり((8.14)式)，$\langle \rho_{\boldsymbol{q}} \rangle = 0$，したがって，(8.16)式の $\bar{U}_{\boldsymbol{q}}$ 項はゼロとなるが，$\bar{V}_{\boldsymbol{q}}$ 項はスピンの向きによって符号が異なり，Zeeman

エネルギーと同じ役割をする．すなわち，$\mathscr{H}_{\rm int}^{\rm e}$ のある電子系に $\boldsymbol{h_q}$ がかけられると，電子スピンには有効磁場

$$h_{\boldsymbol{q}}^{\rm eff} = h_{\boldsymbol{q}} + \frac{\bar{V}_{\boldsymbol{q}}\langle\sigma_{\boldsymbol{q}}\rangle}{g\mu_{\rm B}} \tag{8.17}$$

がかけられた勘定になる．(8.14)式の $h_{\boldsymbol{q}}$ を $h_{\boldsymbol{q}}^{\rm eff}$ で置き換えて，$\langle\sigma_{\boldsymbol{q}}\rangle$ について解けば，

$$\langle\sigma_{\boldsymbol{q}}\rangle = \frac{g\mu_{\rm B}\chi_{\boldsymbol{q}}^0}{1-\bar{V}_{\boldsymbol{q}}\chi_{\boldsymbol{q}}^0}h_{\boldsymbol{q}} \tag{8.18}$$

を得る．右辺を $g\mu_{\rm B}/2h_{\boldsymbol{q}}$ 倍したものが電子系の金属状態における，$\mathscr{H}_{\rm int}^{\rm e}$ の効果も含めた磁化率 $\chi_{\boldsymbol{q}}^{\rm M}$ である．

一般に，高温では熱ゆらぎのため $\chi_{\boldsymbol{q}}^0$ は小さく，相互作用 $\bar{V}_{\boldsymbol{q}}$ の $\chi_{\boldsymbol{q}}^{\rm M}$ への影響も小さい．温度を下げていったとき，$\chi_{\boldsymbol{q}}^0$ が増大し，ある温度 $T_{\rm c}$，ある波数ベクトル $\boldsymbol{q}$ について条件

$$1 = \bar{V}_{\boldsymbol{q}}\chi_{\boldsymbol{q}}^0 \qquad (\chi_{\boldsymbol{q}}^{\rm M}=\infty) \tag{8.19}$$

が最初に満たされたとすると，それは，$T_{\rm c}$ 以下では外部磁場 $\boldsymbol{h_q}$ をかけなくても(8.13)式を満たす状態，すなわち，波数ベクトル $\boldsymbol{q}$ の SDW 状態が出現することを意味する．前節で見たように，ネスティングする Fermi 面をもつ物質の $\chi_{\boldsymbol{q}}^0$ はネスティングベクトル $\boldsymbol{Q}$ で最大となるから，出現する SDW の波数ベクトルは $\boldsymbol{Q}$ になる．ネスティング効果でさらに特徴的なことは，Fermi 面のネスティング領域が十分大きければ(純 1 次元系に近ければ)，(8.11)式がよい近似で成立し，小さな $\bar{V}_{\boldsymbol{Q}}$ の系であっても十分低温になれば SDW 状態が出現し得る点である．温度 $T_{\rm c}$ は金属状態から SDW 状態への転移温度とよばれる．$T_{\rm c}$ は(8.11)式と(8.19)式から，

$$k_{\rm B}T_{\rm c} \cong 2A\varepsilon_{\rm F}\exp\left(-\frac{1}{\tilde{\lambda}}\right) \tag{8.20}$$

$\tilde{\lambda}=\bar{V}_{\boldsymbol{Q}}/2\pi\hbar v_{\rm F}$，と見積られる($v_{\rm F}$ は Fermi 速度，$v_{\rm F}=\hbar k_{\rm F}/m$)．

温度が $T_{\rm c}$ 以下の SDW 状態については後に詳しく議論するが，ここで $T=0$ におけるエネルギーの損得勘定を 1 次元模型について見ておこう．SDW 状

態における1電子固有エネルギーはスピン状態に依らず，$V_{\boldsymbol{Q}}=-\bar{V}_{\boldsymbol{Q}}\langle\sigma_{\boldsymbol{Q}}\rangle/2\equiv\varDelta$ とした(8.6)式で与えられる．したがって電子系の(平均場近似による)全エネルギー $E_{\mathrm{MF}}^{\mathrm{e}}$ は

$$E_{\mathrm{MF}}^{\mathrm{e}}=2\sum_{\tilde{k}}\{E_{\tilde{k}}{}^{(+)}f(E_{\tilde{k}}{}^{(+)})+E_{\tilde{k}}{}^{(-)}f(E_{\tilde{k}}{}^{(-)})\} \tag{8.21a}$$

$$\underset{T=0}{\longrightarrow}\ E_0^{\mathrm{e}}-\frac{n_{\mathrm{e}}\varDelta^2}{4\varepsilon_{\mathrm{F}}}\ln\left(\frac{4\varepsilon_{\mathrm{F}}}{\varDelta}\right)-\frac{n_{\mathrm{e}}\varDelta^2}{8\varepsilon_{\mathrm{F}}} \tag{8.21b}$$

となる($f(\varepsilon)$ は Fermi 分布関数)．(8.21b)式は自由電子近似を用い，$\varDelta/\varepsilon_{\mathrm{F}}\ll1$ とした場合の評価であり，$E_0^{\mathrm{e}}=k_{\mathrm{F}}{}^3/3\pi m$ は金属基底状態のエネルギーである．なお，$\varDelta$ は $\mathcal{H}_{\mathrm{int}}^{\mathrm{e}}$ の，ε_{F} は $\mathcal{H}_0^{\mathrm{e}}$ のエネルギースケールを代表するものであり，条件 $\varDelta/\varepsilon_{\mathrm{F}}\ll1$ は系が弱相関系であることを意味する．(8.21b)式の右辺第2,3項が，前節で述べた波数 Q の周期ポテンシャルによる電子系エネルギーの低下を表わしている．特に，第2項の $\varepsilon_{\mathrm{F}}/\varDelta$ に対する対数関数的な依存性はネスティング効果の特徴である．ただし，以上の計算では相互作用エネルギー $\mathcal{H}_{\mathrm{int}}^{\mathrm{e}}$ の利得を数え過ぎている．すなわち，平均場近似の(8.16)式の $\bar{V}_{\boldsymbol{q}}$ 項のうち，最初の2項が電子に対する周期ポテンシャルとして $E_{\tilde{k}}{}^{(\pm)}$ に取り込まれているので，エネルギー損となる最終項も加えなければならない．しかし，この項は $\varDelta^2$ に比例するので(8.21b)式の右辺第2項のエネルギー得を上回ることはない．したがって，ネスティングする Fermi 面をもつ弱相関系では必ず SDW 状態が基底状態になると結論される．

8-5 電子-フォノン相互作用と CDW 状態

SDW 状態の定義式(8.13)に対して，CDW 状態は外部から電場をかけなくても

$$\langle\rho_{\boldsymbol{q}}\rangle\neq0\qquad(\boldsymbol{q}\neq0) \tag{8.22}$$

が成り立つ状態である．電子間相互作用 $\mathcal{H}_{\mathrm{int}}^{\mathrm{e}}$ から CDW 状態が生成されるかどうかを見るには，(8.18)式に対応して，波数ベクトル $\boldsymbol{q}$ を持つ電位ポテン

シャル $\phi_{\boldsymbol{q}}$ を金属状態にかけたとき誘起される電荷密度 $\langle \rho_{\boldsymbol{q}} \rangle$ を調べればよい．この場合は(8.16)式の $\bar{U}_{\boldsymbol{q}}$ 項も効いて，

$$\langle \rho_{\boldsymbol{q}} \rangle = \frac{2e\chi^0_{\boldsymbol{q}}}{1+(2\bar{U}_{\boldsymbol{q}}-\bar{V}_{\boldsymbol{q}})\chi^0_{\boldsymbol{q}}}\phi_{\boldsymbol{q}} \tag{8.23}$$

を得る．多くの物質について $\bar{U}_{\boldsymbol{q}} \gtrsim \bar{V}_{\boldsymbol{q}} > 0$ の関係が当てはまるから，上式の分母は常に 1 より大きい．斥力型の電子間相互作用は CDW(局所的な電荷の過不足)の出現を妨げる方向に働くという，古典力学的な描像にも合致する結果である．

CDW 状態もまた Fermi 面のネスティング効果で出現するのだが，その引金となるのは電子-格子(イオン)相互作用のうちで(8.2a)式には取り込まれていない相互作用である．バンド電子のハミルトニアン $\mathcal{H}^{\mathrm{e}}_0$ を導くとき，イオンは格子点 $\{\boldsymbol{R}_0\}$ に静止しているとした．イオンの質量が電子質量に比べてはるかに大きいことから導入された，かなり有力な仮定であるが，イオンも量子力学的な実体であり，$T=0$ でさえ格子点を中心として振動している．この格子振動はイオンの運動を調和近似することにより有効ハミルトニアン $\mathcal{H}_{\mathrm{p}}$,

$$\mathcal{H}_{\mathrm{p}} = \sum_n \left(-\frac{\hbar^2}{2M_n}\nabla_n{}^2\right) + \frac{1}{2}\sum_{n,m}\frac{\partial^2}{\partial \boldsymbol{R}_n \partial \boldsymbol{R}_m} u_{\mathrm{LL}}(\{\boldsymbol{R}\})\bigg|_{\{\boldsymbol{R}\}=\{\boldsymbol{R}_0\}} \Delta\boldsymbol{R}_n \Delta\boldsymbol{R}_m \tag{8.24a}$$

$$= \sum_q \hbar\omega_q\left(b^\dagger_q b_q + \frac{1}{2}\right) \tag{8.24b}$$

で記述される．(8.24a)式の第 1 項はイオンの運動エネルギー(M_n は n 番目のイオンの質量)，第 2 項の $u_{\mathrm{LL}}(\{\boldsymbol{R}\})$ はイオン間の有効相互作用ポテンシャル，$\Delta\boldsymbol{R}_n$ はイオンの格子点 $\boldsymbol{R}_{n0}$ からの変位を表わす．(8.24a)式を対角化し，第 2 量子化法で表示したのが(8.24b)式であり，$b^\dagger_q$ (b_q) は γ で指定される固有モードの，波数ベクトル $\boldsymbol{q}$，角振動数 ω_q をもつ量子化された格子振動(フォノン)の生成(消滅)演算子である($q=\{\gamma, \boldsymbol{q}\}$)．格子振動に伴う $\mathcal{H}^{\mathrm{e}}_0$ の補正として，(8.2a)式の $u_{\mathrm{eL}}(\boldsymbol{r}_i, \{\boldsymbol{R}_0\})$ 中の $\{\boldsymbol{R}_0\}$ を $\{\boldsymbol{R}_0+\Delta\boldsymbol{R}\}$ に置き換え，$\{\Delta\boldsymbol{R}\}$ について展開したときの展開の 1 次項を採用する．これが**電子-フォノン相互作用** $\mathcal{H}_{\mathrm{ep}}$ で，

$$\mathcal{H}_{\mathrm{ep}}=\frac{1}{\sqrt{2N_{\mathrm{i}}}}\sum_{k_1,k_2,q,\sigma}g_{k_1,k_2,q}\,a^{\dagger}_{k_1\sigma}a_{k_2\sigma}(b_{\gamma,\boldsymbol{q}}+b^{\dagger}_{\gamma,-\boldsymbol{q}}) \qquad (8.25\mathrm{a})$$

$$g_{k_1,k_2,q}=-\left(\frac{\hbar}{M\omega_q}\right)^{1/2}\int\psi^*_{k_1}(\boldsymbol{r})(\boldsymbol{e}_q\cdot\nabla u_{\mathrm{eL}})\psi_{k_2}(\boldsymbol{r})d\boldsymbol{r} \qquad (8.25\mathrm{b})$$

で与えられる．(8.25a)式では，k は $k=\{l,\boldsymbol{k}\}$ の略記であるが，波数ベクトルに関する和は $\boldsymbol{k}_1+\boldsymbol{q}-\boldsymbol{k}_2=0$ を満たすものとする．また，相互作用定数 $g_{k_1,k_2,q}$ の表式(8.25b)において，$\boldsymbol{e}_q$ は q で指定されるフォノンの分極ベクトルであり，$\psi_k(\boldsymbol{r})$ はバンド電子の波動関数である(定数因子は単一イオン($M_n=M$)系の表式)．電子との衝突で，大きな質量を持つイオンもわずかながら反跳する．これを1個のフォノンの放出または吸収を伴うバンド電子の量子力学的な散乱過程として表わしたのが $\mathcal{H}_{\mathrm{ep}}$ である．

さて，SDW状態の議論を踏まえて(8.25a)式を見れば，ネスティングするFermi面を持つバンド電子と相互作用するフォノンのうち，その波数ベクトルがネスティングベクトル $\boldsymbol{Q}$ と一致するフォノンの演算子の期待値 $\langle b_{\boldsymbol{Q}}\rangle$ が有限であるような状態であれば，$\mathcal{H}^{\mathrm{e}}_0+\mathcal{H}_{\mathrm{ep}}$ は(8.5)式のタイプのハミルトニアンとなり，電子系のエネルギーが下がるものと期待される．$\langle b_{\boldsymbol{Q}}\rangle\neq 0$ の状態とは，波数ベクトル $\boldsymbol{Q}$ のフォノンがBose凝縮している状態であり，具体的にはイオン配置に，初めに仮定した $\{\boldsymbol{R}_0\}$ の結晶構造に波数ベクトル $\boldsymbol{Q}$ の周期のずれ(**長周期構造**あるいは変調構造とよぶ)が加わった状態を意味する．このとき電子系では同じ波数ベクトル $\boldsymbol{Q}$ を持つCDWが立っている($\langle\rho_{\boldsymbol{Q}}\rangle\neq 0$)ことが確かめられる．このように，Fermi面のネスティング効果と電子-フォノン相互作用 $\mathcal{H}_{\mathrm{ep}}$ により，同じ波数ベクトル $\boldsymbol{Q}$ をもつイオンの長周期構造とCDWが並存する状態が出現する．本章ではこの並存状態を単に**CDW状態**とよび，その興味ある物性を次章で見ることにする．なお，1次元電子-格子系の金属状態がCDW状態に対して不安定であることを最初に指摘したのはPeierlsであり，1950年代中頃のことである．このため，CDW状態は**Peierls状態**ともよばれている．

電荷密度波(CDW)

Fermi 面のネスティング効果と電子-フォノン相互作用が協調的に働く物質では，ある特定な温度以下になると，電子の電荷密度とイオンの配列に同一の周期を持った長周期構造が出現する．これが CDW 状態である．CDW 状態では電気伝導度が著しく低下するとともに，通常の金属状態では見られない種々の現象が観測されている．本章では，CDW 状態の基本的な性質を平均場理論の範囲で考察した後，具体的に観測されている種々の CDW 現象を見る．特に，ポリアセチレンの特異な電気的磁気的性質が(整合)CDW 状態における非線形励起(ソリトン)の特性として理解されること，また，擬 1 次元導体における特異な電気伝導特性が CDW の集団的な並進運動によるものであることについて詳しく解説する．

9-1 CDW の平均場理論

Fermi 面のネスティング効果によって SDW 状態と CDW 状態が出現する基本的なメカニズムを前章で述べた．本節では CDW の関与する種々の物性を，電子-フォノン系の有効ハミルトニアン

$$\mathcal{H}_{\text{e-p}} = \mathcal{H}_0^{\text{e}} + \mathcal{H}_{\text{p}} + \mathcal{H}_{\text{ep}} \tag{9.1}$$

に基づいて考察する．上式の $\mathcal{H}_0^{\text{e}}, \mathcal{H}_{\text{p}}, \mathcal{H}_{\text{ep}}$ はそれぞれ(8.2b)，(8.24b)，(8.25a)式で定義された，(バンド)電子，フォノン，電子-フォノン相互作用のハミルトニアンである．具体的な議論は，ネスティングベクトルの方向を取り出した1次元模型(8-3節参照)について行なう．(9.1)式で無視した電子間相互作用 $\mathcal{H}_{\text{int}}^{\text{e}}$ の効果や1次元性からのずれの効果については必要なところで議論する．なお，CDWの問題に関しては電子スピンは本質的な役割を演じないのでスピンの添え字は省略する．また，本節からは $\hbar = k_{\text{B}} = 1$ とする．

a) CDW (Peierls)転移

8-5節で述べたように，CDW状態は同じ波数ベクトル $\boldsymbol{Q}$(＝ネスティングベクトル)の格子の長周期構造と電子の電荷密度波が並存している状態である．これを1次元模型について書き下すと，イオン変位 d_n と電荷密度 $\rho_{\text{e}}(x)$ が

$$d_n = d\cos(QR_n + \phi) \tag{9.2a}$$

$$\rho_{\text{e}}(x) = \rho_0 + \rho_1\cos(Qx + \phi) \tag{9.2b}$$

と表わされる(図9-1参照)．ここで $Q = 2k_{\text{F}}$，$\rho_0 = -en_{\text{e}}$ であり，長周期構造の強度 d，ρ_1 と位相 ϕ は以下で順に考察する．同じ8-5節で，格子の長周期構造は波数 Q のフォノンのBose凝縮と見なせることを指摘したが，本節ではこれを次のようなフォノン場 ζ_Q を導入して

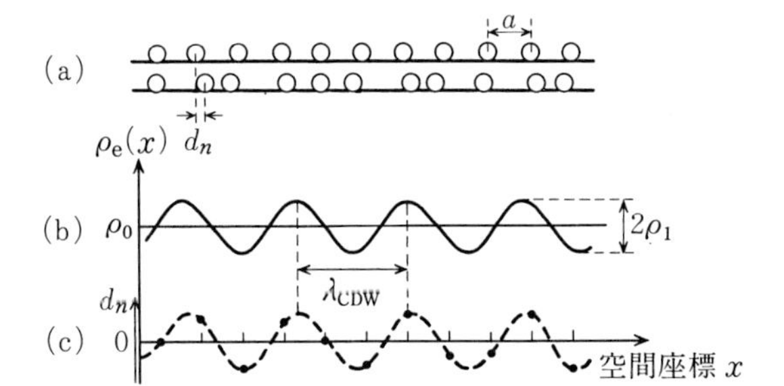

図9-1 1次元電子-イオン系の，(a) 金属状態(上)とCDW状態(下)におけるイオンの配置，(b) CDW状態での電荷密度 $\rho_{\text{e}}(x)$ ((9.2b)式)と，(c) イオンの長周期構造 d_n ((9.2a)式)．

$$\zeta_Q \equiv \frac{1}{\sqrt{2}}(b_Q + b_{-Q}^\dagger) \tag{9.3}$$

$$\frac{g}{\sqrt{N_\mathrm{i}}}\langle\zeta_Q\rangle \equiv \Delta = |\Delta|e^{i\phi} \tag{9.4}$$

と表わす(定数 g は相互作用定数 $g_{k\mp Q,k,\pm Q}$ の k 依存性を無視した近似値であり，N_i はイオンの総数，また，$\zeta_Q = \zeta_{-Q}^\dagger$ に注意)．イオンの変位を表わす演算子 $\hat{d}_n$ と ζ_q の関係

$$\hat{d}_n = \sum_q \frac{1}{\sqrt{MN_\mathrm{i}\omega_q}}\mathrm{Re}\{\zeta_q e^{iqR_n}\} \tag{9.5}$$

から，(9.2)式と(9.4)式の位相 ϕ は同一であり，$d = 2|\Delta|/g\sqrt{M\omega_Q}$ であることが知れる．

さて，$\mathscr{H}_\mathrm{ep}$ の $q=\pm Q$ の項を取り出し，(8.16)式と同様な平均場近似を施すと

$$\mathscr{H}_\mathrm{ep} \cong \mathscr{H}_\mathrm{ep}^\mathrm{MF} = \left\{\Delta^*\rho_Q + \frac{g}{\sqrt{N_\mathrm{i}}}\langle\rho_Q\rangle\zeta_Q^\dagger - \Delta^*\langle\rho_Q\rangle\right\} + \mathrm{h.c.} \tag{9.6}$$

となる(h.c. は Hermite 共役項の略)．波括弧内第1項がバンド電子に対する波数 Q の周期ポテンシャルで，$\mathscr{H}_0^\mathrm{e}$ と合わせて，$V_Q^2 = |\Delta|^2$ とした(8.6)式の1電子エネルギー $E_{\tilde{k}}{}^{(\pm)}$ を導く．その固有状態を用いて平均値 $\langle a_{k+Q}^\dagger a_k\rangle$，したがって，電荷密度の平均値 $\langle\rho_Q\rangle$ が，

$$\langle\rho_Q\rangle = 2\Delta\sum_{\tilde{k}}\frac{f(E_{\tilde{k}}{}^{(+)}) - f(E_{\tilde{k}}{}^{(-)})}{E_{\tilde{k}}{}^{(+)} - E_{\tilde{k}}{}^{(-)}} \tag{9.7a}$$

$$\underset{T=0}{\to} -\frac{\Delta}{\pi v_\mathrm{F}}\sinh^{-1}\left(\frac{2\varepsilon_\mathrm{F}}{|\Delta|}\right) \tag{9.7b}$$

と求められる．(9.7b)式は，(8.21b)式と同様，バンド電子を自由電子で近似した $T=0$ での結果である($v_\mathrm{F} \equiv k_\mathrm{F}/m$ は Fermi 速度)．

一方，(9.6)式の波括弧内第2項は $\langle\rho_{-Q}\rangle$ のフォノン場 ζ_Q への影響を表わす．(8.24b)式の $\mathscr{H}_\mathrm{p}$ の $q=\pm Q$ の項は $\zeta_{\pm Q}$ とそれに共役な運動量場 $\pi_{\pm Q}$ ($\equiv i(b_{\pm Q}^\dagger - b_{\mp Q})/\sqrt{2}$) を用いて

$$b_Q^\dagger b_Q + b_{-Q}^\dagger b_{-Q} + 1 = \zeta_Q \zeta_{-Q} + \pi_Q \pi_{-Q} \tag{9.8}$$

と表わせるから，$\langle \rho_Q \rangle$ の影響を含めたフォノンの平均場ハミルトニアン $\mathscr{H}_{\mathrm{p}}^{\mathrm{MF}}$ は

$$\mathscr{H}_{\mathrm{p}}^{\mathrm{MF}} = \omega_Q \pi_Q \pi_{-Q} + \omega_Q \left| \zeta_Q + \frac{g}{\omega_Q \sqrt{N_{\mathrm{i}}}} \langle \rho_Q \rangle \right|^2 - \frac{g^2}{\omega_Q N_{\mathrm{i}}} |\langle \rho_Q \rangle|^2 \tag{9.9}$$

となる．(9.2a)式の長周期構造は静止したものを考えているから $\langle \pi_{\pm Q} \rangle = 0$ である．したがって，$\mathscr{H}_{\mathrm{p}}^{\mathrm{MF}}$ の平均値は条件

$$\omega_Q \langle \zeta_Q \rangle + \frac{g}{\sqrt{N_{\mathrm{i}}}} \langle \rho_Q \rangle = 0 \tag{9.10}$$

が満たされるとき最小になる．上式は平衡 CDW 状態におけるイオンの変位と電子の CDW を関係付ける条件であり，この式の $\langle \rho_Q \rangle$ に(9.7a)式を代入すれば，$\varDelta$ に対するセルフコンシステント方程式

$$\varDelta = 2\pi v_{\mathrm{F}} \lambda \varDelta \sum_{\tilde{k}} \frac{f(E_{\tilde{k}}^{(-)}) - f(E_{\tilde{k}}^{(+)})}{E_{\tilde{k}}^{(+)} - E_{\tilde{k}}^{(-)}} \tag{9.11}$$

$$\lambda = \frac{N_{\mathrm{e}} g^2}{4 N_{\mathrm{i}} \varepsilon_{\mathrm{F}} \omega_Q} \tag{9.12}$$

が導かれる(N_{e} は電子の総数)．定数 λ は CDW 系の最も基本的なパラメータで，無次元化された電子-フォノン相互作用定数とよばれる．[有限温度における，より首尾一貫した議論は，$\varDelta$ を変数とする CDW 状態の自由エネルギーに基づくもので，自由エネルギーの $\varDelta^*$ に関する変分条件から直接(9.11)式が，したがって(9.10)式も導かれる.]

以上の議論において，$\langle \zeta_Q \rangle$ と $\langle \rho_Q \rangle$ は CDW 状態に固有な，格子と電子密度の秩序構造の有無を直接表わす量であり，**秩序変数**(**オーダーパラメータ**)とよばれる．変数 $\varDelta$ は，1 電子エネルギー $E_{\tilde{k}}^{(\pm)}$ の $k = \pm k_{\mathrm{F}}$ におけるギャップ(**Peierls ギャップ**とよぶ)が $2|\varDelta|$ になるように導入された量であるが，$\langle \zeta_Q \rangle$ と $\langle \rho_Q \rangle$ とに直接結びついており，$\varDelta$ も秩序変数そのものと言える．実際，(9.2b)式の ρ_1 は $\rho_1 = e n_{\mathrm{e}} |\varDelta| / 2\lambda \varepsilon_{\mathrm{F}}$ で $\varDelta$ と関係付けられる．

秩序変数 $\varDelta$ の大きさ $|\varDelta|$ を決定する(9.11)式は($E_{\tilde{k}}^{(\pm)}$ は $|\varDelta|$ にのみ依存す

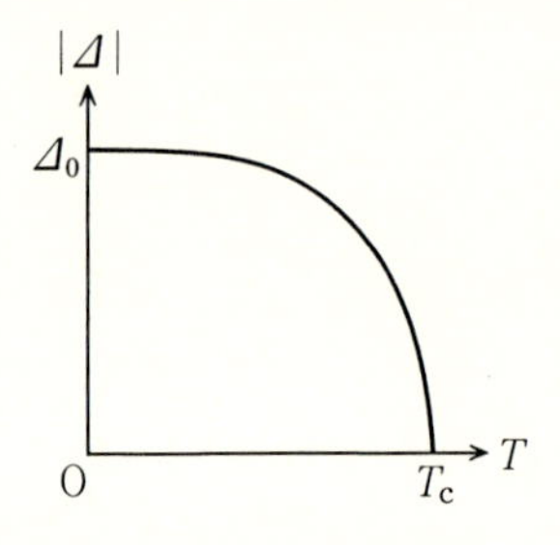

図 9-2 秩序変数 Δ の絶対値(Peierls ギャップ)の温度依存性.

ることに注意),超伝導の **BCS ギャップ方程式**と同形である.その解 $|\Delta|$ の温度依存性を図 9-2 に示す.自由電子近似で評価すると $T=0$ での値 Δ_0 は,(9.4)式と(9.7b)式から,

$$\Delta_0 \cong 4\varepsilon_F e^{-1/\lambda} \tag{9.13}$$

となる(λ は(9.12)式).$T=0$ における CDW 状態のエネルギーの期待値 $\langle \mathcal{H}_{\text{e-p}} \rangle$ は(8.21b)式の E_{MF}^{e} と,長周期構造が出現しているための格子エネルギーの損($=\omega_Q|\langle \zeta_Q \rangle|^2 = N_i \omega_Q |\Delta|^2/g^2$)との和で与えられる.8-4 節で SDW 状態についてみたのと全く同様に,CDW 状態では Fermi 面のネスティング効果による E_{MF}^{e} の利得が格子エネルギーの損を上回っている.具体的に(9.13)式の Δ_0 を用いて評価すると,$\langle \mathcal{H}_{\text{e-p}} \rangle$ は金属状態の基底エネルギー E_0^{e} に比べて

$$\langle \mathcal{H}_{\text{e-p}} \rangle - E_0^{\text{e}} \cong -\frac{n_e}{8\varepsilon_F}\Delta_0^2 \tag{9.14}$$

だけ低い(単位長さ当り).このエネルギー差は CDW 状態の凝縮エネルギーとよばれる.

温度が上昇すると,Peierls ギャップを越えて熱的に励起される電子の数が増加する.そのため,Fermi 面のネスティング効果によるエネルギー利得が減少し,CDW 秩序が弱められる.秩序が消滅する温度 T_c は(9.11)式の両辺を Δ で割り $|\Delta|\to 0$ の極限をとった式の解として決められる.自由電子近似によるその結果は,$\tilde{\lambda}$ を(9.12)式の λ で置き換えた(8.20)式で与えられる.(9.13)式の Δ_0 と(8.20)式の T_c の比

$$\frac{\Delta_0}{T_c} \cong 1.76 \tag{9.15}$$

は，弱相関系($\lambda<1$)のギャップ方程式(9.11)に固有な値である．

図9-2の $|\Delta|$ のように，秩序変数が T_c でゼロから連続的に立ち上がる状態(相)変化を2次の相転移という．ここで考察している，高温側の金属相から低温側のCDW(Peierls)相への相転移を**CDW転移**，あるいは，**Peierls転移**とよぶ．この転移では格子と電荷密度の秩序構造の変化と同時に，Fermi準位に大きさ $2|\Delta|$ のPeierlsギャップが出現するから，高温側では温度降下に伴って減少してきた金属的な電気抵抗が，CDW相では指数関数的に増大する．したがって，CDW転移は電気伝導特性からみれば**金属-絶縁体転移**でもある．

2次相転移に伴う一般的な現象として，高温側から温度を T_c に近づけていったとき見られる相転移の前駆現象がある．SDW系における磁化率 χ_Q^M の T_c に向かっての発散((8.18),(8.19)式)がその例である．CDW系における顕著な前駆現象はフォノンのソフト化とよばれる現象であり，以下のように説明される．まず，8-3節でみた，静的なポテンシャル V_q に対する電子系の応答の議論を，時間的にも(角)振動数 ω で振動するポテンシャル $V_q(\omega)$ の場合に拡張する．誘起される粒子数密度もまた振動数 ω をもつが，その表式は静的な応答関数 χ_q^0 を次の動的な応答関数 $\chi_q^0(\omega)$ に置き換えた(8.8)式で与えられる：

$$\chi_q^0(\omega) = \sum_k \frac{f(\varepsilon_k)-f(\varepsilon_{k+q})}{\varepsilon_{k+q}-\varepsilon_k-\omega+i\delta} \tag{9.16}$$

δ は無限小の正定数．さて，CDW系における(9.6)式の $\mathcal{H}_{ep}^{MF}$ を，一般の q，かつ動的な変化も含めた平均場近似とすれば，その波括弧内の第1項は，波数 q の格子振動が振動数 $\omega=\omega_q$ の電位ポテンシャル $\phi_{-q}(\omega)$ $(=g\langle\zeta_{-q}\rangle_\omega/\sqrt{N_i})$ として電荷密度 ρ_q に働いていると見なせる．同じ式の第2項は，誘起された電荷密度 $\langle\rho_q\rangle_\omega$ が格子に跳ね返ってくる効果と見なせる．両過程を合わせると，相互作用 $\mathcal{H}_{ep}$ を通して電子系が格子に対して付加的な復元力を及ぼしていることになる．(9.16)式を用いて $\langle\rho_q\rangle_\omega$ を評価すると，$\mathcal{H}_{ep}$ 効果で補正された波数 q のフォノンの振動数 $\tilde{\omega}_q$ をセルフコンシステントに決める式は

$$\tilde{\omega}_q = \omega_q\left\{1-\frac{2g^2}{N_{\mathrm{i}}\omega_q}\chi_q^0(\omega=\tilde{\omega}_q)\right\} \cong \omega_q\{1-2\pi v_{\mathrm{F}}\lambda\chi_q^0\} \tag{9.17}$$

となる．右辺第1項は$\mathcal{H}_{\mathrm{p}}$で記述されるもともとの振動数ω_q，第2項は$\mathcal{H}_{\mathrm{ep}}$の効果であり，最終式は，$\chi_q^0(\tilde{\omega}_q)$の表式においてフォノンのエネルギーは電子のエネルギーに比べて十分小さいとして$\tilde{\omega}_q=0$とおいた近似評価である．(9.17)式から，温度降下に伴うχ_q^0の増大によって$\tilde{\omega}_q$が減少することが読み取れる．これが**フォノンのソフト化現象**であり，ソフト化は波数Qのフォノンについて最も大きい．条件$1=2\pi v_{\mathrm{F}}\lambda\chi_Q^0$を満たす温度で$\tilde{\omega}_Q=0$となるが，この条件は(8.19)式に対応している．すなわち，この温度はCDW転移の転移温度T_{c}であり，(8.18)式に対応して，外部からの電位ポテンシャルϕ_Qに対する応答が発散する温度でもある．

ところで，Fermi波数k_{F}の値についてこれまで一切触れてこなかった．k_{F}の値はそれぞれのCDW物質によって異なり，バンド理論，あるいは観測されるCDWの波長$\lambda_{\mathrm{CDW}}(=\pi/k_{\mathrm{F}})$などから見積られる．ここでの議論では$k_{\mathrm{F}}$は与えられたパラメータであるが，その値ともとの結晶のBrillouinゾーン境界値$G/2$との比，$r\equiv G/2k_{\mathrm{F}}=\lambda_{\mathrm{CDW}}/a$，が重要なパラメータになる(ただし，$a$は$\boldsymbol{Q}$ベクトル方向の格子間隔で$G=2\pi/a$である)．この比$r$が有理数$n/m$であれば，CDWの$m$個の波が格子間隔の$n$倍の長さにちょうど納まっている勘定になる．これを**整合**(commensurate)CDWとよび，rが無理数である場合を**不整合**(incommensurate)CDWとよぶ．以下にみるように，両者のCDWの特性には特徴的な相違がある．

b)　不整合CDWの集団励起(フェイゾンと振幅励起)

CDW基底状態からの励起状態には個別励起と集団励起とよばれる，2つのタイプがある．前者はすでに触れた，個々の電子の$E_{\tilde{k}}^{(-)}$のバンドから$E_{\tilde{k}}^{(+)}$のバンドへのPeierlsギャップを越える励起であり，光吸収の実験などで直接観測される．一方，集団励起は相互作用$\mathcal{H}_{\mathrm{ep}}$を介して出現する，多体系としてのCDW秩序状態に固有な励起モードであり，秩序変数$\varDelta$の時間空間的な変形モードとして記述される．その絶対値の変調励起を**振幅励起**，位相の変調励

起を**フェイゾン**(phason)とよぶ．前項に述べた(9.2)式の変数とΔとの関係から，集団励起はイオンの長周期構造の変調であると同時に電子のCDW波形の変調でもある．前者は長周期構造が加わった格子における，$\mathscr{H}_{\mathrm{ep}}$効果を含めた格子振動(フォノン)に他ならず，Lee, RiceとAnderson(LRA)によってその特性が理論的に調べられた．彼らの用いた処方箋は，さきにフォノンのソフト化を考察したときの，動的な変化も含めた平均場近似で，**乱雑位相近似**(random phase approximation)と呼ばれるものである．着目するのは$|q|\ll Q$を満たす波数$\pm Q+q$のフォノンである．条件$|q|\ll Q$で，空間変化のスケールがCDWの波長λ_{CDW}に比べて十分長い集団励起に限定している．金属状態と比べて，CDW状態では1電子の固有エネルギー状態が違うことに加えて，(9.2a)式の長周期構造によるBragg反射(ウムクラップ過程)が効いて，波数$Q+q$のフォノンと波数$-Q+q$のフォノンが互いに影響を及ぼし合うことになる．LRAは両者の線形結合モードとして振幅励起とフェイゾンを導いた．ここでは結果だけを述べ，その物理的な解釈を加えることにする．

LRA理論によれば，CDW状態では波数$\pm Q+q$のフォノンの線形結合，$\zeta_{Q+q}\pm\zeta_{-Q+q}\equiv A_q{}^{(\pm)}$，が固有モードになる．$T=0$におけるその固有振動数$\omega_q{}^{(\pm)}$を自由電子近似で評価すると，

$$(\omega_q{}^{(+)})^2=\lambda\omega_Q{}^2+\frac{m}{m_+^*}v_{\mathrm{F}}{}^2q^2 \tag{9.18a}$$

$$(\omega_q{}^{(-)})^2=\frac{m}{m_-^*}v_{\mathrm{F}}{}^2q^2\equiv v_{\mathrm{ph}}^2q^2 \tag{9.18b}$$

を得る．ここで$m_-^*\equiv m^*$ ($\cong m_+^*/3$)はCDWの有効質量とよばれるもので，(バンド)電子の質量mとの比が

$$\frac{m^*}{m}=1+\frac{4|\Delta|^2}{\lambda\omega_Q{}^2} \tag{9.19}$$

で与えられる．(9.2a)式の均一な長周期構造の上に，振幅にΔd_n，位相に$\Delta\phi_n$の微少な変調が加わったときの格子変位のFourier成分を書き下してみれば，$A_q{}^{(+)}$と$A_q{}^{(-)}$モードがそれぞれ，格子の長周期構造(したがってCDW波形)

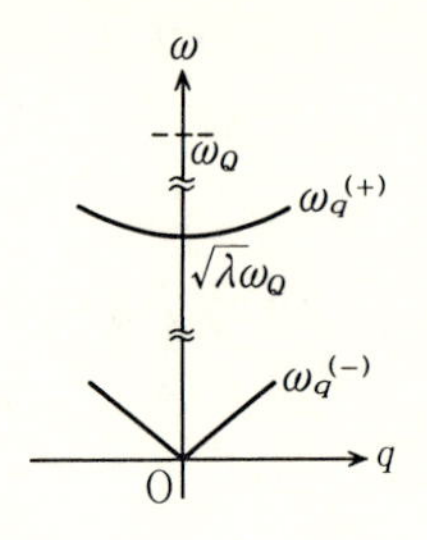

図 9-3 CDWの集団励起モードの分散関係. $\omega_q^{(-)}$がフェイゾン, $\omega_q^{(+)}$が振幅励起.

の振幅励起とフェイゾンに対応していることがすぐわかる. 2つのモードの固有振動数$\omega_q^{(\pm)}$を図9-3に示す.

振幅励起については, $q\to0$極限での振動数がもともとのフォノンの振動数ω_Qの$\sqrt{\lambda}$倍に減少していること((9.18a)式)を指摘するに止めて, 以下では低エネルギー励起のフェイゾンについて詳しく考察する. フェイゾンは$q\to0$で$\omega_q^{(-)}\to0$となるギャップレスモードである. (9.2)式に示すようにCDW基底状態は位相ϕがある値に固定された状態であるが, その基底状態エネルギー((9.14)式)は位相ϕ, すなわち, CDWパターンともとの結晶格子との相対的な位置関係によらない. したがって, このCDWパターンを一様に並進させるために余分なエネルギーはかからない. $\omega_{q=0}^{(-)}=0$がこのことを反映している. このような, エネルギー(ハミルトニアン)と基底状態の対称性の関係から出現が期待されるゼロエネルギーの励起モードを**Goldstoneモード**とよぶ. なお, (9.18b)式で定義される位相速度$v_{\rm ph}$はフェイゾン速度とよばれる.

フェイゾン, すなわち, (9.2)式の位相の時間空間変化で記述されるCDWの並進に伴う正味の電荷移動量はどうなるだろうか. (9.2b)式のρ_1に比例する部分だけが並進するのであれば正味の電荷移動量はゼロになるが, LRA理論に基づく, $T=0$における結果は次のようにまとめられる. 位相変数$\phi(x,t)$の時空変化に伴われる電荷密度$\Delta\rho_{\rm CDW}$と電流密度$j_{\rm CDW}$は

$$\Delta\rho_{\rm CDW} = +\frac{e}{\pi}\frac{\partial\phi}{\partial x} \tag{9.20a}$$

$$j_{\rm CDW} = -\frac{e}{\pi}\frac{\partial\phi}{\partial t} = -en_{\rm e}v_{\rm CDW} \tag{9.20b}$$

で与えられ(ただし，$v_{\mathrm{CDW}}\equiv\dot{\phi}/Q$，$\dot{\phi}\equiv\partial\phi/\partial t$)，また，電場$E$の下でのCDWの運動は，$\phi(x,t)$に対する運動方程式

$$\frac{\partial^2\phi}{\partial t^2}-v_{\mathrm{ph}}^2\frac{\partial^2\phi}{\partial x^2}=-\frac{\pi e n_{\mathrm{e}}}{m^*}E \tag{9.21}$$

で記述される．

以上のフェイゾンに関する(9.18b)式から(9.21)式までは，LRA理論によって(9.1)式の$\mathscr{H}_{\text{e-p}}$から導かれた結果であるが，以下のような簡単な考察が当てはまる．まず(9.2b)式から位相変数ϕの空間変化は波数変調としてのCDWパターンの空間変化を表わしていることが知れる．すなわち，$\phi'\equiv\partial\phi/\partial x\neq0$のところではCDWの波数$Q$が$Q+\phi'$に変化していると読み直せる．これに$Q=2k_{\mathrm{F}}$と，$k_{\mathrm{F}}$と平均電荷密度$n_{\mathrm{e}}$の関係式(8.3)を適用すれば，$\phi'$は(局所的な)電荷密度の変化に読み直せるが，(9.20a)式がちょうどこの関係を表わしている．同様に(9.2b)式からϕの時間変化はCDWパターンの速さv_{CDW}の並進運動を表わすことは明らかであろう．この並進運動に伴う電流密度が(9.20b)式のj_{CDW}であり，(9.20a)式の$\Delta\rho_{\mathrm{CDW}}$とは電荷の保存則，$\Delta\dot{\rho}_{\mathrm{CDW}}+\partial j_{\mathrm{CDW}}/\partial x=0$，を満たす関係にある．(9.20b)式で注意すべきはj_{CDW}がv_{CDW}のen_{e}倍である点で，CDWパターンの並進に伴ってすべての電子が移動することを意味する．このとき，(9.2a)式から，イオンも同時にCDWの並進運動に同期して振動する(図9-4)．したがって，CDWパターンの並進に伴う，単位長さ当りの運動エネルギーは電子とイオンの寄与を合わせて

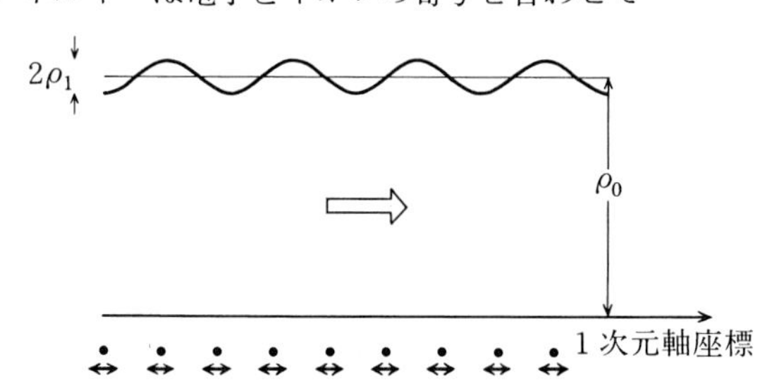

図9-4 CDWの並進運動の模式図．$T=0$ではすべての電子が一団となって並進し，これと同期してイオンが振動する．

$$\frac{1}{2}n_e m v_{CDW}^2 + \frac{1}{2}\frac{N_i}{L}M\overline{\dot{d}_n^2} = \frac{1}{2}n_e m^* v_{CDW}^2 \tag{9.22}$$

と評価すれば，上式の m^* は(9.19)式の m^* と一致することが確かめられる(ただし，N_i/L は単位長さ当りのイオン数，$\overline{}$ は同期振動の周期当りの平均を表わす)．さらにCDWの運動方程式(9.21)は，その左辺が(9.18b)式に対応した波動方程式の斉次項であり，右辺が電場 E による加速度項になっている．後者の比例定数 n_e/m^* は，すべての電子にかかる E の力がCDWへの駆動力になっていること，および，その駆動力に対してCDWの加速度を決める質量が m^* であることを意味し，(9.20b)式および(9.22)式に関する考察とコンシステントな結果である．これらのことから m^* は**CDWの有効質量**とよばれるわけだが，同期運動におけるイオンの変位がきわめて小さいこともあって，一般に，$M \gg m^* \gg m$ である．以上のように，CDW状態では $\mathcal{H}_{ep}$ で結合された電子系とイオン系が一体となって励起状態を構成し，外場に対して特徴的な応答を示す．CDW状態が，バンド理論では記述しきれない多体系であることの特徴が最も顕著に現われている側面である．

有限温度になると，準粒子(個別励起)が熱的に励起される．準粒子も電気的特性を担うと同時に，CDWと準粒子間の相互作用の問題(9-4節参照)も生じてくるが，より基本的な温度効果は，熱的に励起された電子はもはやCDWに加担しなくなることで，この効果は(9.20b), (9.21)式中の n_e を温度 T においてCDWに荷担している電子密度 $n_s(T)$ に置き換えることで記述される($n_s(0)=n_e$, また, T_c 近傍では $n_s \propto |\Delta|$ である)．さらに v_{ph} なども温度による補正を受けるが，このような係数の補正を施した(9.20), (9.21)式はCDWの並進運動に伴われる電気的特性を定性的によく記述していると考えてよい．

さて，(9.21)式の解として，$E=0$ でも $\dot{\phi}=$一定，すなわち，$j_{CDW}=$一定，が有り得るが，これはCDW系が永久電流を流し得る完全導体であることを示唆する．CDW速度の減衰を生じる微視的な機構として，v_{CDW} で運動するCDWに荷担している電子が，$v_{CDW}=0$ のCDW状態の個別励起状態に遷移する過程が考えられるが，前者のエネルギーは $m^* v_{CDW}^2/2$，一方，後者は最小でPeierlsギャップ$2\Delta_0$であるため，$v_{\rm CDW}$がある値以上でないと$v_{\rm CDW}$は減衰しない．BCS理論が出る少し前に，Fröhlichはこの CDW の並進機構で超伝導を説明しようとした．しかし，有限温度になると波数が$q\cong 0$のフォノンとの散乱から$v_{\rm CDW}$の減衰が生じ，また，$T=0$においても，わずかでも不純物があるとCDWの並進は妨げられること(ピン止め効果)が示され，Fröhlich超伝導は現実の物質では起こり得ないものと結論されている．ところが，1970年代以降に擬1次元物質が次々と合成され，その物性が研究されたなかで，CDW状態における擬1次元物質が示す，超伝導ではないが特異な電気伝導特性がCDWの並進運動に起因することが明らかとなった．**CDWのスライディング**，あるいは，**Fröhlichの伝導機構**ともよばれている，この電気伝導現象については9-4節で詳しく見ることにする．

ところで，本項のどこの議論が，標題に掲げた不整合CDWに特徴的なものであるかをこれまで指摘しなかったが，次項で述べるように，整合CDWについてはその(基底)状態エネルギーに位相ϕにあらわに依存する項が付け加わるという特徴がある．その付加項を含めても集団励起に関する上述の議論はほとんどそのまま整合CDWにも適用できるが，付加項のためフェイゾンは有限のエネルギーギャップをもつ，すなわち，CDWを並進させるためには有限なエネルギーが必要になるなど，物理的な結果に違いが生じる．

c) 整合CDW

CDWの波長$\lambda_{\rm CDW}$と格子間隔aの比$r=\lambda_{\rm CDW}/a=G/2k_{\rm F}$が有理数である整合CDWの性質を理解するため，$r=M$($M$は整数)の整合CDW系を考える．金属状態ではバンドが$1/M$だけ電子で占有されている系で，Mは整合度とよばれる．図9-5に示すように，BrillouinゾーンのバンドはM個のブランチに分割できる．1つのブランチのある波数kの電子状態は，波数$Q=2k_{\rm F}$の長周期構造によるポテンシャルのn次の過程で波数$k\pm nQ$の状態と結合するが，$n=M$のとき$k\pm MQ=k\pm G=k$となり，ポテンシャル散乱の連鎖が$M-1$個のブランチを一巡してもとのブランチの同じ波数の状態に戻ってくる．そこで，M個のブランチに対応させてM個の波動関数を導入し，平均場近似のハミル

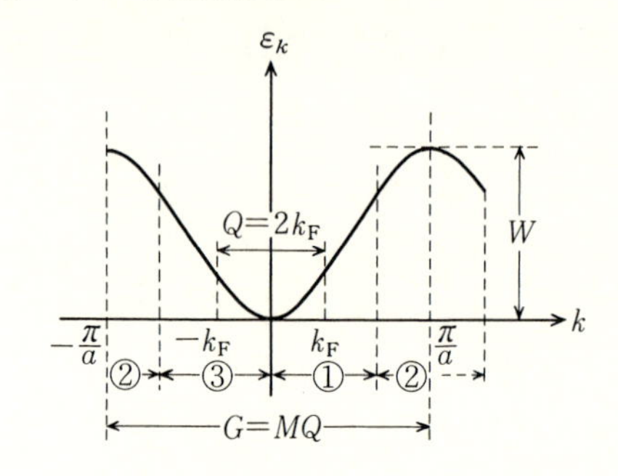

図 9-5 整合 CDW 系の Brillouin ゾーンの分割($M=3$ の場合).

トニアン $\mathcal{H}_0^{\mathrm{e}}+\mathcal{H}_{\mathrm{ep}}^{\mathrm{MF}}$ を $M\times M$ の行列表示すれば

$$\mathcal{H}_0^{\mathrm{e}}+\mathcal{H}_{\mathrm{ep}}^{\mathrm{MF}} = \begin{pmatrix} \varepsilon_k & \varDelta & & & \varDelta^* \\ \varDelta^* & \varepsilon_{k+Q} & \varDelta & 0 & \\ & \varDelta^* & \varepsilon_{k+2Q} & \ddots & \\ & 0 & \ddots & \ddots & \varDelta \\ \varDelta & & & \varDelta^* & \varepsilon_{k+(M-1)Q} \end{pmatrix} \tag{9.23}$$

となる．ただし，$\varDelta$ は(9.4)式の秩序変数であり，また，電子-フォノン相互作用定数の波数依存性は一切無視した．この行列の固有値方程式には $|\varDelta|^2$ のベキ乗項に加えて$(\varDelta^M+\varDelta^{*M})$の項が現われるので，準粒子エネルギーは $\varDelta$ の位相 ϕ に依存するようになり，(8.21a)式に対応する電子系の全エネルギー $E_{\mathrm{MF}}^{\mathrm{e}}$ にも ϕ に依存する付加項，

$$E_{\mathrm{CM}} = -g_M n_{\mathrm{e}}|\varDelta|\{\cos(M\phi)-1\} \tag{9.24}$$

が導かれる．規格化された定数 g_M は$(|\varDelta|/\varepsilon_{\mathrm{F}})(|\varDelta|/W)^{M-2}$ のオーダーであり(W はバンド幅)，M が大きいほど小さくなる．**整合ポテンシャル**とよばれる E_{CM} が加わったため，基底状態の ϕ に関する連続縮退が解けて，整合 CDW の基底状態は M 重の離散的な縮退，$\phi_l=2\pi l/M$，$l=0,1,\cdots,M-1$，となる．整合 CDW 系の全エネルギーは，CDW の山(あるいは谷)がある格子点に一致するとき最低になり，そのような配置が M 通りあるということである．

整合 CDW 系の個別励起は，不整合 CDW 系のそれと基本的に同じであり，$g_M\ll 1$ であれば $|\varDelta|$ の温度依存性はほぼ(9.11)式で与えられる．整合 CDW

の特徴は $M \geqq 3$ の系のフェイゾンの振舞いに顕著に見られる($M=2$ の場合，$2k_{\mathrm{F}}=Q=G/2$ であるので $\zeta_Q^\dagger=\zeta_{-Q}=\zeta_Q$，すなわち，秩序変数 $\langle\zeta_Q\rangle$ は実数となり，位相の自由度は存在しない．$M=2$ の整合 CDW 系における非線形励起については 9-3 節で別に論ずる)．整合ポテンシャル E_{CM} が存在するため，整合 CDW のフェイゾンの運動方程式は，

$$\frac{\partial^2\phi}{\partial t^2}-v_{\mathrm{ph}}^2\frac{\partial^2\phi}{\partial x^2}+M\tilde{g}_M\sin(M\phi) = -\frac{\pi e n_{\mathrm{e}}}{m^*}E \qquad (9.25)$$

となる($\tilde{g}_M \propto g_M$)．左辺第 3 項は ϕ を基底状態配置 ϕ_l に引き戻そうとする復元力である．CDW の並進を妨げるもので，整合ポテンシャルによる CDW の**ピン止め効果**という．

整合ピン止め力が ϕ に関して非線形であることから，整合 CDW 系には固有の非線形励起が存在する．実際，$E=0$ とした(9.25)式は，非線形動力学の分野で最も詳しく調べられているサイン Gordon 方程式に他ならない．この方程式は**ソリトン**(あるいは，キンク)解，

$$\phi_{\mathrm{S}}(x-v_{\mathrm{S}}t) = \frac{4}{M}\tan^{-1}\left\{\exp\left[\frac{\gamma}{d}(x-v_{\mathrm{S}}t)\right]\right\} \qquad (9.26)$$

をもつ．ここで，$d=v_{\mathrm{ph}}/M\sqrt{\tilde{g}_M}$，また，$\gamma=[1-(v_{\mathrm{S}}/v_{\mathrm{ph}})^2]^{-(1/2)}$ は特殊相対論での Lorentz 収縮因子に相当する．図 9-6 に示すように $\phi_{\mathrm{S}}(x)$ は，$x\to-\infty$ で 1 つの基底状態 $\phi_0=0$ と，$x\to+\infty$ で隣の基底状態 $\phi_1=2\pi/M$ と一致し，両者を繋げる境界領域の幅がほぼ $2d$ であるような解であり，(9.26)式は，この境界が速さ v_{S} で動いている状態を表わす．(9.26)式の指数関数の肩を -1 倍したものは，図 9-6 のソリトンを左右逆転させた状態であり，反ソリトンとよ

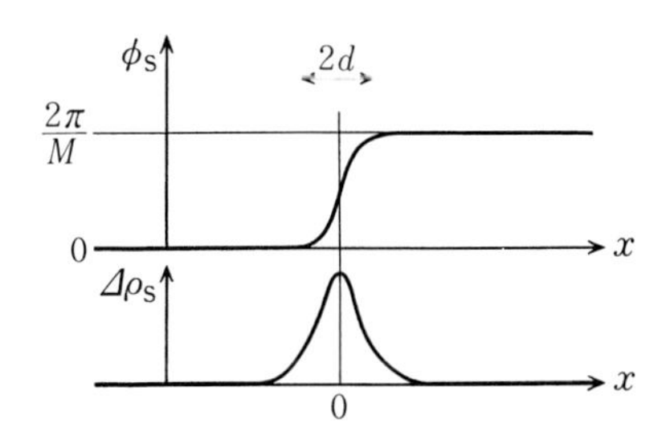

図 9-6　整合 CDW におけるソリトン励起((9.26)式の $\phi_{\mathrm{S}}(x)$)とその電荷分布 $\Delta\rho_{\mathrm{S}}(x)$．

ばれる．ソリトンに伴われる電荷分布 $\Delta\rho_{\mathrm{S}}(x)$ は(9.26)を(9.20a)に代入して求まるが，$x=v_{\mathrm{S}}t$ を中心にして局在し，幅 $2d$ の広がりをもつ(図 9-6)．これを x について積分すると $-2e/M$ となる点が興味深い．ソリトンは**分数電荷** $-2e/M$ を伴う，$2d$ 程度の広がりを持った“素粒子”と見なせることになり，場の理論の見地からも大きな関心が持たれている．この分数電荷を正しく理解するためには電子系の詳しい解析が必要であるが，それは 9-3 節で議論する．

ところで，比 $r=\lambda_{\mathrm{CDW}}/a$ が有理数か無理数かは純数学的な問題設定であり，実際の実験で見分けることは不可能である．一方，すでに見たように，r が有理数であっても整合度 M が大きいと整合ポテンシャルは実質的には効かない．現実的に整合 CDW の特性が見られるのは M が比較的小さい系に限られる．この点に関連した特徴的な現象が，比較的小さい有理数 M に近い r をもつ CDW 系で見られる．$q_0\equiv Q-G/M$ と定義すると，q_0 が 0 に近い CDW 系では，Fermi 面のネスティング効果を多少犠牲にしても $\cos[(Gx/M)+\phi_l]$ 型の整合 CDW を形成するか，逆に(9.24)式の E_{CM} を損をしても $\cos(Qx)$ 型の不整合 CDW を形成するかの競合が起こる．この整合性と不整合性の競合エネルギー $E_{\mathrm{IC\text{-}C}}$ は，整合 CDW のある安定位相 ϕ_l から測った相対位相 ϕ を用いて

$$E_{\mathrm{IC\text{-}C}}\propto\int dx\left\{\frac{1}{2}v_{\mathrm{ph}}^2\left(\frac{\partial\phi}{\partial x}-q_0\right)^2-\tilde{g}_M[\cos(M\phi)-1]\right\} \qquad (9.27)$$

と表わせる．ただし，Fermi 面ネスティングのミスフィットによるエネルギー損 E_{mis} を表わすのに，積分内第 1 項のような半現象論的な表式を採用した．$E_{\mathrm{IC\text{-}C}}$ の ϕ に関する停留条件もまた(時間変化および電場項を含まない)サイン Gordon 方程式(9.25)になる．その解のうち $E_{\mathrm{IC\text{-}C}}$ を最小にするのは Jacobi の楕円関数 $\mathrm{sn}(u,k)$ を用いて

$$\sin\left\{\frac{1}{2}[M\phi_{\mathrm{SL}}(x)-\pi]\right\}=\mathrm{sn}\left(\frac{x}{dk},k\right) \qquad (9.28)$$

で与えられる．母数 k は不整合性と整合性の比 $R\equiv(v_{\mathrm{ph}}q_0)^2/2\tilde{g}_M$ で決まる．$R=R_{\mathrm{c}}\equiv 8/\pi^2$ のとき $k=1$ であり，$R<R_{\mathrm{c}}$ では整合 CDW が安定解となる．$R\gtrsim R_{\mathrm{c}}$ $(k\lesssim 1)$ における(9.28)式の $\phi_{\mathrm{SL}}(x)$ を図 9-7 に示す．E_{CM} を得するように

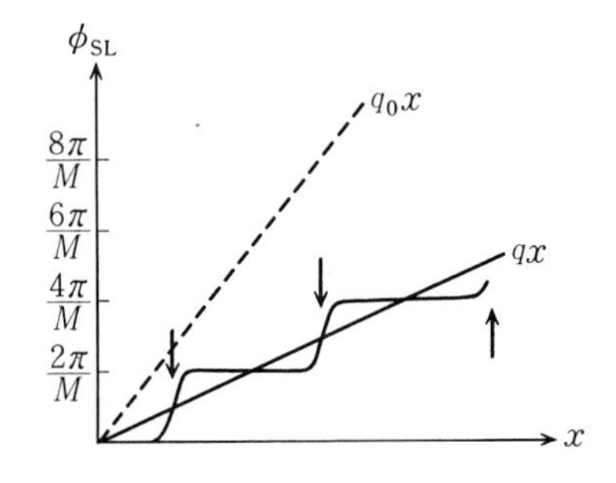

図9-7 ディスコメンシュレーション(矢印)が周期的に並んだソリトン格子($k\lesssim1$ の(9.28)式). $\phi_{SL}=\phi_0$ ($=0$)が整合CDW, $\phi_{SL}=q_0x$ (破線)が整合ポテンシャルを無視した場合の不整合CDWに対応する.

整合相が部分的に存在し，かつ，隣合う整合相を図9-6のソリトンのように局所的に繋げて，平均的な $\partial\phi_{SL}/\partial x$ ($\equiv q$)を q_0 に近づけることで E_{mis} の損を少なくしている状態である．これを**ソリトン格子**とよび，隣合う整合相の境界部分を**ディスコメンシュレーション**(discommensuration)とよぶ．図9-8は，(9.27)式の停留条件から導かれる q と R の関係である．温度や圧力などの変化によって R が R_c を含む領域で変化すれば，整合CDWと不整合CDWとの間の転移，すなわち，**整合-不整合転移**が起こる．E_{mis} の表式が(9.27)式と違えば q-R 曲線の詳細は異なるが，転移が不連続でない限り，整合相に近い不整合相はディスコメンシュレーションを伴うものと考えられる．

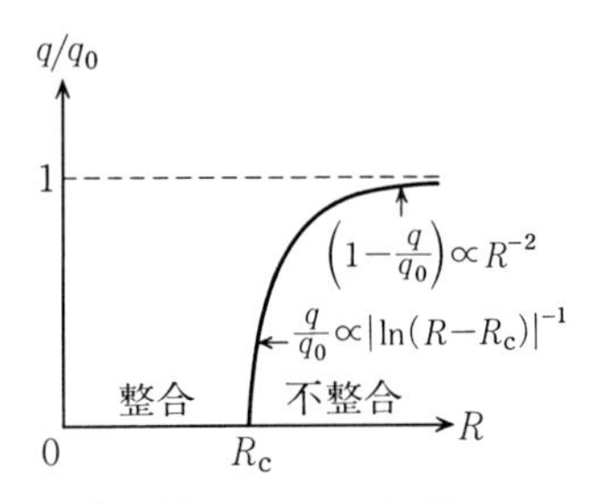

図9-8 整合-不整合転移における，(9.27)式の停留条件から導かれる q と R の関係．q は ϕ の平均の傾き，R は不整合性と整合性の比$(v_{ph}q_0)^2/2\tilde{g}_M$．(H. Fukuyama and H. Takayama : In *Electronic Properties of Inorganic Quasi-One-Dimensional Materials*, ed. by P. Monceau(Reidel, 1985), Part I, p. 41)

d) 3次元性とCDW転移

これまでネスティングベクトル $\boldsymbol{Q}$ の方向だけ取り出し，CDW物質を1次元の電子-格子系としてCDW秩序の出現(相転移)に伴う諸物性を調べてきた．しかし，一般に，1, 2次元系においてはゆらぎの赤外発散のため，連続的な値を取り得る秩序変数で記述される相転移は有限温度では起こり得ないことが

知られている．CDW 系について言えば，温度 T における波数 q のゆらぎ ϕ_q の熱平均値 $\langle|\phi_q|^2\rangle_T$ が $T(v_{\rm ph}q)^{-2}$ に比例するため，これを q について積分して得られる，空間のある位置における位相ゆらぎの熱平均値 $\langle\phi^2\rangle_T$ は，積分領域 $q\cong0$ からの寄与で発散する(赤外発散とよぶ)．この結果は文字通りの 1 次元 CDW 系では CDW の位相 ϕ をある値に固定できないこと，すなわち，平均場近似の破綻を意味する．

ところで，次節で見るように，現実の物質で観測される CDW は，$\boldsymbol{Q}$ ベクトルとは垂直な方向から見ても，CDW の山あるいは谷が周期的に並んでおり，3 次元的な秩序を伴っている．したがって，現実の CDW 転移は 3 次元系における相転移であり，上述の相転移の一般論に抵触しない．しかし，Fermi 面のネスティング効果によって $\boldsymbol{Q}$ 方向にまず成長する CDW が，その横方向にも秩序が形成される機構を知る必要がある．$\boldsymbol{Q}$ 方向の原子列を原子鎖に見立てて，通常，**鎖間相関**とよばれる問題である．鎖間相関の一因として，電子の横方向への遷移(トランスファー)がある．ネスティングからはずれた Fermi 面が存在する場合で，横方向へ動き廻る電子が隣接する鎖上の CDW の相関を保つ．横方向の電子遷移が十分小さい場合，隣接する原子鎖に立った CDW の間の Coulomb 相互作用が鎖間相関の原因となる．この鎖間相互作用が優勢であれば，単純に考えて，隣合う CDW の山と谷(電荷の過剰部分と不足部分)とが一致するような配置，すなわち，この方向については格子間隔の 2 倍周期の CDW パターンが安定になる．

鎖間相互作用がどのようなものであれ，CDW の形成の主因は Fermi 面のネスティング効果で強められた電子-格子間相互作用であり，鎖間相互作用はそれに比べて小さい．このような CDW 系の温度を下げていくと，まず，$\boldsymbol{Q}$ 方向の鎖内に短距離秩序が形成される．CDW の振幅が有意な大きさに成長しているものの位相のゆらぎのため秩序は短距離にしか及ばず，時間的にも一定していない状態である．鎖内相互作用だけでは有限温度で相転移は起こらないが，弱いながらも鎖間相互作用があると，隣合う鎖内で発達した短距離秩序の分だけ鎖間相互作用が協調的に働き，転移温度 $T_{\rm c}$ で 3 方向とも秩序が無限大の距離に及び，3 次元長距離秩序が出現する．以上のような，鎖内短距離秩序の形成・成長と鎖間相関の発達の過程は，擬 1 次元系における相転移の特徴である．

9-2 代表的な CDW 物質の物性

1 次元金属の不安定性は，当初純理論的な問題として Peierls によって提起されたが，それから 20 年ほど経た 1970 年代の初め頃から，低次元（擬 1, 2 次元）導体の合成技術の急速な発展に伴って，CDW 現象は現実の物理学の問題として盛んに研究されるようになった．白金錯体の 1 つである $K_2[Pt(CN)_4]Br_{0.3}\cdot 3H_2O$（略称 KCP）において最初に CDW 状態が確認され，続いて，TTF-TCNQ とよばれる有機電荷移動錯体など数多くの CDW 物質が見つかっているが，ここでは，代表的な 2, 3 の CDW 物質の紹介にとどめる．他の CDW 物質や観測結果の詳細については巻末の文献を参照されたい．なお，ポリアセチレンのソリトン，および，CDW のスライディング現象については節を改めて解説する．

a）$K_{0.3}MoO_3$（モリブデンブルーブロンズ）

無機擬 1 次元導体のなかでも比較的後になって登場したこの物質は，前節で述べた CDW 特性のほとんどが具体的に観測されているという意味で，最も典

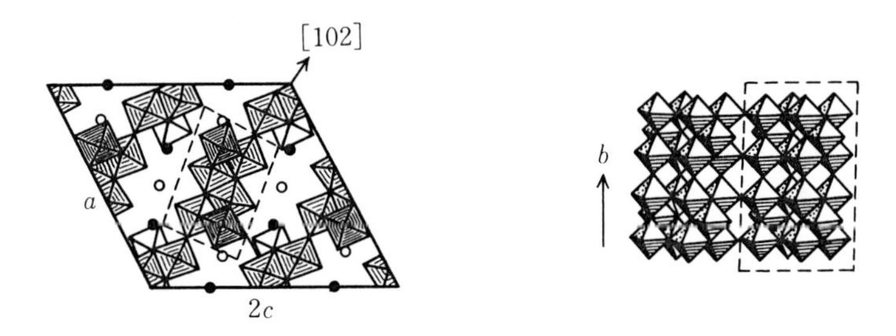

図 9-9　$K_{0.3}MoO_3$（モリブデンブルーブロンズ）の結晶構造．単位胞は 10 個の酸素 8 面体で形成されている．白丸と黒丸は b 軸方向の位置が異なる K 原子を示す．（J. Graham and A. D. Wadsley : Acta Cryst. 20（1966）93）

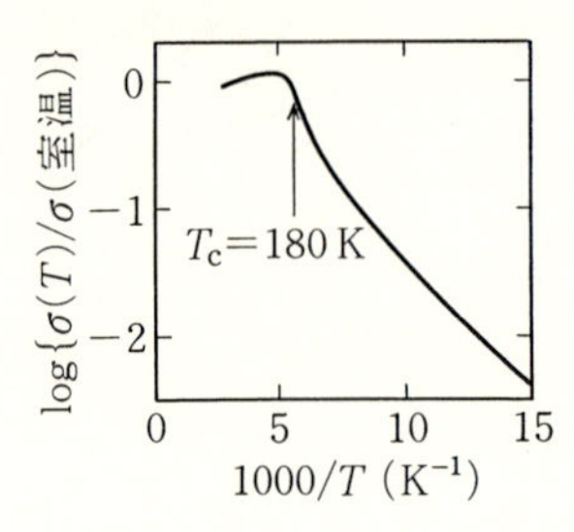

図 9-10 $K_{0.3}MoO_3$ の b 軸方向の電気伝導度の温度依存性. (C. Schlenker, C. Filippini, J. Marcus, J. Dumas, J. P. Pouget and S. Kagoshima: J. de Phys. 44(1983)C3-1757)

型的な CDW 物質である. その結晶構造を図 9-9 に示す. モリブデンを中心にもつ酸素 8 面体が層状に積まれた構造である. 隣り合う 8 面体の接触する部分が最も大きい b 軸方向に電気伝導性が大きい擬 1 次元導体であり, 電子系の異方性の目安となる各結晶軸方向の伝導度の比は, b 軸方向の伝導度を単位として, その横方向で図 9-9 の [102] 方向の伝導度は 1/20, 両者に直交する方向は 10^{-3} 程度である. 図 9-10 は, 1 次元(b 軸)方向の電気伝導度 σ の対数を温度の逆数でプロットしたものである. 低温側はほぼ直線になっており, Fermi 準位にエネルギーギャップ $2\Delta_0$ が存在する絶縁体の伝導度の特徴, $\sigma\propto\exp(-2\Delta_0/T)$, を示している. 一方, 高温側では温度の低下とともに σ が増大する金属の伝導特性を示しており, 約 180 K あたりで金属-絶縁体転移が起こっていると結論される.

この転移が CDW 転移であるかどうかの最も確かな判定は, 格子の長周期構造の検証にある. 具体的には X 線などの回折データにおいて, 高温側の結晶構造に対応する Laue スポットの近傍に, 転移温度 T_c 以下で格子の長周期構造に対応するスポット(**衛星反射**とよばれる)が観測されればよい. そのような X 線回折写真の例が図 9-11(a)である. 衛星反射の位置から格子の長周期構造, したがって, CDW 波形の波数ベクトル $\boldsymbol{Q}$ が求まる. 観測結果は, $\boldsymbol{Q}=(n(2\boldsymbol{a}^*+\boldsymbol{c}^*), q_b\boldsymbol{b}^*, (1/2)(2\boldsymbol{a}^*-\boldsymbol{c}^*))$ である. ただし, $\boldsymbol{a}^*, \boldsymbol{b}^*, \boldsymbol{c}^*$ は図 9-9 に示した結晶の a, b, c 軸に対応する逆格子ベクトルで, n は整数. 1 次元軸方向の値 q_b は 100 K 以下の低温ではほぼ一定で, その値は 3/4 に近いが有意のずれが認められる($q_b\cong0.748$). $\boldsymbol{Q}$ の第 1 成分は, CDW の波形が [102] 方向には揃っていることを表わしており, 電子遷移による鎖間相関を示唆する. 一方,

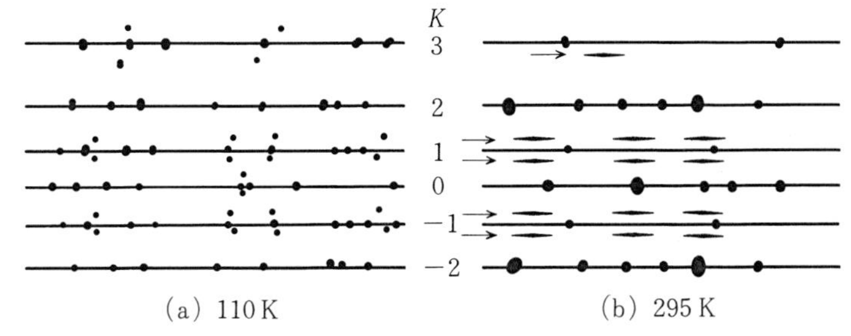

図 9-11 $K_{0.3}MoO_3$ の X 線写真のスケッチ．図の上下方向が b^* 軸で，K はその方向の指数．$T>T_c$（b 図）で見えているディフューズストリーク（矢印）が，$T<T_c$（a 図）では衛星反射のスポットになる．（鹿児島誠一：電荷密度波，物理学最前線 9（共立出版，1985）に基づく）

$\boldsymbol{Q}$ の第 3 成分は，CDW パターンが図 9-9 の［102］方向と垂直な方向には格子間隔の 2 倍周期で変化していることを意味し，鎖間 Coulomb 相互作用が効いているものと考えられる（9-1 節 d 項）．以上の $\boldsymbol{Q}$ 値，電気伝導度の異方性，および，非線形伝導特性（(9.25)式の整合ピン止め項の効果がほとんど観測されていない）などの観測結果から，$K_{0.3}MoO_3$ の CDW は b 軸方向の Fermi 面のネスティング効果が主因の不整合 CDW と見なされており，バンド理論からもこの結果に符合する Fermi 面が導かれている．なお，衛星反射の強度は (9.2a)式の格子変位の大きさの 2 乗，したがって，秩序変数 Δ の絶対値の 2 乗に比例する．図 9-12 がその温度依存性である．平均場近似から導かれる結果にほぼ合っており，衛星反射が消失する温度としてきまる転移温度 T_c はほ

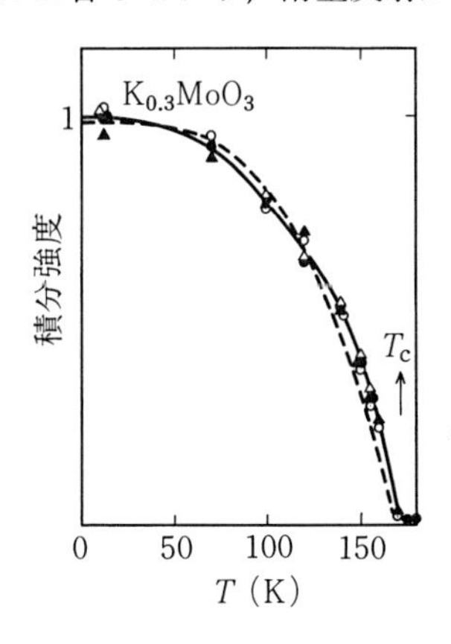

図 9-12 $K_{0.3}MoO_3$ における衛星反射の積分強度の温度依存性．破線は測定値を再現するように T_c を選んだ，平均場近似の(9.11)式から導かれる結果である．（J. P. Pouget, C. Noguera, A. H. Moudden and R. Moret : J. de Phys. **46**(1985)1731）

ぼ 180 K である.

$K_{0.3}MoO_3$ は比較的大きな結晶を作れるので精度のよい回折実験が可能で，CDW 転移の前駆現象としてのフォノンのソフト化現象が中性子実験で，また，1次元短距離秩序の形成が X 線実験で直接観測されている．後者は図 9-11(b)に示した，ディフューズストリーク(すじ)とよばれる X 線回折像がその特徴である．b^* 方向のすじの位置は $q_b b^*$ に対応しており，1次元方向の原子鎖には CDW の短距離秩序がかなり成長しているものの，異なる原子鎖上の CDW の位相は互いに不揃いであることを表わしている．すじの半値幅は T_c に近いほど小さく，T_c 以下で衛星反射(図 9-11(a))になる.

b)　MX_3 系($NbSe_3$，TaS_3)

MX_3 は[遷移金属][カルコゲン元素]$_3$ の組成をもつ無機擬1次元導体の略称である．その1つの $NbSe_3$ の結晶構造を図 9-13 に示す．基本構造は Nb を中に含む Se のつくる3角柱であり，Nb が柱方向に1次元鎖を形成する．*ac* 面でみると単位胞は3種6本の3角柱から形成されている.

$NbSe_3$ の1次元軸方向の電気抵抗率 ρ の温度変化が図 9-14 である．2つの温度 $T_1=144$ K と $T_2=59$ K 近傍で ρ が急激な増大を見せている．T_1 と T_2

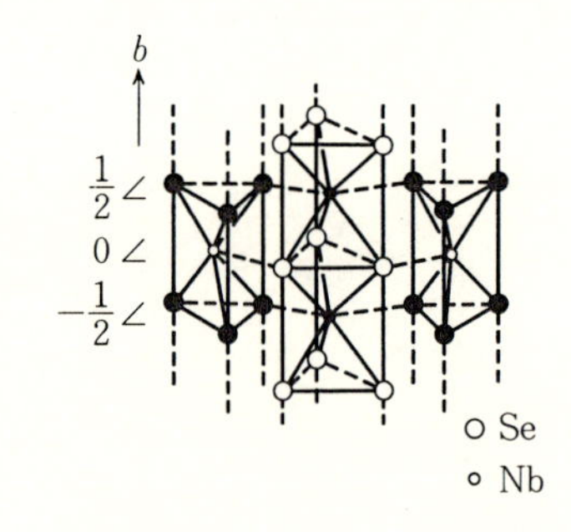

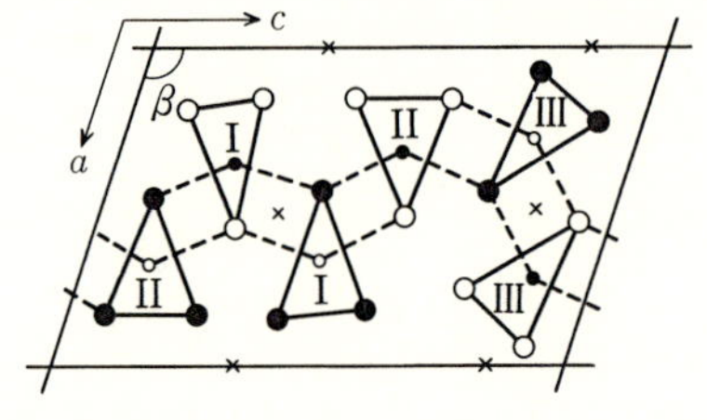

図 9-13　$NbSe_3$ の結晶構造．格子定数の値は，$a=10.009$ Å，$b=3.480$ Å，$c=15.629$ Å，$\beta=109.47°$ である．(F. Hullinger : *Structural Chemistry of Layer-Type Phases*(Reidel, 1976))

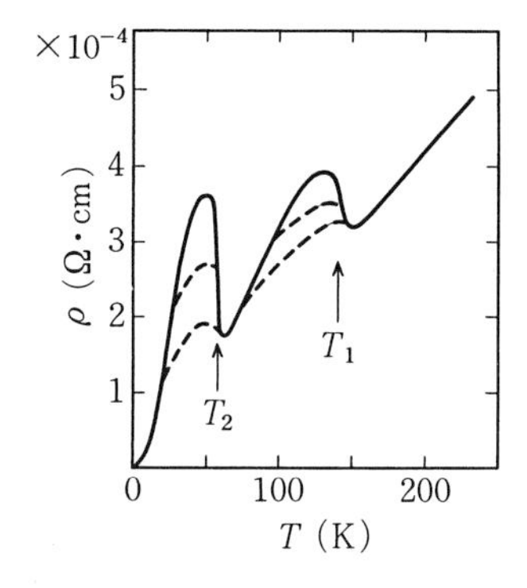

図 9-14 $NbSe_3$ の1次元軸方向の電気抵抗率 ρ の温度変化．破線は交流電場による測定結果(9-4節b項)．(P. Monceau, N.P. Ong, A.M. Portis, A. Meerschaut and J. Rouxel : Phys. Rev. Lett. **37**(1976)602)

以下での電子線やX線回折データには，$K_{0.3}MoO_3$ と同様の衛星反射が観測され，2つの転移ともCDW転移であることが確認されている．T_1 と T_2 で出現するCDWの波数ベクトル $\boldsymbol{Q}_1, \boldsymbol{Q}_2$ は単位逆格子ベクトル $\boldsymbol{a}^*, \boldsymbol{b}^*, \boldsymbol{c}^*$ で計ってそれぞれ，$\boldsymbol{Q}_1=(0, 0.241, 0)$，$\boldsymbol{Q}_2=(0.5, 0.260, 0.5)$ であり，両者とも b 軸方向の波数が1/4に近いが，整合性効果はほとんど見られない不整合CDWである．2つのCDWは，結晶構造からみて同等でない3対のNb鎖のうちの異なる2対に，それぞれ転移温度 T_1, T_2 で出現する．残る1対のNb鎖は十分低温まで金属状態に留まる．このため，図9-14に見られるように，2つの転移点 T_1 と T_2 の直下では対応するネスティングFermi面にPeierlsギャップが生じるため電気抵抗率 ρ はいったんは急激に増大するが，さらに温度を下げると，残っているFermi面の電子が担う伝導のため ρ が減少する．これまでにCDW転移が確認されている擬1次元物質のうち，十分低温まで金属特性を示すのは $NbSe_3$ だけである．

斜方晶と単斜晶の結晶がある TaS_3 もCDW転移を示す．2つの結晶とも $NbSe_3$ と同様の3角柱構造を基本とするが，その構成はさらに複雑である．斜方晶 TaS_3 では金属→不整合CDW→整合CDWの2段階転移が見られるのに対して，単斜晶 TaS_3 では，$NbSe_3$ と同様に，2つの不整合CDWが異なる転移温度で出現する．なお，MX_3 系にはCDW転移を示さない代わりに十分低温で超伝導転移が見られる $TaSe_3$ なども合成されている．また，MX_3 系に近い，$[MX_4]_nY$ (Yはハロゲン元素)と表わされる擬1次元導体でもCDW転移を示す物質が見つかっている．$(TaSe_4)_2I$ や $(NbSe_4)_2I$ などである．

c) MX_2 系(擬2次元導体)

化合物結晶の中には，電気伝導度が結晶のある面内の2方向で大きく，それと垂直方向で著しく小さい物質がある．これらを擬2次元導体，あるいは**層状化合物**とよぶ．擬2次元導体にも Fermi 面のネスティング効果に起因する CDW が出現する物質群がある．その代表が[遷移金属][カルコゲン元素]$_2$ の組成をもつ MX_2 系である．MX_2 系では M と X がそれぞれ6角格子の層を形成し，X の2層ごとに M の1層が入る．層の積まれ方によって，同一の MX_2 でも異なる結晶構造をとる(図9-15)．MX_2 系では層間方向には分散のほとんどない柱状の Fermi 面が期待される．8-3節の図8-3(b)は $1T$-TaS_2 に対するバンド計算から導かれた Fermi 面で，柱面の曲率が最も小さい箇所を繋ぐような波数ベクトルに関してネスティング効果が最大となり，この波数ベクトルの CDW が生じる．CDW 形成の基本的な機構は擬1次元導体と共通だが，MX_2 系には，擬1次元導体には見られない固有の CDW 特性がある．

MX_2 系に最も特徴的な CDW 特性は，図8-3(b)に示すように，結晶の対称性から同等な3つのネスティングベクトル $\boldsymbol{Q}_1, \boldsymbol{Q}_2, \boldsymbol{Q}_3$ が存在する点であり，いずれか1つの $\boldsymbol{Q}_i$ の CDW だけが存在する状態(single-Q 状態とよばれる)と，3つの CDW が共存した状態(triple-Q 状態)が出現し得る．さらに，$\boldsymbol{Q}_i$ が 3×3 の整合長周期構造に対する波数ベクトルに近いため，9-1節c項で述べた整合-不整合転移(2次元系に拡張したもの)とも絡み，事情が複雑となる．たとえば，$2H$-$TaSe_2$ では図9-16に示されるような，温度を上げていったときと下げて

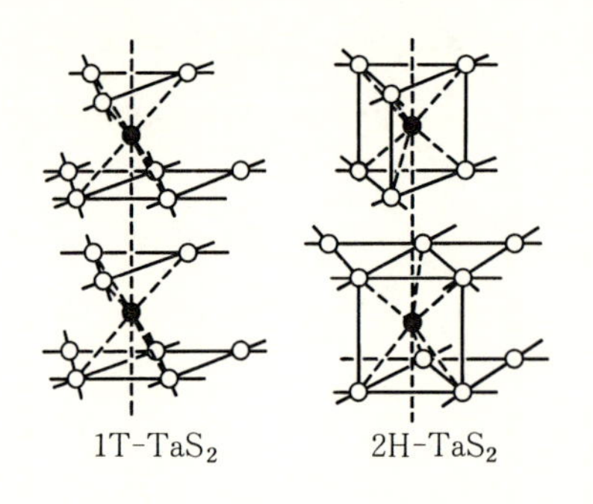

図9-15 $1T$-TaS_2 と $2H$-TaS_2 の結晶構造．白丸と黒丸は，それぞれ S 原子と Ta 原子を表わす．三方晶 $1T$-TaS_2 は単位格子中に1個の M 層を含み，六方晶 $2H$-TaS_2 は単位格子中に2個の M 層を含む．(J.A. Wilson and A.D. Yoffe : Adv. Phys. **18**(1969)193)

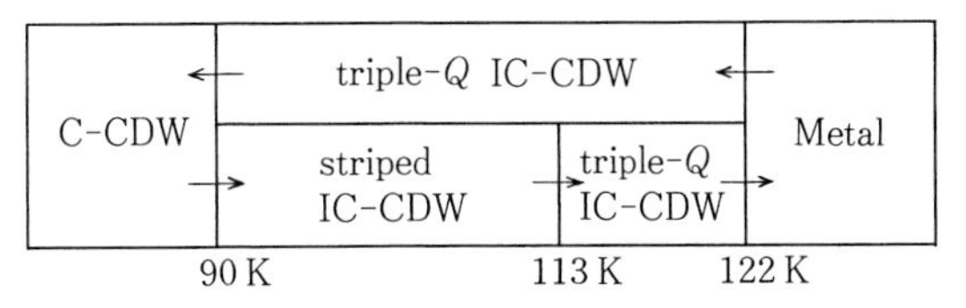

図 9-16 2H-$TaSe_2$ の逐次 CDW 転移.(H. Shiba and K. Nakanishi: In *Structural Phase Transitions in Layered Transition Metal Compounds*, ed. by K. Motizuki(Reidel, 1986), p. 175)

いったときとで異なる逐次転移が観測されている.図中の striped 不整合相とは,triple-Q 状態の 3 つの $\boldsymbol{Q}_i$ ベクトルのうちの 1 つが整合値,他の 2 つは不整合値をとる CDW が共存している状態である.このような種々の CDW 状態間の多様な逐次転移が観測されている MX_2 系もまた,代表的な CDW 物質として大変興味深い.3 つの CDW の間の相互作用と整合エネルギーとを,結晶の対称性を考慮して取り込んだ現象論的な Landau-Ginzburg 自由エネルギーに基づく議論など,MX_2 系に固有な理論も展開されており,節を改めて解説すべきところだが,詳細は文献に譲る.

9-3 ポリアセチレンのソリトン

量子化学と物性物理の接点の 1 つであるポリアセチレン($[CH]_x$)は,炭素 C の 4 個の価電子のうち 3 個が隣合う C 原子と H 原子の価電子と共有結合し,平面的な C のジグザグ構造を形成する.3 つの共有結合ボンドが互いに 120° をとる配置として,*trans* 型と *cis* 型の 2 つの異性体があるが(図 9-17(a),(b)),ここでは *trans* 型のみを考える.残る 1 個の価電子は,この平面に垂直な方向に突き出た π 軌道で形成される 1 次元的なバンドに入る.1 個の CH ユニットあたり 1 個の π 電子が存在するからバンドはちょうど半分まで詰まる勘定となり,9-1 節 c 項の議論を当てはめれば,ポリアセチレンでは整合度 M が 2 の整合 CDW の出現が予想される.実際に,CH 鎖は隣接する C 間の間隔が長短交互に繰り返される(ボンド長交替)構造をもつ.この構造は,短い格子間隔の方の [CH] 対が分子的に結合されている(結合交替)状態,あるいは,

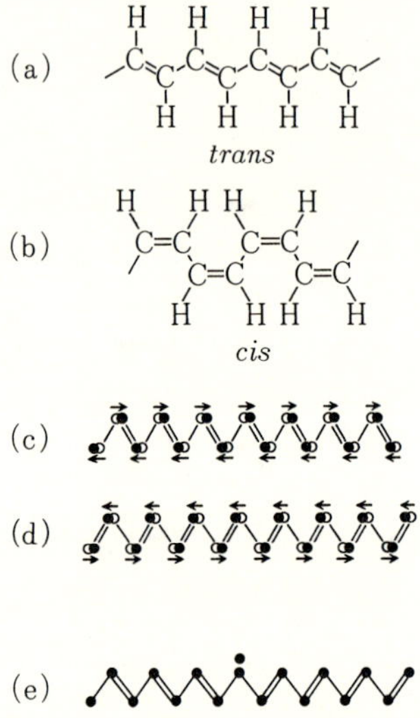

図 9-17 ポリアセチレンの構造．（a）*trans*-$[CH]_x$ と，（b）*cis*-$[CH]_x$ の化学表式．（c），（d）*trans*-$[CH]_x$ の 2 つの基底状態．*cis*-$[CH]_x$ の基底状態は 1 つで，ボンド長交替が(b)図と逆になった状態はエネルギーが高い．（e）*trans*-$[CH]_x$ のソリトン励起．2 つの基底状態の境界部分に不対電子が存在する．

2 原子分子化(dimerized)状態ともよばれる．

物性物理の実験の対象となるポリアセチレンは CH 鎖の 1 次元特性を引き出すように工夫された重合法で生成されるが，そのような試料でも 3 次元的な構造は通常固体の結晶構造とは著しく異なっている．局所的には擬 1 次元的な結晶構造を組む CH 鎖の fibril(束)が複雑に絡み合った状態であり，fibril の直径は高々 200 Å 程度，また，CH 鎖方向の結晶秩序も高々 10^3 Å 程度と見積られている．したがって，試料全体としての伝導度などを理解するためには，fibril の並び方や fibril 間を電子がどのように伝わるかも問題となるが，ここでは擬 1 次元結晶としての fibril の基本的な特性を完全な 1 次元系模型，すなわち，1 本の CH 鎖の性質として考察することにする．また，生成されて安定に存在するポリアセチレンは全て 2 原子分子化状態のものであり，Peierls 転移そのものは観測されていない．したがって，8-2 節の分類に従うとポリアセチレンは必ずしも弱相関系とは言えない．実際，その 2 原子分子化状態の形成機構に電子間 Coulomb 相互作用が主要な役割を担うとする見方もあり，電子-フォノン間相互作用を主因とする CDW 状態にあるとする見方との間で論争が現在でも続いている．しかし，後者の見方はポリアセチレンの示す種々の物性現象を統一的に説明するという点で多くの成功を収めており，ここでは，ポリアセチレンを$M=2$の整合CDW系と見なし，その非線形励起(ソリトン)に伴われる興味ある物性を考察する．

ポリアセチレンが示す最も特異な物性の1つは，電子受容体(ハロゲン原子など)や供給体(アルカリ金属原子など)の不純物をドープしていったときに見られる電気伝導度σとPauli磁化率χ_Pの変化である．その典型として，Naをドープした場合のσとχ_Pのドーピング濃度(y)依存性を図9-18に示す．yの増大に伴ってσが著しく増大する．試料によっては金属Cuなみの電気伝導度を示す試料も作られており，応用面からもポリアセチレンが注目される一つの理由になっているが，ここでの議論の関連では，$y \gtrsim 6\%$の高濃度領域ではχ_Pも有限となり，σとχ_Pは単純な金属電子論から期待される振舞いとまずは矛盾がないことに注意されたい．ところが$y<6\%$，特に$y<1\%$の低濃度領域では，yの増大とともにσが急激に増大するのに対して，χ_Pはゼロのままである．このσとχ_Pのy依存性は，ドーピングによって電荷を持つがスピンは持たない“粒子”が生成されるとするとつじつまが合う．1次元整合CDW系のソリトンがまさにこのような電荷とスピンの関係を持つ“粒子”であることを最初に指摘したのがSu, SchriefferとHeeger(SSH)である．

*trans*型ポリアセチレンの基底状態は2重に縮退している(図9-17(c),(d))．ソリトン励起は図9-17(e)に示したように，CH鎖の両側が2つの異なる基底状態であるような状態を指す．2つの基底状態の境界にあたる部分では2原子

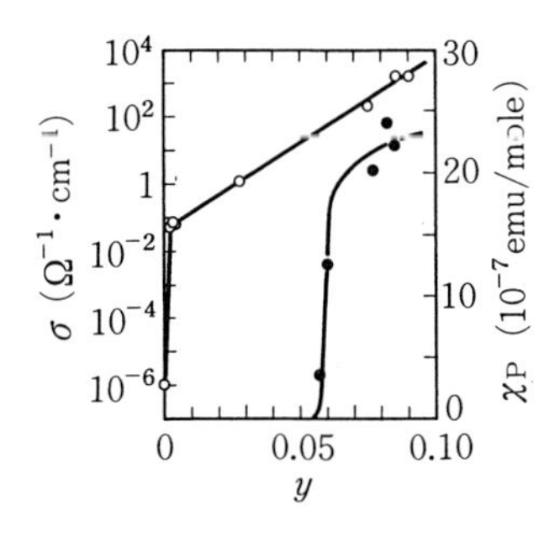

図9-18　Naをドープしたポリアセチレンの電気伝導度σ(○)とPauli磁化率χ_P(●)のドーピング濃度yへの依存性．(T.-C. Chung, F. Moraes, J. D. Flood and A. J. Heeger: Phys. Rev. B 29(1984)2341)

分子化が不完全でCDWの凝縮エネルギーを損しており，また，境界部分に1個の不対電子を伴う．ソリトンは，それを消すためには境界部分をCH鎖の端までもっていかなければならないという意味で，トポロジカルに安定な励起であるという．このソリトンを定式化した**SSH理論**は，座標(サイト)表示の演算子で表わした，電子-フォノン系の次のハミルトニアン$\mathcal{H}_0^{\mathrm{e}}, \mathcal{H}_{\mathrm{p}}, \mathcal{H}_{\mathrm{ep}}$に基づいて展開された：

$$\mathcal{H}_0^{\mathrm{e}} = -t_0 \sum_{l\sigma} (a_{l+1,\sigma}^{\dagger} a_{l,\sigma} + a_{l,\sigma}^{\dagger} a_{l+1,\sigma}) \tag{9.29}$$

$$\mathcal{H}_{\mathrm{p}} = \frac{1}{2M} \sum_l p_l^2 + \frac{K}{2} \sum_l (d_{l+1} - d_l)^2 \tag{9.30}$$

$$\mathcal{H}_{\mathrm{ep}} = \alpha \sum_{l\sigma} (d_{l+1} - d_l)(a_{l+1,\sigma}^{\dagger} a_{l,\sigma} + a_{l,\sigma}^{\dagger} a_{l+1,\sigma}) \tag{9.31}$$

(9.29)式の$\mathcal{H}_0^{\mathrm{e}}$は，最近接のサイト間だけに電子遷移が許されたバンド電子系を表わし，Fourier変換すれば，

$$\varepsilon_k = -2t_0 \cos(ak) \tag{9.32}$$

とした(8.2b)式になる(aはCHユニット間の，CH鎖方向に測った平均距離)．(9.30)式中のM，およびd_lとp_lは，それぞれCHユニットの質量，およびl番目のCHユニットの(CH鎖方向への)変位とそれに共役な運動量であり，Kは弾性定数である．さらに(9.31)式は，隣合うCHユニットのずれ方が違えば電子遷移の大きさが変化するという捉え方をした電子-格子相互作用である．d_lの代わりに$\tilde{d}_l \equiv (-1)^l d_l$を導入すれば，図9-17(c),(d)の均一な2原子分子化状態にはlによらない$\tilde{d}_l(=\pm d)$が対応する．図9-17(e)のソリトン励起は$l \to \pm\infty$で$\tilde{d}_l \to \pm d$であるような変位パターンで記述される(図9-19)．

SSHは(9.29)～(9.31)式に基づいて，離散的な格子上でソリトンの物性を解析したが，ここでは，電子と格子の座標を連続変数とする連続媒質近似で考えることにする．まず，(9.32)式を導いた(離散変数に対する)Fourier変換を(9.30),(9.31)式にも施し，8-3節の議論と同様に，電子系を$\tilde{k}$表示の2成分で記述する．結果を$|\tilde{k}|a \ll 1$として$\tilde{k}a$について展開し，その最低次項だけ残

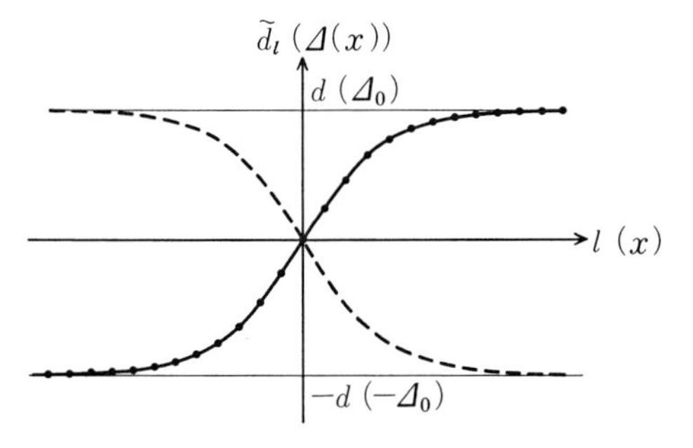

図9-19　ソリトン励起．黒丸は格子変位($\tilde{d}_l \equiv (-1)^l d_l$)パターン，実線は連続媒質近似における秩序変数$\Delta_{\mathrm{S}}(x)$，破線は反ソリトンを表わす．1本のCH鎖にソリトンと反ソリトンが複数存在する場合は，両者は必ず交互に出現している．

すのが連続媒質近似であり，空間変化のスケールがaに比べて十分大きい現象については，その本質を損なうことなく問題を解析的に取り扱うことができるという利点がある．この方法によって，たとえば，(9.32)式のε_kはFermiエネルギーε_{F}から測って

$$\varepsilon_{\tilde{k}}^{(\pm)} \equiv \varepsilon_{\tilde{k}\pm k_{\mathrm{F}}} - \varepsilon_{\mathrm{F}} \cong \pm v_{\mathrm{F}}\tilde{k} \tag{9.33}$$

と近似される．ただし，$v_{\mathrm{F}} = 2t_0 a \sin(k_{\mathrm{F}}a) = 2t_0 a$である(整合度$M$が2であることに注意)．結果を(連続変数に対する)Fourier逆変換すれば，(9.29)〜(9.31)式はまとめて

$$\mathcal{H}_{\text{e-p}}^{\text{MF}} = \int dx \Psi^\dagger(x)\left\{-iv_{\mathrm{F}}\hat{\sigma}_3\frac{\partial}{\partial x} + \Delta(x)\hat{\sigma}_1\right\}\Psi(x) + \frac{\omega_Q N_{\mathrm{i}}}{2g^2}\int dx\left\{\Delta^2(x) + \frac{\dot{\Delta}^2(x)}{\omega_Q{}^2}\right\} \tag{9.34}$$

と表わされる．上式で，$\Psi(x) \equiv (u(x), v(x))$は，$\tilde{k} \pm k_{\mathrm{F}} \gtreqless 0$の成分からなる電子の2つの波動関数$u(x)$，$v(x)$のスピノーダル表示で(各成分にスピンの自由度が別に伴う)，$\hat{\sigma}_i$は2×2のPauli行列，また，$\Delta(x)$は(9.4)式に対応した秩序変数であるが，$\tilde{d}_l$がlに依存する場合はxに依存した秩序変数となる(すでに指摘したように，$M=2$の整合CDWにおいては$\Delta(x)$は実数であることに注意されたい)．なお，(9.34)式中のパラメータは，$\omega_Q{}^2 = 4K/M$，$g = 4\alpha(\omega_Q M)^{-(1/2)}$となる．

まず，静止パターン$\Delta(x)$の局所的平衡解を考えよう($\dot{\Delta}(x)=0$；$T=0$とする)．$\Psi(x)$の2成分$u(x)$と$v(x)$に関する(9.34)式の停留条件から

$$\varepsilon_n u_n = -iv_{\mathrm{F}} \frac{\partial}{\partial x} u_n + \Delta(x) v_n \tag{9.35a}$$

$$\varepsilon_n v_n = iv_{\mathrm{F}} \frac{\partial}{\partial x} v_n + \Delta(x) u_n \tag{9.35b}$$

を得る．ここで，$u_n(x)$，$v_n(x)$ は，ε_{F} から測ったエネルギー固有値が ε_n の規格化された固有関数である．また，エネルギー期待値の $\Delta(x)$ に関する停留条件から(9.11)式に対応するセルフコンシステント方程式，

$$\Delta(x) = -\pi v_{\mathrm{F}} \lambda \sum_n{}' \{v_n^*(x) u_n(x) + \mathrm{c.c.}\} \tag{9.36}$$

を得る．ただし，$\lambda = 4\alpha^2/\pi K t_0$，$\sum'$ は Fermi 準位までの(電子スピン状態も含めた)状態に関する和を表わす．このときの系のエネルギーは

$$E[\Delta(x)] = \sum_n{}' \varepsilon_n + \frac{1}{\pi v_{\mathrm{F}} \lambda} \int dx \Delta^2(x) \tag{9.37}$$

となる．右辺第1項が(8.21b)式の $E_{\mathrm{MF}}^{\mathrm{e}}$ に対応している．

基底2原子分子化状態については以上の式で $\Delta(x) = \Delta_0$ とすればよいが，その結果は9-1節a項の議論を再現する．たとえば，平衡値 Δ_0 は(9.13)式で因子 $4\varepsilon_{\mathrm{F}}$ を π 電子のバンド幅 W に読み変えればよい．物質定数の値として，$\alpha = 4.0\,\mathrm{eV/Å}$，$K = 21\,\mathrm{eV/Å^2}$，$t_0 = 2.5\,\mathrm{eV}$，$a = 1.22\,\mathrm{Å}$ を採用すれば，観測結果とほぼ一致する，$\Delta_0 \cong 0.7\,\mathrm{eV}$，$d \cong 0.04a$ を得る(このとき $\lambda \cong 0.38$)．

次に**ソリトン励起**を考える．セルフコンシステント方程式(9.35)，(9.36)を満たす，図9-19に対応するソリトン解は，

$$\Delta_{\mathrm{S}}(x) = \Delta_0 \tanh\left(\frac{x}{\xi_0}\right); \quad \xi_0 = \frac{v_{\mathrm{F}}}{\Delta_0} \tag{9.38}$$

で与えられる．これを確かめるため，まず，関数 $f_n^{\pm} \equiv u_n \pm iv_n$ を導入すると，上式の $\Delta_{\mathrm{S}}(x)$ を代入した(9.35)式から，$f_n^{\pm}$ に対する方程式

$$\left\{-v_{\mathrm{F}}^2 \frac{\partial^2}{\partial x^2} - n^{\pm} \Delta_0^2 \operatorname{sech}^2\left(\frac{x}{\xi_0}\right)\right\} f_n^{\pm} = (\varepsilon_n^2 - \Delta_0^2) f_n^{\pm} \tag{9.39}$$

が導かれる(ただし，$n^+ = 2$，$n^- = 0$)．f_n^+ の方程式は $-\operatorname{sech}^2(x)$ 型のポテンシャル中を運動する粒子に対する Schrödinger 方程式と等価であり，その固

有関数は超幾何関数で陽に書き下せることが知られている．ただし，ここでの問題では $\Delta_{\mathrm{S}}(-L/2)=-\Delta_{\mathrm{S}}(L/2)$ であるため（L は系のサイズ），$f_n^{\pm}$ に対して周期境界条件を満たすものと反周期境界条件を満たすものとを考えなければならない．その詳細には立ち入らないが，求められた固有関数を用いて(9.36)式の右辺を具体的に評価することができて，その結果は最初に仮定した(9.38)式の $\Delta_{\mathrm{S}}(x)$ と一致することが確かめられる．このときの基底2原子分子化状態から測ったエネルギーは，

$$E_{\mathrm{S}} \equiv E[\Delta_{\mathrm{S}}(x)]-E[\Delta_0] = \frac{2}{\pi}\Delta_0 \tag{9.40}$$

となる．(9.38)式からソリトンの幅は $2\xi_0$ となるが，上で与えた Δ_0 と t_0 の値を用いると，$\xi_0 \cong 7a$ と評価される．ソリトンの幅はCHユニットでほぼ14個分になっており，連続媒質近似の妥当性が確認される．

ソリトン解に伴われる固有関数 $f_n^{\pm}$ のなかで特に重要なのは，

$$f_0^{+}(x) = \xi_0^{-1/2}\,\mathrm{sech}\left(\frac{x}{\xi_0}\right) \tag{9.41}$$

で与えられる $\varepsilon_0=0$ の固有関数である．(9.39)式でいえば，$-\mathrm{sech}^2(x)$ 型のポテンシャル中に生じた束縛状態である．電子状態としてはPeierlsギャップの中央$(=\varepsilon_{\mathrm{F}})$に出現しており，**ミッドギャップ状態**とよばれる（図9-20）．また，$f_0^{+} \propto \partial\Delta_{\mathrm{S}}(x)/\partial x$ からわかるように f_0^{+} は $\Delta_{\mathrm{S}}(x)$ の並進モードでもあり，$\varepsilon_0=0$ となるのは $E[\Delta_{\mathrm{S}}(x)]$ がソリトンの中心の位置によらないことに他ならない．f_0^{+} 以外の超幾何関数で与えられる解 f_n^{+} は基本的には平面波解で，波数

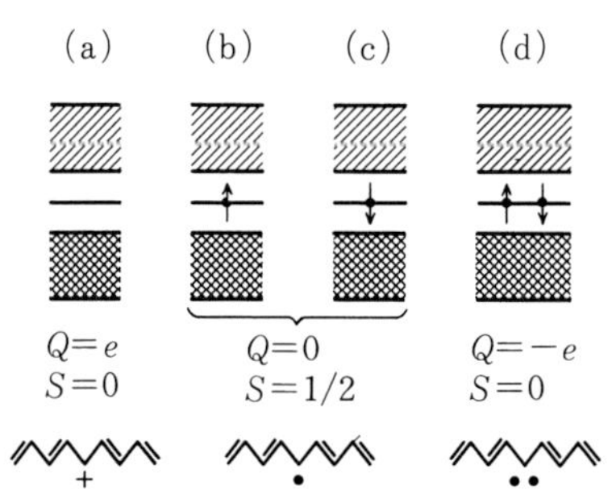

図9-20 荷電ソリトン(a,d)と中性ソリトン(b,c)の電子状態．価電子帯は満たされており，ミッドギャップ状態の電子の占有され方で，ソリトンの電荷，スピンが決まる．

$\tilde{k}$ で指定され，その固有値は $\varDelta(x)=\varDelta_0$ の場合と変わらないが，ソリトンに伴うポテンシャルの影響で位相のずれ $\delta_{\tilde{k}}$ が生じている．一般に，ポテンシャル散乱問題において粒子の状態数を調べると，束縛状態の数だけ散乱(平面)波状態が減ることが知られている．[位相のずれ δ_k がある解に周期境界条件 $kL-\delta_k=2\pi n$ (n は整数)を課し，許される k 値の数を数え上げればよい]．ここでの問題では，Peierls ギャップの上下の伝導電子帯と価電子帯とで状態数が 1/2 個減少し，1 個のミッドギャップ状態が形成されていることが $\delta_{\tilde{k}}$ の解析から確かめられる．

上の結果を踏まえると，CH イオンと π 電子との数に過不足がない，電気的に中性な系にソリトンが存在する場合，電子系の最低エネルギー状態は，スピン自由度を含めて，ミッドギャップ状態に 1 個と価電子帯のすべての状態が電子で占有された状態であることがわかる(図 9-20 b, c)．ミッドギャップ状態の 1 個の電子は不対電子であるから，この状態はスピン 1/2 を伴う．これが電荷 0，スピン 1/2 の**中性ソリトン**である．中性ソリトン状態から(に)電子を 1 個取り除く(加える)と図 9-20 a(d)の状態となる．スピン 0，電荷 $+e$ $(-e)$ の**荷電ソリトン**である．上で求めた固有関数を用いて荷電(中性)ソリトン状態の電荷(スピン)密度分布を評価すると，それらは(9.41)式の $f_0{}^+(x)$ の 2 乗に比例することが確かめられる．したがって，荷電(中性)ソリトンは素電荷 $\pm e$ (スピン 1/2)が，差渡しが $2\xi_0$ 程度に広がって分布している"粒子"であると見なせる．$f_0{}^+(x)$ がその状態関数ともいえるが，ソリトン励起状態は，(9.38)式の格子変位 $\varDelta_{\mathrm{S}}(x)$ にすべての電子がわずかずつ応答した結果 $\varDelta_{\mathrm{S}}(x)$ そのものも安定に保っている状態であり，電子-フォノン相互作用に起因した多体現象であることを強調しておく．

ソリトンを"粒子"とよぶためには，その有効質量 m_{S} を調べておく必要がある．m_{S} は，速さ v_{S} で進行するソリトン解 $\varDelta_{\mathrm{S}}(x-v_{\mathrm{S}}t)$ を(9.34)式に代入したときの，右辺最終項の運動エネルギーの増分が $m_{\mathrm{S}}v_{\mathrm{S}}{}^2/2$ であるとして定義される．これを具体的に評価すると，$m_{\mathrm{S}}=(4a/3\xi_0)(d/a)^2M\cong 6m$ となる．CH イオンの動きが伴われるのにもかかわらず m_{S} が電子質量と同じオーダーになるのは，2原子分子化状態でのもともとの変位 d が小さく，さらに，ソリトンに伴う d_l の変化がソリトン幅にわたってなだらかに生じているためである．

以上の考察から，$M=2$ の整合 CDW 状態における荷電ソリトンが，図 9-18 の実験結果がその存在を強く示唆する奇妙な“粒子”に対応することは明らかであろう．すなわち，不純物のドーピングによって CH 鎖に 1 個の電子が供給されたとすると，荷電ソリトンの生成エネルギーは(9.40)式で与えられるから，供給された電子は伝導電子帯に入るより(Δ_0 以上のエネルギー増を伴う)，荷電ソリトンを生成して電子自身はミッドギャップ状態に納まった方がエネルギー的に得である．したがって，不純物をドープすると，スピンを持たず，電子なみの有効質量を持つ荷電ソリトンが生成される．

SSH が最初に導いた上述のソリトン描像は，実は，ポリアセチレンにおけるソリトン研究の始まりであり，その後理論，実験両面から膨大な研究が進められた．たとえば光学実験では，ソリトンに伴われるミッドギャップ状態が関与する吸収スペクトルを検証したばかりでなく，光励起の直後(ほぼ 10^{-13} 秒のうちに)に起こる，荷電ソリトン生成の動的な過程なども詳しく解析され，理論とのよい一致が見られている．また，方程式(9.35)，(9.36)が持つポーラロンなどのソリトン以外の非線形励起，それらの非線形励起が存在するときのフォノン特性，さらに，非線形励起に対する電子間相互作用の効果などについて詳しく調べられている．このような研究によって，ポリアセチレンにおけるソリトン描像は現在ほぼ確立されたと言える．最近では，高濃度にドープされたポリアセチレンの物性が実は通常の金属特性では説明しきれないことも明らかにされ，ドーピング濃度の増加によって生じる絶縁体-金属転移の機構も含めて，詳しい研究が行なわれている．

次節に移る前に，9-1 節 c 項の宿題として残した**分数電荷**の問題に触れておこう．(9.41)式以下の議論で注意すべきは，電子スピンの 1 つの方向に限ると，ミッドギャップ状態を形成するのに価電子帯から 1/2 個の状態が取り去られている点である．スピン自由度 2 があるため，整合度 M が 2 のポリアセチレンではこの半整数の粒子数状態の結果として非整数電荷は生じなかったが，整合

度 M が 2 より大きい整合 CDW の励起としてあらわに分数電荷 $2e/M$ をもつソリトンの存在が期待される．実際，$M=3$ の整合 CDW のソリトンに関して，秩序変数の絶対値と位相を同等に取り扱う方法で電子状態を含めた詳しい解析がなされ，$2e/3$，$4e/3$ の分数電荷をもつ荷電ソリトンが導かれている．ただし，$M=3$ の整合 CDW をもつ適当な物質がないこともあって，実験的な検証はまだない．

9-4 CDW のスライディングと非線形電気伝導現象

9-1 節 b 項で述べたように，不純物などによるピン止め力を克服する大きさの電場をかけると CDW に集団的な並進運動が生じる．それに伴って出現する伝導現象は個々の電子(個別励起)によるものとは著しく異なっており，多体系としての擬 1 次元 CDW 物質が示す特徴的な物性として大変興味深い．これまでに膨大な研究がなされているが，本節では，その最も基本的な特性について考察する．

a) 非線形電気伝導と狭帯域ノイズ

$NbSe_3$(9-2 節 b 項)の CDW 状態における 1 次元軸方向の電気伝導度 σ の電場 E に対するプロットの一例を図 9-21 に示す．E が小さければ σ は E によらないが(通常の Ohm 則)，E があるしきい値 E_T を越えると σ は急激に増大し，

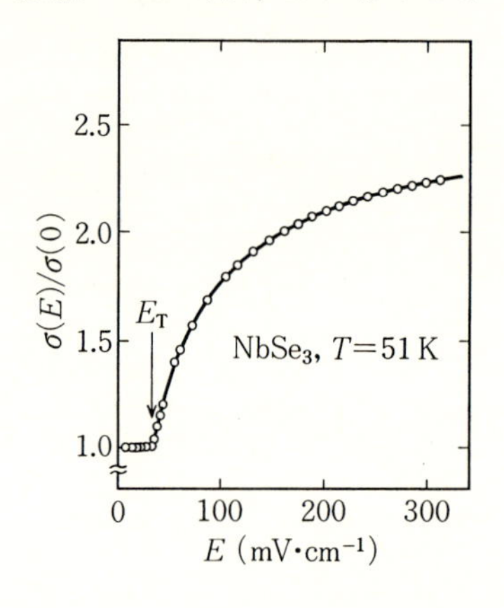

図 9-21 $NbSe_3$ の 1 次元軸方向の非線形電気伝導度 $\sigma(E)$．(M. Oda and M. Ido : Solid State Commun. **50**(1984)879)

新たな伝導機構が生じていることを示唆する．価電子帯の電子をPeierlsギャップの上の伝導帯に引き上げるために要する電場に比べてE_Tの大きさは2桁以上小さいから，新たな伝導機構をZenerトンネリング(電場による絶縁破壊)では説明できない．また，X線回折などの衛星反射の強度は同じ電場領域ではほとんどEによらないことが確かめられており，$E>E_T$の電場によってCDWが部分的に破壊され，その分だけ金属伝導が回復しているという考え方も当てはまらない．このような考察から，図9-21から示唆される新たな伝導機構は不純物などにピン止めされていたCDWがE_T以上の電場でスライディングを始めたものと解釈される．

$E>E_T$でCDWが集団的に並進運動していることをより直接的に示す実験事実が，図9-22に示した，電流のノイズスペクトルである．$E<E_T$では通常の周波数によらないノイズしか見られなかったのが，$E>E_T$の非線形伝導領域に入るとノイズ強度が全体的に底上げされ(**広帯域ノイズ**とよばれる)，その上に特定の振動数ν_{WB}とその高調波成分のところに鋭いピークが現われてくる．以下に見るようにこのピークは電流の規則的な変調によるものだが，**狭帯域ノイズ**とよばれている．図9-21から見積られる，E_T以上で流れる過剰電流部分をJ_{CDW}とすると，ν_{WB}はJ_{CDW}に比例して増大する．したがってJ_{CDW}の担い手の速さをv_{CDW}とすると，この担い手がある特定な距離l_0 ($=v_{CDW}/\nu_{WB}$)を進む間に加減速を行ない，それが周期的に反復されたものがノイズピ

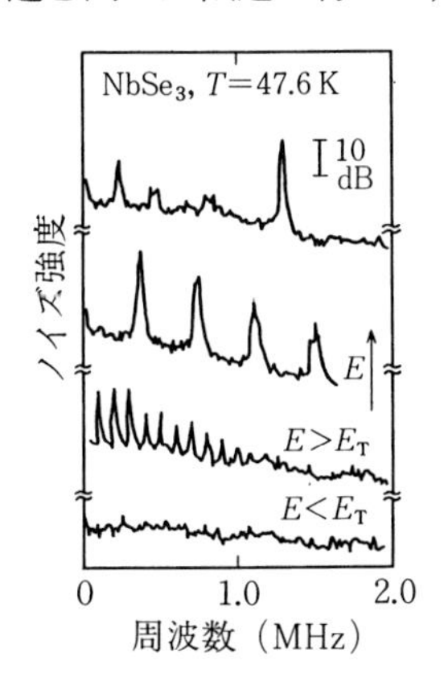

図9-22 $NbSe_3$のノイズスペクトル．(R.M. Fleming and C.C. Grimes: Phys. Rev. Lett. 42 (1979) 1423)

ークとして観測されていると考えられる．ここで重要なことは，J_{CDW} の担い手である電子が各々互いに相関なしに加減速の変調を受けているとすれば変調電流の位相が揃わず，その総和としての電流のノイズスペクトルにピーク構造が見られるとは考えられない．観測されている鋭いピークは J_{CDW} を担う多数の電子が互いに位相を揃えて運動していることを意味する．図 9-22 は狭帯域ノイズの最初の報告だが，その後の実験で，l_0 が CDW の波長 λ_{CDW} に一致することや，よい試料ほどピークが鋭くなることなどが確かめられている．

図 9-21, 22 に示されるような，あるしきい値電場以上で狭帯域ノイズを伴って出現する非線形電気伝導現象は CDW のスライディング(Fröhlich の伝導機構)の最も基本的な特性であり，$NbSe_3$ に限らず，他の MX_3 系や $K_{0.3}MoO_3$，さらに TTF-TCNQ などの擬 1 次元 CDW 物質に共通して観測されている．

b） 福山-Lee-Rice(FLR)模型と CDW のピン止め状態

CDW のスライディング現象における電場のエネルギーは，(9.18a)式の振幅励起のエネルギーに比べて十分小さいので，この現象は CDW の位相 ϕ の時間空間変化として記述できるものと考えられる．また，スライディング現象はもっぱら不整合 CDW 系で観測されているので，以下では，不純物によるピン止め効果のある不整合 CDW 系について考察する．不純物効果は，(9.1)式の電子-フォノン系の有効ハミルトニアン $\mathcal{H}_{\mathrm{e\text{-}p}}$ への付加項

$$\mathcal{H}_{\mathrm{imp}} = \int d\boldsymbol{r} \sum_i V_0(\boldsymbol{r}-\boldsymbol{R}_i)\rho(\boldsymbol{r}) \tag{9.42}$$

で記述される．ここで $\rho(\boldsymbol{r})$ は(8.12b)式，$V_0(\boldsymbol{r}-\boldsymbol{R}_i)$ は位置 $\boldsymbol{R}_i$ の不純物から電子が受けるポテンシャルで，以下簡単のため短距離(デルタ関数)型，$V_0(\boldsymbol{r}) = V_0\delta(\boldsymbol{r})$，とする．

位相 ϕ の有効ハミルトニアン($\mathcal{H}_{\mathrm{FLR}}$ で表わす)への $\mathcal{H}_{\mathrm{imp}}$ の寄与を不純物によるピン止めエネルギー($\mathcal{H}_{\mathrm{pin}}$)とよぶ．$\mathcal{H}_{\mathrm{pin}}$ は $\mathcal{H}_{\mathrm{imp}}$ に関する微視的な摂動論で正しく評価されるが，その最低次項は $\mathcal{H}_{\mathrm{pin}} \cong \langle \mathcal{H}_{\mathrm{imp}} \rangle$，すなわち，(9.42)式で単に $\rho(\boldsymbol{r})$ を CDW 状態での表式((9.2b)式)で置き換えたもので与えられる．この $\mathcal{H}_{\mathrm{pin}}$ を加えた位相 $\phi(\boldsymbol{r})$ に対する有効ハミルトニアン $\mathcal{H}_{\mathrm{FLR}}$ を，CDW 鎖

が横方向に弱く結合した3次元CDW系について書き下すと

$$\mathcal{H}_{\mathrm{FLR}}=\frac{e_0}{2}\int d\boldsymbol{r}\left\{\left(\frac{\pi}{e_0}\right)^2+v_{\mathrm{ph}}^2\left[\left(\frac{\partial\phi}{\partial x}\right)^2+\left(\frac{\xi_y}{\xi_x}\right)^2\left(\frac{\partial\phi}{\partial y}\right)^2+\left(\frac{\xi_z}{\xi_x}\right)^2\left(\frac{\partial\phi}{\partial z}\right)^2\right]\right.$$
$$\left.+\frac{4emv_{\mathrm{F}}E}{m^*}\phi\right\}+\rho_1 V_0\int d\boldsymbol{r}\sum_i\delta(\boldsymbol{r}-\boldsymbol{R}_i)\cos(Qx+\phi) \qquad (9.43)$$

となる．ただし，$\pi(\boldsymbol{r})$ は位相変数 $\phi(\boldsymbol{r})$ に共役な運動量であり($\dot{\phi}=\partial\mathcal{H}_{\mathrm{FLR}}/\partial\pi$)，また，1次元軸方向を x 軸にとった．最初の積分項は順に，CDWの並進運動エネルギー，変形に伴う弾性エネルギー($\mathcal{H}_{\mathrm{ele}}$ で表わす)，および，1次元軸方向にかけられた電場によるエネルギーからなる．エネルギー因子 e_0 は，1次元鎖の1本が占める有効断面積を s とすると，$e_0=v_{\mathrm{F}}/2\pi s v_{\mathrm{ph}}^2$ である．最終項は上述したピン止めエネルギー $\mathcal{H}_{\mathrm{pin}}$ である．$\mathcal{H}_{\mathrm{ele}}$ 項において，その第1項は(9.18b)式の右辺に対応し，v_{ph} は x 軸方向のFermi速度 v_{F} で決まる．残りの2項は1次元鎖に垂直な方向での ϕ の空間変化に伴われるエネルギーを表わす．$\xi_{x,y,z}$ は ϕ の各方向での相関の強さを示す相関長であり，たとえば，鎖間相関が電子の横方向へのトランスファーによるものである場合，$W_{x,y,z}$ を各方向のバンド幅とすると，$\xi_{y,z}^2\cong(W_{y,z}/W_x)\xi_x{}^2$ の関係がある．着目している擬1次元系では $W_{y,z}/W_x\ll 1$，したがって，$\xi_{y,z}/\xi_x\ll 1$ である．(9.43)式によるCDWの記述を**福山-Lee-Rice(FLR)模型**という．

まず，$E=0$ の下での $\phi(\boldsymbol{r})$ の安定配置を考えよう($\dot{\phi}=0$)．各不純物の位置でピン止めエネルギー $\mathcal{H}_{\mathrm{pin}}$ を最も得する ϕ の値を β_i とする($\rho_1 V_0>0$ ならば $\beta_i=Qx_i+(2n+1)\pi$)．β_i は不純物の位置ごとにばらばらな値をとる(波数 Q が不整合値である場合，β_i 値は0と 2π の間の一様分布)．すべての不純物サイトで $\phi(\boldsymbol{R}_i)=\beta_i$ を満たす配置は $\mathcal{H}_{\mathrm{pin}}$ を最も得するが，弾性エネルギー $\mathcal{H}_{\mathrm{ele}}$ を損している．この配置は $\mathcal{H}_{\mathrm{ele}}$ の損が相対的に無視できるほど $\mathcal{H}_{\mathrm{pin}}$ が強い系で実現されるものであり，**強いピン止め状態**とよばれる．

逆に，$\mathcal{H}_{\mathrm{pin}}$ が相対的に小さい場合，**弱いピン止め状態**とよばれる次のような安定配置が出現する．簡単のため1次元CDW鎖を考えよう．差渡し L_0 の有限領域で位相 ϕ がほぼ一定であるとする．不純物の(線)密度を n_{i} とすると，

この領域には $n_{\mathrm{i}}L_0$ 個程度の不純物が存在する．β_{i} がランダムであるため $\mathcal{H}_{\mathrm{pin}}$ の平均値はゼロとなるが，ゆらぎのオーダー($(n_{\mathrm{i}}L_0)^{1/2}$)まで考慮すると $\mathcal{H}_{\mathrm{pin}}$ を得するような ϕ の値が決められる．このような各領域での最適値を結ぶように ϕ が L_0 のスケールで徐々に空間変化する配置における単位長さ当たりのエネルギー $E[\phi]$ は，$\mathcal{H}_{\mathrm{ele}}$ の損($\partial\phi/\partial x \cong 1/L_0$ として評価)を含めて

$$E[\phi] = \langle \mathcal{H}_{\mathrm{ele}} + \mathcal{H}_{\mathrm{pin}} \rangle \cong \frac{v_{\mathrm{F}}}{4\pi {L_0}^2} - \rho_1 |V_0| \left(\frac{n_{\mathrm{i}}}{L_0}\right)^{1/2} \tag{9.44}$$

と見積れる．$E[\phi]$ を最小にする $L_0(\equiv \xi_x)$ が安定なピン止め配置を与える．同様な評価を 2,3 次元系に拡張することは容易で((9.43)式に長さのスケール変換，$y \to (\xi_y/\xi_x)y$, $z \to (\xi_z/\xi_x)z$，を導入して系を等方的なものに書き直すと考え易い)，結局，D 次元 CDW 系の弱いピン止め配置における 1 次元軸方向の ξ_x とエネルギー $E[\phi]$ は

$$\xi_x \cong (D\varepsilon_{\mathrm{i}})^{-2/(4-D)} (r_a n_{\mathrm{i}})^{-1/(4-D)} \tag{9.45a}$$

$$E[\phi] \cong -\left(1 - \frac{D}{4}\right) \frac{\rho_1 |V_0|}{r_a} (D\varepsilon_{\mathrm{i}})^{D/(4-D)} (r_a n_{\mathrm{i}})^{2/(4-D)} \tag{9.45b}$$

と求められる．ただし，$\varepsilon_{\mathrm{i}} = \pi s \rho_1 |V_0| / r_a v_{\mathrm{F}}$，$r_a$ は異方性の比 $r_a = \xi_y \xi_z / {\xi_x}^2$ である．ϕ が全く変形せず，$\mathcal{H}_{\mathrm{ele}}$ の損も $\mathcal{H}_{\mathrm{pin}}$ の得もない状態では $E[\phi]=0$ であるから，(9.45b)式は，$D<4$ の CDW 系では不純物がわずかでもあると CDW は 1 次元軸方向にスケール ξ_x で変形し，ピン止めされることを表わしている．逆にこの結果は，不純物によって CDW の位相の相関が ξ_x 程度で乱されることを意味しているわけで，ξ_x は **FLR 相関長**とよばれている．強いピン止めの場合の FLR 相関長は平均不純物間距離である．

CDW スライディングのしきい電場 E_{T} は，安定ピン止め状態のエネルギー $E[\phi]$ と電場によるエネルギーがほぼ等しくなる電場の値として見積られる．強いピン止めの場合 $E_{\mathrm{T}} \propto n_{\mathrm{i}}$，弱いピン止めの場合 $E_{\mathrm{T}} \propto {n_{\mathrm{i}}}^{2/(4-D)}$ となる．なお，大きさが $E<E_{\mathrm{T}}$ の電場であっても，それが交流電場であれば，ピン止め配置を中心とした CDW の集団的な振動が誘起される．図 9-14 の破線で示されている，測定周波数にきわめて敏感な交流抵抗率が観測されるのはこの理由による．

ここで，CDW のスライディングに固有な物理量，FLR 相関長 ξ_x としきい電場 E_{T} の大きさについて触れておこう．$NbSe_3$ の場合，衛星反射の線幅から ξ_x を直接見積るため最近行なわれた高分解能の X 線回折実験の例では，約 450 ppm の Ta をドープした試料の ξ_x の下限値は 2.0 μm であると報告されている．このような ξ_x を直接観測する実験はほとんどなく，また，E_{T} など種々の物理量の測定値は試料の作成の仕方によってかなりのばらつきがあるが，比較的よい結晶と考えられる $NbSe_3$ 試料に対しては，ξ_x は μm，E_{T} は 10 mV・cm^{-1} が標準的な大きさ(オーダー)と考えられている．ξ_x や E_{T} の大きさを(9.45)式から見積るのは難しい．精度よく知れている物理量は格子定数(図 9-13)くらいであり，異方性のパラメータをはじめとして精度のよい値が知れていない物理量が多いためである．ただし，それらの不確定性の範囲内で，(9.45)式から上記の ξ_x と E_{T} の大きさを導くことができ，不純物の少ない $NbSe_3$ の CDW は弱いピン止め領域にあるとする考え方と符号する．

以上の議論はピン止め状態にある CDW の振舞いを平均的に捉えたものだが，不純物配置(ランダム変数の組 $\{\beta_i\}$)が指定された 1 つの試料における $\phi(\boldsymbol{r})$ の安定配置は，たとえば(9.43)式に基づく数値解析で直接調べてみることができる．弱いピン止め状態の特徴はエネルギー $E[\phi]$ の局所的な最小状態(準安定状態)が多数存在する点にある．一般に，競合する相互作用が存在するランダム系は多数の準安定状態をもつことが知られているが，$\mathcal{H}_{\mathrm{ele}}$ と $\mathcal{H}_{\mathrm{pin}}$ とが競合する CDW の弱いピン止め状態もその典型の 1 つということである．細かな位相パターンの違いを実験的に直接見分ける手段はまだないが，多数の準安定状態の存在を示唆する現象として電場 E に対する電荷分極 P の振舞いがあげられる．すなわち，P-E 曲線は多様な履歴性を示し，また，電場 E を変化させた後，分極 P が変化後の E に対する平衡値に向かって緩和する過程 $\Delta P(t)$ は単純な指数関数型緩和ではなく，引き延ばされた指数関数型緩和($\Delta P(t)\propto\exp\{-(t/\tau)^n\}$；$0<n<1$，$\tau$ は特性緩和時間)になることなどが検証されている．後者は Kohlrausch 則ともよばれ，通常ガラスやスピングラスなどのランダム系において，多数の準安定状態間に存在する大小さまざまなエネ

ルギー障壁を越えながら系がある平衡状態に至る緩和過程としてよく知られているものである．CDW の弱いピン止め状態は**競合ランダム系**としての側面も備えていると言える．

c) 非線形電気伝導現象

電場 E がしきい値 E_{T} を越えると，ピン止め力はもはや CDW を支えきれず，CDW が動き出す(ディピンニング)．CDW のスライディング過程に対して相異なる2つの描像が提案されている．巨視的量子力学的トンネリング描像と古典力学的な連続媒質描像である．前者は Bardeen が提唱したもので，CDW のスライディングは Peierls ギャップより1桁以上小さいギャップを伴うピン止めポテンシャルの障壁を電子が量子力学的なトンネリングで通過し，しかもその際，CDW を構成する電子間の相関を失わない過程であるとする考え方である．CDW のスライディング現象を少数の物理変数で記述しようとする斬新な提案であるが，この描像では多様な現象を捉えきることはできず，現在では後者の連続媒質描像を用いて種々の観測結果が解析されている．

CDW を構成する電子とイオンはもちろん量子力学的な実体であるが，スライディングに関与する CDW の時間空間変化の特徴的なスケールは，たとえば弱いピン止め状態での相関長 ξ_x が μm のオーダーであるように，準巨視的であることから，(9.43)式の $\mathscr{H}_{\mathrm{FLR}}$ を古典力学的な変数 $\phi(\boldsymbol{r},t)$ に対するハミルトニアンと見なして CDW スライディングの諸性質を理解しようとするのが古典力学的な連続媒質描像である．この描像では，CDW はランダムな位置に引っかかり(ピン止め)のある(異方的な)弾性体と見なされる．具体的に，(9.43)式から導かれる $\phi(\boldsymbol{r},t)$ に対する運動方程式は

$$\ddot{\phi}+\gamma\dot{\phi}-v_{\mathrm{ph}}^2\nabla^2\phi+\varepsilon_{\mathrm{imp}}\sum_i\delta(\boldsymbol{r}-\boldsymbol{R}_i)\sin(Qx+\phi) = -\frac{2emv_{\mathrm{F}}}{m^*}E \quad (9.46)$$

となる($\varepsilon_{\mathrm{imp}}=\rho_1V_0/2e_0$)．ただし，左辺第2項は現象論的に導入した抵抗力で，また，相関長の異方性は先に触れた座標のスケール変換で消去してある．この運動方程式の解を(9.20a, b)式に代入すれば CDW の担う電荷密度と電流密度が計算される．

変数 ϕ の空間変化を無視し，$x=\phi/Q$ として 1 次元軸方向の運動だけ考えると，(9.46)式は

$$m^* \frac{d^2x}{dt^2}+\tilde{\gamma}\frac{dx}{dt}+\frac{dV}{dx}=-eE \tag{9.47}$$

となる．ただし，$\tilde{\gamma}=m^*\gamma$，また，$V(x)$ は有効ピン止めポテンシャルであり，$V(x+\lambda_{\mathrm{CDW}})=V(x)$ の周期性を持つものとする．CDW の**剛体模型**とよばれる，最も粗い近似であるが，交流伝導度 $\sigma_{\mathrm{CDW}}(\omega)$ などの実験結果との比較から，CDW スライディングは過制動運動，すなわち，(9.47)式で左辺第 2 項の抵抗力が第 1 項の慣性力より十分大きい状況での運動であることが知れる．たとえば，$\mathrm{NbSe_3}$ の CDW が 1 GHz の狭帯域ノイズを伴う並進運動をしている場合，$v_{\mathrm{CDW}}\cong 1.4\times 10^2\,\mathrm{cm\cdot sec^{-1}}$ であり，その運動エネルギーは(9.45b)式の $E[\phi]$ と比べて無視できるほど小さい．したがって(9.47)式は E に応じた傾きを持った洗濯板の上を転がる粒子の過制動運動を表わしており，図 9-23 から，粒子(CDW)を並進させるためのしきい値電場 E_{T} ($eE_{\mathrm{T}}=\mathrm{Max}(dV/dx)$) が存在すること，また，$E>E_{\mathrm{T}}$ の電場の下では粒子は周期的な速度変調を伴う並進運動をすることは明らかであろう．このように剛体模型は CDW スライディングの本質を突いていると言えるが，現象の詳細については不十分なことがすぐわかる．たとえば，(9.47)式から求められる CDW による伝導度 $\sigma_{\mathrm{CDW}}(E)$ は，ポテンシャル $V(x)$ が滑らかな連続周期関数であるかぎり，$\sigma_{\mathrm{CDW}}(E)\propto(E-E_{\mathrm{T}})^{1/2}$ となる．一方，実測される $\sigma_{\mathrm{CDW}}(E)$ のほとんどが $(E-E_{\mathrm{T}})^{1/2}$ より緩やかな立ち上がりを示しており(図 9-21, 24)，剛体模型の

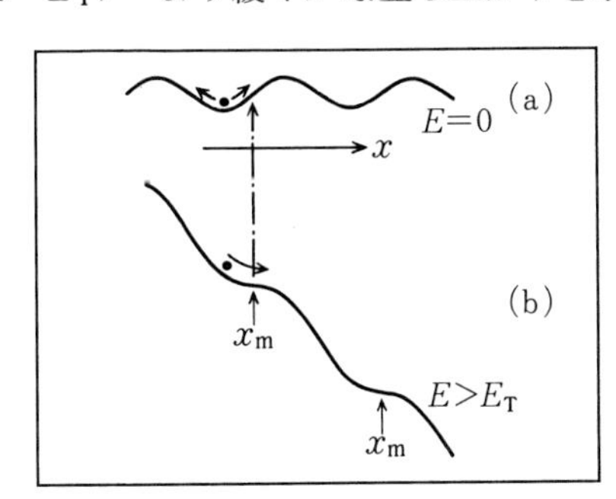

図 9-23 CDW の剛体模型．(a) $E=0$，(b) $E>E_{\mathrm{T}}$．x_{m} でピン止め力が最大であり，過制動運動において，v_{CDW} は x_{m} で最小となる．

結果と一致しない．

連続媒質模型，(9.46)式，で記述されるCDW並進運動は時間空間的に不均一になる．比較的ピン止めが弱い領域のCDWがほぼ等速で先行し，それに引きずられて比較的ピン止めが強い領域のCDWのピン止めがはずれ短時間で1波長λ_{CDW}分だけ進む，という具合いの運動を周期的に繰り返す．そのような運動が平均化された結果が$\sigma_{\mathrm{CDW}}(E)$であり，そのE依存性は，系の次元性や不純物ポテンシャルの強度$\varepsilon_{\mathrm{imp}}$および不純物濃度$n_{\mathrm{i}}$によって異なってくる．(9.46)式を数値的に解いて得られる$\sigma_{\mathrm{CDW}}(E)$のいくつかの例を図9-24に示す．その結果はすべて剛体模型の$\sigma_{\mathrm{CDW}}(E)$より小さい．CDWの変形が許される系では，並進するCDWが不純物と衝突した際，フェイゾンを生成または消滅すること(CDWの変形)によりその速度を減ずるためであり，ピン止めポテンシャルがCDWへの動摩擦力を強めていると理解される．なお，図9-24で示されているように，$\varepsilon_{\mathrm{imp}}$などのパラメータ値を適当に選べば実験結果に合う$\sigma_{\mathrm{CDW}}(E)$を再現できる．

次に狭帯域ノイズであるが，上述した，CDW並進に伴う局所的な周期運動

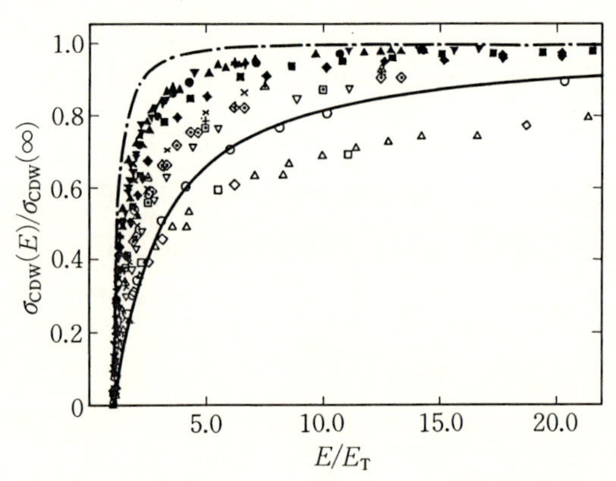

図9-24　FLR模型のCDWのスライディングに伴う非線形電気伝導度．実線は$NbSe_3$の実験結果，鎖線は$V(x)$が正弦関数の剛体模型の結果で，データ点は(9.46)式を数値的に解いた結果である．白抜きの点および×と＋は3次元系，塗りつぶされた点は1次元系，他は2次元系の結果である．シンボルの違いは$\varepsilon_{\mathrm{imp}}$と$n_{\mathrm{i}}$が異なる系を表わす．(H. Matsukawa : J. Phys. Soc. Jpn. **57**(1988)3463)

がどのくらいの範囲で同位相で生じているか，すなわち，平均的な CDW 速度を差し引いた，速度の変調成分の相関長 ξ_{v} が問題となる．(9.46)式に基づく速度相関関数の解析によると，$E \gtrsim E_{\mathrm{T}}$ で ξ_{v} は位相の静的な相関長 ξ_x の程度で，それよりは大きいが有限である．したがって，十分大きい試料においては狭帯域ノイズは均されてゼロであり，逆に，実測される狭帯域ノイズは有限サイズ効果ということになる．狭帯域ノイズの機構として電極近傍での渦糸(中心で CDW の振幅が消失している状態)の生成-消滅過程なども提案されているが，実験的には，有限サイズ効果を支持するデータが多く報告されている．一方，広帯域ノイズ(図 9-22)は(9.46)式からは導かれない．不純物の空間分布がランダムであるものの，時間発展方程式としての(9.46)式には確率的要素は全く含まれないためである．実験で観測されている広帯域ノイズを説明するためには(9.46)式に加えて，熱ゆらぎ効果と，弾性エネルギーの非線形性あるいは位相のスリップ過程(CDW の振幅が局所的に消失して，そこで位相の値が不連続に跳ぶ過程)などを考慮しなければならないと考えられる．

CDW の速度相関に関連して，$E=E_{\mathrm{T}}$ でのディピンニング過程が動的な相転移であるとする興味深い描像が提起されている．相関長 ξ_{v} が E_{T} に向かって発散し，E_{T} 直上では系全体の CDW がいっせいに等速度(無限小であるが)で運動を開始するという考え方であり，これを支持する，3 次元 FLR 模型に関する数値解析の結果や実験結果も報告されている．ただし，種々の CDW 物質の試料では E_{T} の値を精度よく決めること自体が容易でなく，ディピンニング過程がある種の普遍性を伴う動的な相転移現象であるかどうかはまだ確定されていない．

上の議論で現象論的に導入された抵抗力 $-\gamma\dot{\phi}$ についてコメントを加えておこう．抵抗力の起因の 1 つに CDW の誘電緩和とよばれる過程がある．CDW が変形あるいは並進すると，Coulomb 相互作用によって CDW に関与していない伝導帯の電子が CDW の変化に追随する．その際，伝導帯の電子の動きに対して固有の緩和過程が存在するため，結果的に CDW の運動に対する妨げになる．たとえば，$K_{0.3}MoO_3$ の非線形伝導度は，図 9-10 に示した線形伝導

度と同じ $\exp(-2\Delta_0/T)$ 型の温度依存性を示すが，これは誘電緩和の存在を端的に示す観測結果である．$NbSe_3$ の場合，誘電緩和の特性緩和時間は 10^{-6} sec 程度と見積られており，実際この過程によって低周波数領域の伝導現象が説明されている．ところが $NbSe_3$ の交流電気伝導度は GHz 程度まで CDW の応答が過制動の強制振動であることを示しており，τ^{-1} が数十 GHz の緩和過程の存在も示唆している．この速い方の緩和過程については，CDW と熱的に励起されたフェイゾンとの散乱機構などが提案されているが，定説はまだ確立していない．

最後に，CDW のスライディング現象が示すもう 1 つの興味深い側面，すなわち，多自由度の**非線形動力学系**としての側面について触れておきたい．$E>E_T$ の直流電場によって振動数 ν_{WB} の狭帯域ノイズが発生する．これは周期的なピン止めポテンシャルに起因する非線形振動である．この状態にさらに振動数 ν_{ex} の交流電場を加えてみる．2 つの振動とも線形振動であれば単純な重ね合わせ現象だけしか見られないが，狭帯域ノイズの非線形性から，2 つの振動の振動数が条件，$m\nu_{WB}=n\nu_{ex}$ (m, n は整数)を満たすとき強い干渉効果が現われる．その実験例を図 9-25 に示した．$NbSe_3$ に流すバイアス電流を変えてその微分抵抗を見たもので，$n=1$ と印された電流領域の微分抵抗値は，電流がゼロ近傍で CDW がピン止めされている領域の微分抵抗値と完全に一致している．この結果は，$n=1$ の電流領域では CDW の並進速度が $\nu_{WB}=\nu_{ex}$ で決まる値にロックされ，CDW が試料の微分抵抗に全く寄与していないことを意味する(交流電場がなければ，図 9-21 のように，$\nu_{WB}\propto J_{CDW}$ はバイアス電流の単調増加関数である)．図 9-25 には，$m=2$，$n=1$ のモードロッキングと，いくつかの m, n の組に対する $m\nu_{WB}=n\nu_{ex}$ での完全なロッキングには到らない干渉効果を反映した微分抵抗の異常(ピーク)も見えている．さらに，完全なロッキング領域では広帯域雑音が見えなくなり，狭帯域ノイズスペクトルの線幅が測定の分解能より小さくなる．速度の相関長 ξ_v が系のサイズに達していることを示唆している結果であり，CDW 系のモードロッキング現象は，上述した $E=E_T$ でのディピンニング過程と類似の動的協力現象と捉える見方も提

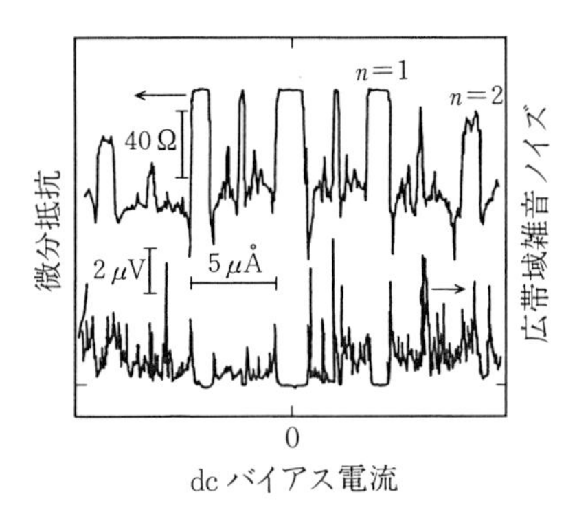

図 9-25 モードロッキング現象の観測例．$NbSe_3$の試料に対し，交流バイアス電流の振動数を2 MHzに固定し，直流バイアス電流を制御して微分抵抗(上の曲線)と低周波側の広帯域ノイズ強度(下の曲線)を測定した結果である．モードロッキング領域では広帯域ノイズが消えている．なお，試料での電流の担い手は伝導電子とCDWであるが，前者の伝導度はオーミックであるので，バイアス電流をバイアス電場に読み換えることは容易である．(M. S. Sherwin and A. Zettl: Phys. Rev. **B 32**(1985)5536)

案されている．

CDW系が多自由度の非線形動力学系であることは，(9.46)式において不純物のない領域の位相を積分して消去すれば，互いに相互作用を及ぼし合う，非線形振動子の集団に対する運動方程式が得られることからも明らかであろう．図9-25のモードロッキングの他に特定な実験条件下でカオス現象も観測されており，少数自由度の非線形動力学系との相違が興味深い．CDW系ではパルス幅記憶現象とよばれる，次のような観測例も報告されている．CDW系に矩型状の電流パルスを十分長い時間間隔を保って何度か反復して流すと，系があたかもパルス幅を覚えてしまったかのように，変調周期の整数倍が加えられたパルス幅にちょうど一致するようなCDWの電流波形を発生するようになる現象である．多自由度の非線形動力学系の多くは，与えられた条件の下で系が自らある特定の運動状態を見つけだす，自己組織化ダイナミックスとよばれる特性をもつことが最近明らかにされているが，CDW系のパルス幅記憶効果もその一例とする見方もあり，興味深い問題である．

10 スピン密度波(SDW)

SDW 状態は，電子間交換相互作用の働きが Fermi 面のネスティング効果で著しく増大される物質に生じる．本章では，SDW 状態の基本的な特性を CDW 状態に関する議論と対比させながら考察するとともに，具体的な物質群として，擬 1 次元有機導体 $(TMTSF)_2X$ と金属クロムおよびその合金系の 2 つを取り上げる．前者には，SDW の集団的な並進運動を含めた SDW の基本的な特性に加えて，長周期構造の周期が異なる SDW 状態が磁場の変化に伴って逐次誘起されるという，興味深い転移現象が見られる．後者は，Fermi 面のネスティング効果が主因と見なされる SDW が立方晶の金属において存在するという点でユニークな物質系である．

10-1 SDW の平均場理論

a) 1 次元 SDW 系の平均場理論(CDW 系との相違)

8-4, 8-5 節で見たように，SDW と CDW 状態はともに Fermi 面のネスティング効果によって出現する状態である．SDW 状態は，格子系とは直接関係なく，電子間交換相互作用が引き金となって電子系に生成される秩序状態であるが，ネスティングベクトルの方向だけ取り出した1次元模型に対する平均場理論の枠組みは，SDW と CDW の間で違いはほとんどない．SDW 状態の秩序変数は，すでに 8-4 節で導入した

$$\Delta \equiv -\frac{\bar{V}_Q}{2}\langle\sigma_Q\rangle \tag{10.1}$$

であり，一般に複素変数である．この$|\Delta|$の決定方程式は CDW のそれと全く同形，すなわち，(9.11)式で与えられる．ここで，σ_Qは(8.12c)式で定義されたスピン密度演算子の波数$Q(=2k_F)$成分であり，また，(9.12)式の無次元化された相互作用定数λは，SDW の場合，(8.20)式に登場した

$$\tilde{\lambda} = \frac{\bar{V}_Q}{2\pi v_F} = \bar{V}_Q N(0) \tag{10.2}$$

で置き換えられる($\bar{V}_Q$は(8.16)式の交換相互作用定数，また$N(0)$は Fermi 準位における1スピン自由度あたりの電子状態密度)．このようにΔとλを読み変えれば，ρ_Qをσ_Qとした(9.7)式や(9.13～15)式は SDW についてもそのまま成立する．金属-SDW 転移もまた，準粒子の Fermi 準位にエネルギーギャップ(**SDW ギャップ**とよばれる)を生じる金属-絶縁体転移であり，(9.2b)式に対応した，SDW 相におけるスピン密度は

$$\langle\sigma(x)\rangle = \sigma_1\cos(Qx+\phi) \tag{10.3}$$

と表わされる((9.2b)式のρ_1を用いて，$\sigma_1=\rho_1/e$)．

SDW の変形に伴う集団励起，特にフェイゾンについても，9-1 節 b 項の(9.21)式以下に述べたことが当てはまる．すなわち，秩序変数Δの位相ϕの空間変化と時間変化がそれぞれ電荷密度の変化と電流密度に対応し，$\Delta\rho_{CDW}$とj_{CDW}とを SDW の変形に伴う$\Delta\rho_{SDW}$とj_{SDW}とに読み替えた(9.20)式が成り立つ．CDW との違いは，SDW は格子系を引きずっていない点で，(9.22)式の左辺第2項は存在せず，SDW の有効質量はバンド電子の質量と変わらない．以上の結果は乱雑位相近似による微視的な議論から導かれるもので，SDW の変形に伴う振幅励起とフェイゾン励起の振動数は$m_+^*=m_-^*=m$，したがって，$v_{ph}=v_F$とした(9.18)式で与えられる(ただし，振幅励起の復元力に

相当する(9.18a)式の右辺第1項は$12|\Delta|^2$になる). SDWは$\langle\rho_{Q,\uparrow}\rangle$と$\langle\rho_{Q,\downarrow}\rangle$が逆位相で足し合わされた秩序相とはいえ，それぞれの$\langle\rho_{Q,\sigma}\rangle$を担う電子は電場に対して同じ方向に応答するから，SDWのスライディングはCDWの場合と同様に電荷を運ぶ．ただし，SDWのスライディングに対する不純物によるピン止めエネルギー$\mathcal{H}_{\rm pin}$は，スピンの方向に依存しない(9.42)式の不純物ポテンシャルの場合，$\mathcal{H}_{\rm imp}$の1次摂動項は$\langle\rho_{Q,\uparrow}\rangle$と$\langle\rho_{Q,\downarrow}\rangle$の寄与が相殺し，その2次摂動から生じる．以上の結果を用いて(9.46)式に対応する1次元スライディングSDWの運動方程式を書き下すと

$$\ddot{\phi}+\gamma\dot{\phi}-v_{\rm F}{}^2\frac{\partial^2\phi}{\partial x^2}+\tilde{\varepsilon}_{\rm imp}\sum_i\delta(x-R_i)\sin[2(Qx+\phi)] = -2ev_{\rm F}E \tag{10.4}$$

となる．ただし，$\tilde{\varepsilon}_{\rm imp}=(2\pi N(0)V_0)^2|\Delta|\tanh(|\Delta|/2T)$である．

SDWとCDWとが類似した側面を強調し，その中での相違を述べてきたが，SDWがCDWと基本的に異なる点として，スピン密度はベクトル量，電荷密度はスカラー量の違いがあり，SDW状態の集団励起には上述のSDWの変形に加えて，スピン密度の横方向の自由度に起因するスピン波励起も存在する．電子スピンの反転演算子の波数$Q+q$成分，$\sum_k a^\dagger_{k+(Q/2)+q\uparrow(\downarrow)}a_{k-(Q/2)\downarrow(\uparrow)}$，の解析から，スピン波励起にも2つのモードが存在し，それらの$|q|\ll Q$での分散関係は上述した振幅励起とフェイゾンのものに一致することが確かめられている．

b) バンド電子の擬1次元性と磁場誘起SDW

次節で見るように，SDW状態が出現する擬1次元有機導体$(\mathrm{TMTSF})_2\mathrm{X}$においては，バンド電子の，1次元性からのずれという意味での2次元性が比較的強いため，Fermi面のネスティング効果が劣化し，SDWの形成が抑制される傾向にある．この系に磁場をかけると，磁場は電子系の1次元性を回復する働きをし，ゼロ磁場中では出現しなかったSDWがある大きさ以上の磁場で誘起される場合がある．磁場誘起SDWとよばれる現象である．このような擬1次元性効果を取り込んだSDWの平均場理論をここで見ておこう．

Fermiエネルギーμから測ったバンド電子のエネルギー$\varepsilon_{\boldsymbol{k}}$が

$$\varepsilon_{\boldsymbol{k}} = -2t_a\cos(ak_x) - 2t_b\cos(bk_y) - \mu \tag{10.5}$$

で与えられる2次元バンド電子系を考える．右辺第1項が1次元(x)軸方向の電子遷移 t_a によるエネルギーで，(9.32)式に対応している．第2項の y 方向の電子遷移 t_b がここで着目する2次元性を表わす(a, b は x, y 方向の格子定数)．擬1次元物質を考えているから，$t_a \gg t_b > 0$ である．$t_b = 0$ の場合の Fermi 波数を k_{F} とする($2t_a\cos x_{\mathrm{F}} + \mu = 0$；$x_{\mathrm{F}} \equiv ak_{\mathrm{F}}$)．$t_b \neq 0$ の系では x 方向の Fermi 波数 $k_x{}^{\mathrm{F}}$ は k_y の関数となり，t_b に関して展開すると

$$k_x{}^{\mathrm{F}} = \pm\left\{k_{\mathrm{F}} + \frac{2t_b}{v_{\mathrm{F}}}\cos(bk_y) - \frac{\varepsilon_0}{v_{\mathrm{F}}}[\cos(2bk_y)+1] + \cdots\right\} \tag{10.6}$$

で与えられる．ただし，$v_{\mathrm{F}} = 2at_a\sin x_{\mathrm{F}}$，$\varepsilon_0 = t_b{}^2\cos x_{\mathrm{F}}/2t_a\sin^2 x_{\mathrm{F}}$ である．(10.6)式の t_b の1次まで考慮したときの Fermi 面は，$t_b = 0$ の場合の平行平面に正弦関数が重なったものになる(図10-1の実線)．高次項を含めるとさらに高調波成分が加わる(図10-1の破線)．いずれの Fermi 面も $t_a \gg t_b$ を反映して，1つの Brillouin 領域では閉曲面とはならない．このような Fermi 面を**開いた Fermi 面**という．

さて，$\varepsilon_{\boldsymbol{k}}$ が(10.5)式で与えられるバンド電子系に電子間交換相互作用が加わり，図10-1に示した波数ベクトル $\boldsymbol{Q}_0 = (2k_{\mathrm{F}}, \pi/b)$ をもつ SDW が生成されるとしよう．この SDW による周期ポテンシャルは，$\boldsymbol{Q}_0$ で結ばれる2つの電子状態，$(\tilde{k}_x + k_{\mathrm{F}}, k_y)$ と $(\tilde{k}_x - k_{\mathrm{F}}, k_y - \pi/b)$ との間に働く．そこで8-3節の議論に従って，(8.6)式の $E_{\tilde{k}}{}^{(\pm)}$ に対応する SDW 状態での準粒子エネルギー

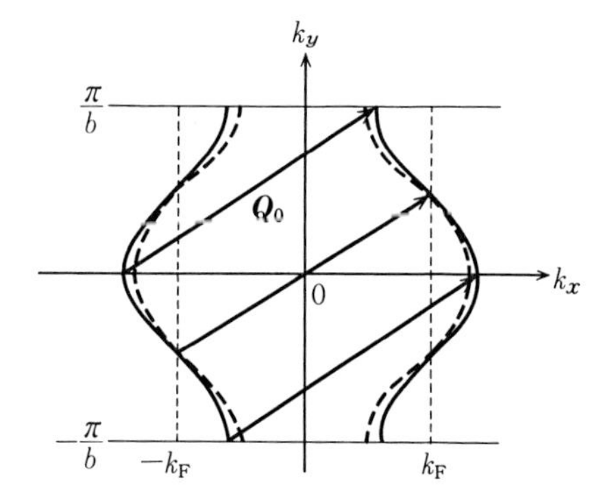

図10-1　2次元バンド電子系((10.5)式)の Fermi 面と最適なネスティングベクトル $\boldsymbol{Q}_0$．実線は t_b の1次項まで考慮したもので，この場合，$\boldsymbol{Q}_0$ によるネスティングは全域で完全である．破線は t_b の2次項を取り込んだ Fermi 面で，$\boldsymbol{Q}_0$ によるネスティングにミスフィットが生じている．

$E_{\boldsymbol{k}}{}^{(\pm)} \equiv E^{(\pm)}(\tilde{k}_x, k_y)$を求めると，$|\tilde{k}_x| \ll k_{\mathrm{F}}$ の Fermi 面近傍では，

$$E^{(\pm)}(\tilde{k}_x, k_y) \cong a^2 t_a \cos(x_{\mathrm{F}}) \tilde{k}_x^2 \pm \{[v_{\mathrm{F}} \tilde{k}_x - 2t_b \cos(bk_y)]^2 + \varDelta^2\}^{1/2} \quad (10.7)$$

で与えられる($\varDelta = |\varDelta|$とした)．特に Fermi 面直上では，(10.6)式から

$$E^{(\pm)}(\tilde{k}_x{}^{\mathrm{F}}, k_y) \cong \varepsilon_0 \{\cos(2bk_y) + 1\} \pm \varDelta \quad (10.8)$$

となる．t_b の1次の範囲($\varepsilon_0 = 0$)では，(10.8)式は k_y によらず，$t_b = 0$ の場合と同じ SDW ギャップ $2\varDelta$を与える．これは，t_b の1次摂動で Fermi 面に2次元性が現われているものの(図 10-1 の実線)，$\boldsymbol{Q}_0$ がこの Fermi 面全域に対して完全なネスティングベクトルになっていることに対応している．

2次元性 t_b の2次摂動項である(10.8)式の第1項を考慮すると，SDW ギャップの下側のエネルギー $E^{(-)}(\tilde{k}_x{}^{\mathrm{F}}, k_y)$ は $-\varDelta$ より $\varepsilon_0\{\cos(2bk_y)+1\}$ だけ高くなっている．t_b の2次まで考慮した Fermi 面(図 10-1 の破線)に対しては，$\boldsymbol{Q}_0$ によるネスティングが不完全であることを反映している結果であり，SDW 形成に伴う電子系のエネルギー利得の減少につながる．一般に，電子遷移の多次元性のため Fermi 面のネスティングが不完全な系の SDW については，SDW 形成に伴うエネルギー利得を最大にするような波数ベクトル $\boldsymbol{Q}$ を探さなければならない．これを最適なネスティングベクトルという．いま考察している(10.5)式の $\varepsilon_{\boldsymbol{k}}$ をもつ系では上述の $\boldsymbol{Q}_0$ が最適なネスティングベクトルになっている．この $\boldsymbol{Q}_0$ に対して，(8.21b)式に対応した SDW 基底状態の凝縮エネルギー，$E_{\mathrm{SDW}} - E_0^{\mathrm{e}}$，を t_b の関数として評価すると図 10-2 が得られる．t_b の増大とともに Fermi 面のネスティングが劣化し，t_b がある臨界値 $t_{b,\mathrm{cr}}$ を越えるともはや波数 $\boldsymbol{Q}_0$ の SDW 状態より金属状態が安定になる．ちなみに，

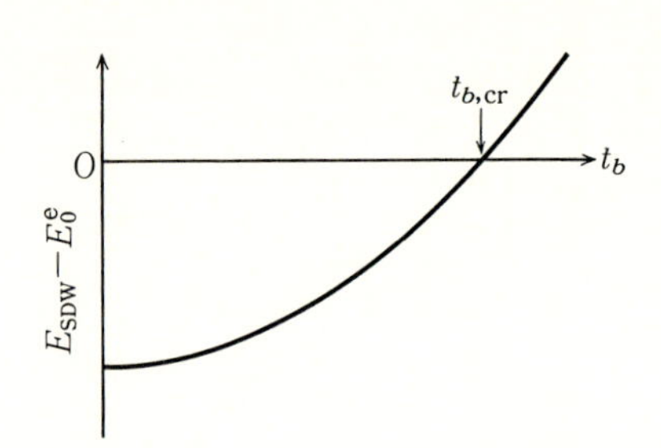

図 10-2 SDW 状態と金属状態のエネルギー差の t_b 依存性の模式図．(K. Yamaji : J. Phys. Soc. Jpn. **51**(1983)2787)

$t_b > t_{b,\mathrm{cr}}$ の系の SDW 状態では，$E^{(-)}(\tilde{k}_x, k_y)$ の最大値が $E^{(+)}(\tilde{k}_x, k_y)$ の最小値より大きくなっている．

次に，(10.5)式の2次元バンド電子系に，xy 面に垂直な方向の磁場 H をかけた場合を考えよう．磁場 H の下でのバンド電子の運動方程式は

$$\frac{dk_x}{dt} = -\frac{eH}{c}v_y = -\frac{2eH}{c}bt_b\sin(bk_y) \tag{10.9a}$$

$$\frac{dk_y}{dt} = \frac{eH}{c}v_x = \frac{2eH}{c}at_a\sin(ak_x) \tag{10.9b}$$

で与えられる(c は光速度)．バンド電子は上式に従って k_x-k_y 面内にエネルギー一定の軌跡を描くわけだが，図 10-1 のような開いた Fermi 面をもつ擬1次元導体では，k_x は有限な平均値を中心に周期的な変動を示すのに対して，k_y は(逆格子ベクトルの整数倍を差し引いて)平均値0を中心に周期的な変動を示す．これを実空間でみれば，図 10-3 に示すように，x 方向に進むジグザグ運動となる．このジグザグ運動の振動数 ω_c と振幅 w を，Fermi 面近傍のバンド電子について評価すると，$\omega_\mathrm{c} = eHv_\mathrm{F}b/c$，$w = 4t_b b/\omega_\mathrm{c}$ を得る．H に反比例して w が小さくなり，電子の運動は x 軸方向に制約される．開いた Fermi 面をもつ擬1次元導体では，磁場によって電子系の1次元性が回復され，SDW ができやすくなると期待される．

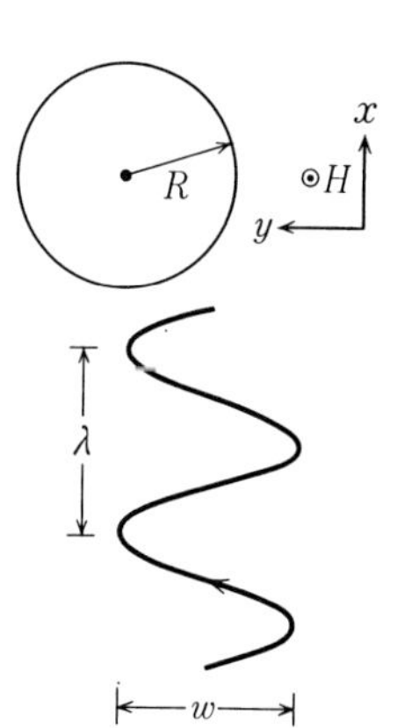

図 10-3 磁場中で，$\boldsymbol{k}$ 空間の開いた Fermi 面上を運動するバンド電子の実空間での軌跡．円は通常の Landau(閉)軌道．(P. M. Chaikin and R. L. Greene : Phys. Today **39**(May 1986) 24)

上述の古典論的考察は磁場誘起のSDWが起こり得ることの直感的な説明とはなるが，量子論的に見ると事情はもう少し複雑である．本巻5章に詳述されているように，一般に，磁場中の2次元(バンド)電子は量子化されたLandau軌道(準位)を占める．$\boldsymbol{k}$ 空間で閉軌道をとる場合，閉軌道の面積 S_k は

$$S_k = \frac{2\pi eH}{c}\left(n+\frac{1}{2}\right) \qquad (n=0,1,2,\cdots) \tag{10.10}$$

で与えられるものだけが許され，各Landau軌道には $\zeta = NabeH/2\pi c$ 個の電子状態が縮重している(N は単位面積当りの結晶格子点の数)．(10.5)式の擬1次元系の金属状態においては，かなりの強さの磁場をかけないと離散的なLandau準位を反映した，Shubnikov-de Haas振動とよばれる現象は観測されない．ところがそのSDW状態では，(10.7)式のように，SDWギャップを伴う準粒子エネルギー $E_{\boldsymbol{k}}{}^{(\pm)}$ にはFermi面近傍で微細な $\boldsymbol{k}$ 依存性があるため，小さな S_k をもった閉軌道が出現し得る．その一例が図10-4で，(10.5)式の t_b が $t_{b,\mathrm{cr}}$ より大きな系の磁場中SDW状態におけるLandau準位を示した．ここで問題になるのは，ゼロ磁場中ではエネルギー値がある幅に分布していた ζ 個の電子状態が，磁場中で1つのLandau準位に縮重する，という変化に伴う電子系のエネルギーの損得勘定である．磁場をかけたことによるエネルギー利得が大きく，そのエネルギー $E_{\mathrm{SDW}}(H)$ が金属状態のエネルギー $E_0^{\mathrm{e}}(H)$ より低ければ，$E_{\mathrm{SDW}}(H=0) > E_0^{\mathrm{e}}$ であるような $t_b > t_{b,\mathrm{cr}}$ の系においても，磁場 H 中でSDW状態が出現する．これが**磁場誘起SDW**である．

磁場誘起SDWのエネルギー $E_{\mathrm{SDW}}(H)$ は，磁場中の2次元バンド電子系に対する正確な量子論に基づいた平均場理論で評価され，磁場誘起の**逐次SDW転移**とよばれる，以下のような興味深い結果が導かれている(詳細は巻末文献を参照されたい)．図10-4に示したように，$t_b > t_{b,\mathrm{cr}}$ の系ではSDWギャップの上のバンド $E^{(+)}(\tilde{k}_x, k_y)$ の最小値が下のバンド $E^{(-)}(\tilde{k}_x, k_y)$ の最大値より低くなり，磁場をかけた場合には，上のバンドから構成されるLandau準位のいくつかが電子で占有される．その数を N_{QL} とする．このような状況で $E_{\mathrm{SDW}}(H)$ の変分計算を行なうと，最適なネスティングベクトルは上記の $\boldsymbol{Q}_0$

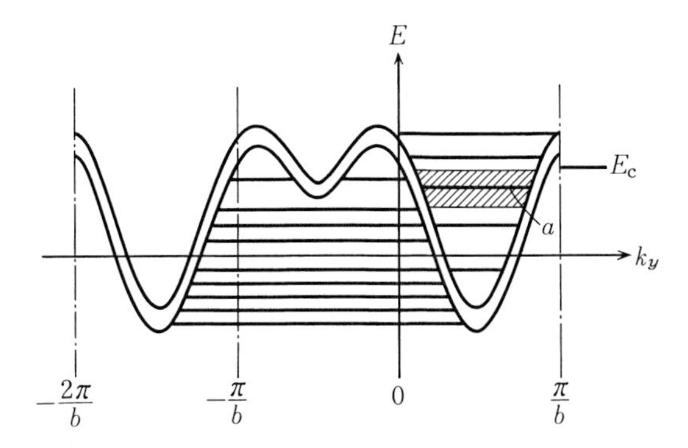

図 10-4 $t_b > t_{b,\mathrm{cr}}$ の系の磁場中SDW状態におけるLandau準位．$H=0$ では，$E^{(-)}(\tilde{k}_x, k_y)$ の上端と $E^{(+)}(\tilde{k}_x, k_y)$ の下端が図の2曲線で与えられ，$E \leqq E_\mathrm{c}$ の状態が電子で占有されているとする．磁場中ではこれらの電子が離散的なLandau準位(横線)に収まる．図は $E^{(+)}(\tilde{k}_x, k_y)$ のバンドから構成される3($=N_\mathrm{QL}$)個のLandau準位が電子で占有されている例を示す．各Landau準位(たとえば準位 a)には，$H=0$ のときに斜線部のエネルギーを持った ζ 個の準粒子状態が縮重している．(K. Yamaji : Synth. Metals **13**(1986)29)

からずれ，その x 成分 Q_x が，

$$Q_x = 2k_\mathrm{F} - \frac{beH}{c} N_\mathrm{QL} \tag{10.11}$$

を満たすところで $E_\mathrm{SDW}(H)$ は局所的に最小となる．さらに，磁場中の金属状態も含めて，どの N_QL をもつSDW状態が基底状態になるかを調べると，図10-5(a)のような H-t_b 面での相図が得られる．図の整数はその H-t_b 領域で最小の $E_\mathrm{SDW}(H)$ を与える N_QL である．図10-5(a)はある t_b 値をもつ系に対して，磁場 H の変化に伴う次のような転移を示唆する．H をゼロから増大させていってある臨界値 H_c に達すると，ある N_QL 値を持つSDWが初めて誘起される(ここでの平均場理論では臨界磁場 H_c と対応する N_QL 値は評価できていない)．H_c を越えて H をさらに増大させていくと，図10-5(a)の実線とクロスするたびに N_QL が1だけ小さいSDW状態の方がエネルギー的に安定になり，そこで Q_x の値に不連続なとびを伴う1次相転移が生じる(図10-5(b))．対応して，$-\partial E_\mathrm{SDW}/\partial H$ で評価される一様磁化など，種々の物理量が不連続な

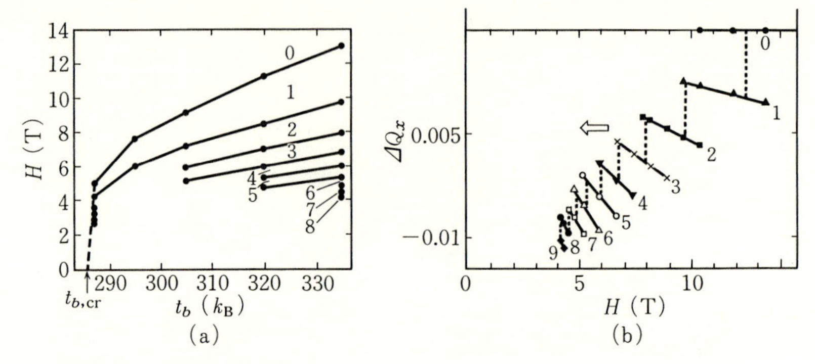

図 10-5 磁場誘起 SDW の, (a) H-t_b 相図と, (b) ネスティングベクトルの x 成分 Q_x の H 依存性. 有機導体 $(\mathrm{TMTSF})_2\mathrm{PF}_6$ を想定して(10-2 節 c 項参照)各パラメータの値を, t_a は温度に換算して $t_a=2843$ K, 相互作用定数は, $t_b=0, H=0$ の Q_0-SDW 状態への転移温度が 11.5 K になるように設定した系に対する理論結果で(このとき $t_{b,\mathrm{cr}}=285.6$ K), 曲線で囲まれた各 H-t_b 領域で最小の $E_{\mathrm{SDW}}(H)$ を与える N_{QL} 値が示されている. (b)図は $t_b=335$ K の系について, $\Delta Q_x \equiv Q_x/2k_{\mathrm{F}}-1$ を H についてプロットしたもので, 破線が逐次 1 次相転移を示す. (K. Yamaji : Synth. Metals **13**(1986)29)

変化を示す. このような逐次相転移が擬 1 次元有機導体 $(\mathrm{TMTSF})_2\mathrm{X}$ で実際に観測されている(10-2 節).

c) 秩序状態の競合(g-オロジー)

これまで, CDW については電子-フォノン相互作用, SDW については電子間交換相互作用を考え, 両秩序状態の性質を見てきたが, 2 つの相互作用が拮抗しているような物質においては CDW 形成と SDW 形成とが競合し, 圧力などの変化によって系の相互作用定数を変えると, 2 つの秩序状態間の転移が起ることも期待される. 現実の擬 1 次元導体では, BCS 型の電子間引力相互作用による超伝導状態が秩序状態の競合におけるもう 1 つの主役として登場する. このような競合問題に関する一般論として, 1 次元電子系に対する, g-オロジー(g-ology)とよばれる議論がある. 平均場理論を越えるものだが, ここで見ておくことにする.

1 次元電子系において, (8.15a)式のタイプの電子間有効相互作用を, $Q=2k_{\mathrm{F}}$ として, 2 電子間で大きさが Q 程度の波数をやり取りする相互作用(散乱過程としてみれば後方散乱)と，Q に比べて十分小さな波数しかやり取りしない相互作用(前方散乱)とに分けて考える．簡単のため，相互作用は電子スピンの向きによらないとし，2つの相互作用の定数をそれぞれ g_1, g_2 とする．たとえば，$g_1>0$, $g_2=0$ が SDW 形成で考えた交換相互作用系，$g_1=0$, $g_2<0$ が BCS 型の超伝導体に対応する．また，この記述では電子-フォノン相互作用の替わりに $g_1<0$ の相互作用によって CDW が出現すると考える．純1次元系では，相互作用が存在すると金属状態は安定でなく，一方，有限温度で安定な秩序相は存在しないから，たとえば(8.18)式の $\chi_{\boldsymbol{q}}^{M}$ のような，秩序形成に関連する系の応答係数が $T=0$ で発散する．定数 g_1, g_2 を変数にとって，この発散の強さを平均場近似を越えた，より正確な議論を用いて評価し，$T=0$ における秩序相を決めようというのが ***g*-オロジー**であり，図 10-6 の相図がその結果である．図中の SS と TS は，Cooper 対をなす2電子の合成スピンが0と1の singlet 超伝導状態と triplet 超伝導状態を意味する．この相図から，$g_2<0$ の領域でも，g_1 の符号によって SS 状態と TS 状態とが出現すること，あるいは，$2g_2>g_1$ であれば SS 状態ではなく CDW 状態が基底状態となることなどが読み取れる．現実の擬1次元導体における秩序状態の競合問題については，圧力などの変化と g_1, g_2 の変化との関係や鎖間相互作用の役割など，物質系に応じた各論が必要となるが，g-オロジーはそのような議論のための基礎的な情報を与えている．

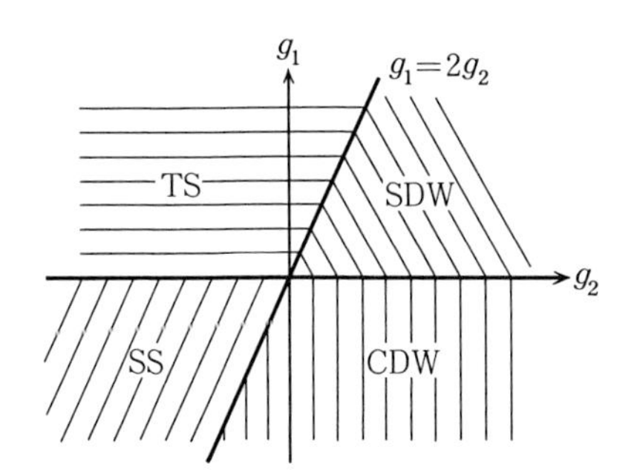

図 10-6 g-オロジーによる1次元電子系の基底状態に対する g_1-g_2 相図．(J. Solyom : Adv. Phys. **28**(1979)201)

10-2 擬1次元有機導体$(TMTSF)_2X$のSDW現象

a) 金属-SDW転移

酸化物高温超伝導体が発見される以前から，高温超伝導の期待が込められた低次元有機導体がいろいろ合成され，その物性が詳しく調べられている．CDW状態が検証されたTTF-TCNQもその一例である．SDW状態が出現する有機電荷移動錯体の代表が$(TMTSF)_2X$である．TMTSF(bistetramethyl-tetraselenafulvalene)は図10-7(a)の構造式をもった平板状の電子供与体分子であり，XはPF_6, AsF_6, ClO_4, NO_3, SbF_6など，結晶中で1価の陰イオンになる電子受容体分子である．最初に合成した人の名をとってBechgaard塩とよばれる$(TMTSF)_2X$の結晶構造を図10-7(b)に示す．a軸方向にTMTSFが積み重なった擬1次元構造をもつ三斜晶系の結晶であり，電気伝導度などから

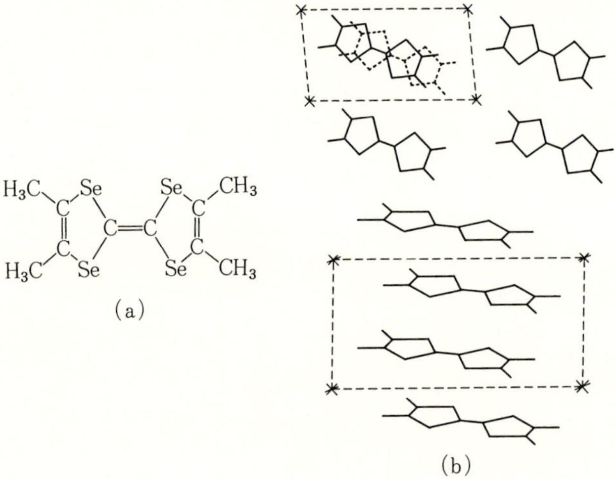

(a)

(b)

図10-7 (a) TMTSFの分子構造と，(b) $(TMTSF)_2X$の結晶構造．図(b)の上段はa軸方向から，下段はb軸方向から見た図で，クロスは電子受容分子X，破線は単位格子を表わす．(K. Bechgaard, C. S. Jacobsen, K. Mortensen, H. J. Pedersen and N. Thorup : Solid State Commun. **33**(1980)1119)

電子遷移の異方性は$t_a : t_b : t_c \cong 1 : 0.1 : 0.01$程度と見積られている．なお，以下では簡単のため，結晶を斜方晶と見なし，a, b軸を10-1節のx, y軸に対応付けて議論を進める．

$(TMTSF)_2X$の電気抵抗の温度変化を図10-8に示す．$(TMTSF)_2PF_6$では，高温側から温度の低下とともに単調に減少してきた電気抵抗が約18 Kで最小となり，その後急激に増大に転じており，そこで金属-絶縁体転移が生じていると考えられる．この転移がCDW転移である可能性は，X線などの回折実験で格子の長周期構造を示す衛星反射が観測されないことから否定される．一方，図10-9は$(TMTSF)_2AsF_6$のスピン磁化率の測定結果である．高温側で等方的であった磁化率が，転移温度以下でb軸方向の磁化率だけ急激な減少を示している．これは磁化ベクトルがb軸方向に向いた反強磁性的な磁化秩序の出現を強く示唆する．その秩序がFermi面のネスティング効果が主因のSDWであることはまずNMR実験で示された．TMTSF中のメチル基の

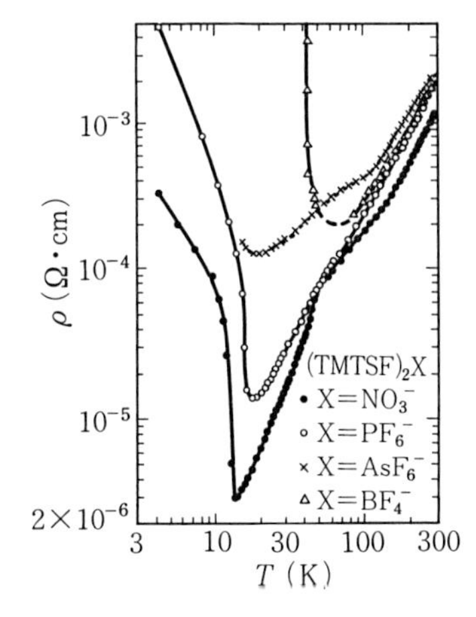

図10-8　$(TMTSF)_2X$のa軸方向の電気抵抗率ρの温度変化．(K. Bechgaard, C.S. Jacobsen, K. Mortensen, H.J. Pedersen and N. Thorup : Solid State Commun. **33**(1980)1119)

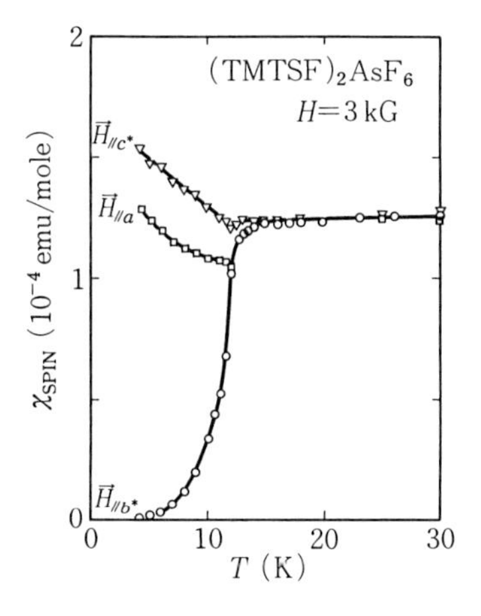

図10-9　異なる方向の磁場に対する$(TMTSF)_2AsF_6$のスピン磁化率χ_{SPIN}の温度変化．(K. Mortensen, Y. Tomkiewicz and K. Bechgaard: Phys. Rev. **B25** (1982)3319)

プロトンに働く磁場のうち，双極子場が周囲のスピン密度の配置に敏感に依存する点を利用したもので，NMR スペクトルの解析から，$(\mathrm{TMTSF})_2\mathrm{PF}_6$ の低温($T=4.2\,\mathrm{K}$)で，逆格子ベクトルを単位にして計った波数ベクトルが $\boldsymbol{Q}\cong(0.5, 0.24, -0.06)$，磁化の変調強度が約 $0.08\mu_B$ の SDW が検証されている．この $\boldsymbol{Q}$ は，(10.5)式を精密化した，$(\mathrm{TMTSF})_2\mathrm{X}$ に対するバンド計算から期待される最適なネスティングベクトルにほぼ一致している(1 個の電子受容体 X が 2 個の TMTSF から電子 1 個を受け取る勘定から，Q_a は $Q_a=2k_\mathrm{F}=0.5$ の整合値をとる)．

$(\mathrm{TMTSF})_2\mathrm{X}$ には陰イオン X^- の配列の仕方に関する転移も存在する．対称性の高い 8 面体構造の $\mathrm{X}=\mathrm{PF}_6, \mathrm{AsF}_6$ ではこの転移は生じないが，たとえば 4 面体構造の $\mathrm{X}=\mathrm{ClO}_4$ では $T_\mathrm{AO}\cong24\,\mathrm{K}$ 以下で b 軸方向に見たときの 4 面体の向きが交互に変わっている秩序構造が出現し，これが電子系の性質に影響を及ぼす．ただし，この陰イオン秩序は試料をゆっくり冷却した場合にのみ起るので，同じ試料でも徐冷したか急冷したかで低温の性質が異なる場合がある．以下では，特に断わらないかぎり，徐冷した試料の性質を述べる．

b) SDW-超伝導転移

一般に，$(\mathrm{TMTSF})_2\mathrm{X}$ の物性は圧力や磁場によって大きく変化する．まず圧力についてみると，図 10-10 に示した $(\mathrm{TMTSF})_2\mathrm{PF}_6$ の相図に見られるように，圧力 p の増大とともに SDW 転移温度は下がり，$p>10\,\mathrm{kbar}$ になると SDW 状態にとって変わって超伝導状態が出現する．特に，$p\cong8\sim10\,\mathrm{kbar}$ では温度降下とともに金属状態から SDW 状態へ，さらに SDW 状態から超伝導状態への 2 段階転移が見られる．この場合の最低温相はリエントラント超伝導相とよばれる．$(\mathrm{TMTSF})_2\mathrm{AsF}_6$ についても図 10-10 とほぼ同じ相図が確認されている．圧力効果のうち，TMTSF 鎖が互いに近寄ることによる t_b (2 次元性)の増大がおもなものであると考えれば，図 10-2 に関連して述べた議論で図 10-10 の圧力による金属-SDW 転移温度の降下が説明される．

圧力 p が 8～10 kbar での SDW-超伝導転移については，Fermi 面ネスティングの 2 次元性の変化に帰する見方が有力である．超伝導を担う Cooper 対の

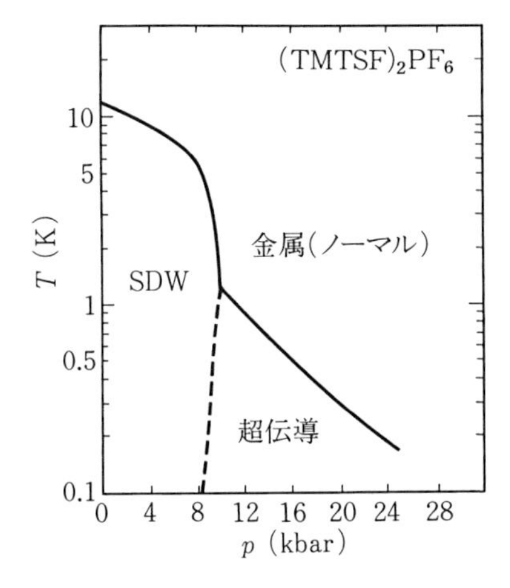

図 10-10 (TMTSF)$_2$PF$_6$の温度-圧力相図. $p \cong 8 \sim 10$ kbar では温度の低下とともに, 金属→SDW→超伝導の2段階転移が見られている. 観測されるSDW-(リエントラント)超伝導転移(破線)は1次相転移である. (D. Jerome : Mol. Cryst. Liq. Cryst. **79**(1982)155)

形成にはネスティング条件とは無関係に Fermi 面近傍のすべての電子が関与しており, 弱いながらも電子間に引力型相互作用が存在すれば, t_b の増大のためほぼ消失しかけた SDW 状態に代わって超伝導状態が出現する. 実際に, (10.5)式の2次元バンド電子系に電子間交換相互作用と BCS 相互作用の両方が存在するとして2つの秩序状態の自由エネルギーを平均場近似で評価すると, $p \cong 8 \sim 10$ kbar におけるリエントラント転移が1次相転移であることを含めて, 図 10-10 の相図がほぼ再現される. なお, (TMTSF)$_2$X の超伝導は, 非磁性不純物によっても転移温度が著しく降下することなどから triplet 超伝導である可能性も指摘されている.

(TMTSF)$_2$X や TTF-TCNQ などの有機導体は種々の多体秩序状態を示す, 大変興味深い物質群である. (TMTSF)$_2$X では, 上に見たように, X=PF$_6$ と AsF$_6$ は常圧下で SDW, 高圧下で超伝導であり, X=ClO$_4$ は常圧下で超伝導($T_c \cong 1.2$ K)となる初めての有機導体として注目を集めた物質である(ただし, 急冷すると約 6.5 K で SDW 転移が起る). TMTSF 分子の Se 原子を S 原子で置換したのが TMTTF と略記される分子で, (TMTTF)$_2$X は(TMTSF)$_2$X に比べて電子間相互作用と1次元性が強い系と考えられている. たとえば, (TMTTF)$_2$PF$_6$ では SDW 状態ではなく, スピン・Peierls 状態とよばれる秩序が出現している. 格子の2原子分子化に伴って2つのスピンが1重項対をなす状態で，強相関系の特徴の1つと考えられている状態である．逆に，$(TMTSF)_2X$ より2次元性が大きく，常圧下での超伝導が次々と見つかっているのが，略称でETとよばれるBEDT-TTF分子からなる有機導体であり，その超伝導がtriplet超伝導である可能性を含めて注目されている．さらに，CDW状態が出現するTTF-TCNQなど，有機導体はバラエティーに富んだ相関電子系であり，10-1節c項の g-オロジーを出発点として，応用面も含めた詳しい研究が進められている．

c） 磁場誘起のSDW

$(TMTSF)_2X$ は磁場の変化に対して特異な振舞いを示す．その最初の観測例が図10-11に示した，$(TMTSF)_2PF_6$ の磁場中での電気抵抗 R の測定である．数kbarの圧力をかけて試料を金属状態に戻し（図10-10），c 軸方向にかけた磁場 H を変えて R を測定すると，いくつかの H の値で R-H 曲線の傾きが不連続に変化する（図10-11(a)）．この変化を振動磁場を用いて増幅して見た結

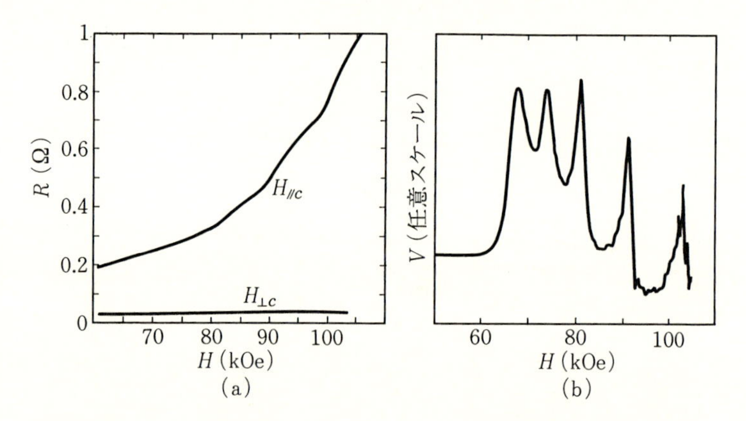

図10-11 (a) $(TMTSF)_2PF_6$ の a 軸方向の電気抵抗 R の磁場変化（$T=1.1$ K, $p=7.4$ kbar）．H の方向を a 軸と垂直な面で回転したとき $H/\!/c$ で R は最大となり，いくつかの H の値で R は急激な変化を示す．(b) 周期50 Hzで大きさ500 G程度の変調磁場を付加したときに観測される電位差 V の3次の高調波（150 Hz）成分の H 依存性（$T=1.1$ K, $p=6.9$ kbar）．ピークの位置は $1/H$ に対して周期的である．(J.F. Kwak, J.E. Schirber, R.L. Greene and E.M. Engler : Phys. Rev. Lett. **46**(1981)1296)

果が図(b)であり，$1/H$ に対して周期が 0.013 T^{-1} の Shubnikov-de Haas 型の振動が観測されている．**Shubnikov-de Haas 振動**は(10.10)式に従って離散化された Landau 準位が H の増加にともなって Fermi 準位をクロスするたびに物理量が不連続な変化を示す現象である．この解釈を c^* 軸方向に伸びた柱状の Fermi 面をもつ $(TMTSF)_2PF_6$ に当てはめると，周期が 0.013 T^{-1} に対応する(10.10)式の S_k は a^*b^* 面の Brillouin ゾーン断面積の 1% 程度と見積られる．このような小さな閉軌道が金属状態のバンド構造から導かれるとは考え難く，10-1節b項で述べたような，SDW 形成に伴う微細なバンド構造が関与しているものと期待され，詳しい研究が展開された．

10-1節b項の議論によれば，低磁場側で電気抵抗が最初に急激な変化を示すところが臨界磁場 H_c における金属-SDW 転移と見なされる．実際，ここで電子比熱がピークをもつこと，^{77}Se の NMR スペクトルが $H=0$ での SDW 転移と同様な変化を示すこと，核スピン緩和に臨界異常を反映するピークが見られることなどから，この転移が金属状態から SDW 状態への2次相転移であることが確かめられている．また，H_c 以上の高磁場領域については，図 10-11(a)のような R-H 曲線の折れ曲がりを示す磁場の値が，磁場を上げながら測定した場合と下げながら測定した場合とで一致しないといった履歴性を示すこと，対応する磁場で電子比熱のピークが見られること，さらに，図 10-12 に示したような磁化や Hall 電圧に不連続な変化が観測されることから，磁場に誘

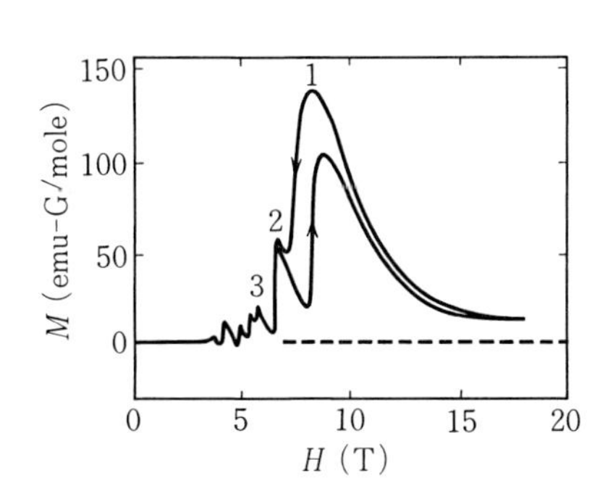

図 10-12 $(TMTSF)_2ClO_4$ の磁化 M の磁場変化．磁場をほぼ c 軸方向にかけ $T=60$ mK で測定した結果で，番号を付したピークを与える磁場で1次相転移が生じていると理解される．なお，この方向の磁場に対して超伝導状態が消失する臨界磁場は 0.1 T のオーダーである．(M. J. Naughton, J. S. Brooks, L. Y. Chiang, R. V. Chamberlin and P. M. Chaikin: Phys. Rev. Lett. **55**(1985)969)

起された逐次(1次)相転移の存在が明らかとなった．理論的にも，(10.5)式の $\varepsilon_{\boldsymbol{k}}$ に $\cos(2bk_y)$ と $\sin(2bk_y)$ に比例する項を付加した，より現実的なバンド模型などが詳しく調べられ，適当なパラメータ値を設定することにより種々の実験結果をほぼ再現する理論結果が導かれている．

以上のように，$(\mathrm{TMTSF})_2\mathrm{X}$ における磁場誘起の SDW 現象は，10-1 節 b 項に述べた2次元性を取り入れた Fermi 面のネスティング模型で理解されるものと考えられており，この描像は磁場誘起 SDW の**標準模型**とよばれている．ただし，以下のような，基本的と思われる問題も残されている．標準模型によれば，Landau 準位の間隔がきわめて大きくなった強磁場の極限ではすべての電子が SDW ギャップの下の Landau 準位に押し込められた，$N_{\mathrm{QL}}=0$ の SDW 状態が安定になると予想される(図 10-5(a))．ところが，実験の解析から，$(\mathrm{TMTSF})_2\mathrm{ClO}_4$ に対して図 10-13 に示すような相図が報告されている．

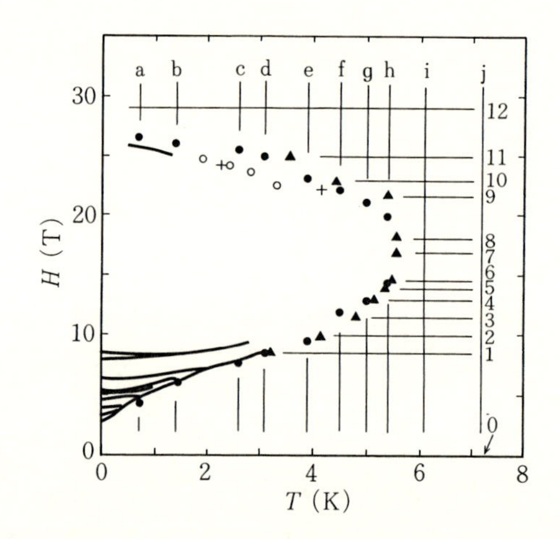

図 10-13 $(\mathrm{TMTSF})_2\mathrm{ClO}_4$ の H-T 相図．温度(磁場)を固定して縦抵抗 ρ_{xx} と横抵抗 ρ_{xy} の磁場(温度)変化を測定し，両者が急激な変化を示すところ(●(▲))を転移点として求めた相図．低温低磁場側の実線は磁場誘起の逐次1次相転移を表わす．この領域の $H=H_{\mathrm{c}}$ における金属-SDW 転移は2次相転移であるが，逐次転移が観測されなくなる $T\gtrsim 3\,\mathrm{K}$ での金属-SDW 転移は1次相転移である．(M. J. Naughton, R. V. Chamberlin, X. Yan, S.-Y. Hsu, L. Y. Chiang, M. Ya. Azbel and P. M. Chaikin : Phys. Rev. Lett. **61**(1988)621)

この相図で注目すべき点は，低温低磁場の金属相から出発して図の転移曲線を避けながら温度と磁場を変えていって低温高磁場の相に移れることである．これは，高磁場極限の相が低磁場側の金属相と同じ相であることを意味する．高磁場側の "金属相" は縦抵抗 ρ_{xx} が温度の低下とともに増大するなどの奇妙な性質をもつが，この結果は明らかに標準模型の結論と一致しない．高磁場側の "金属相" に加えて，低温側の 8 T<H<26 T の領域で安定に存在する 'SDW 相' も残された問題の1つである．

d） SDW のスライディング

SDW のフェイゾン励起も CDW フェイゾンと同様に1次元軸方向に電荷を運び得ることを10-1節a項で述べた．(9.46)式と(10.4)式とを見比べれば，CDW のスライディング現象と同様な現象が SDW 系にも出現するものと予想される．実際，明確なしきい電場を伴う非線形伝導現象がまず $(TMTSF)_2NO_3$ の SDW 状態で，続いて $(TMTSF)_2PF_6$ や急冷した $(TMTSF)_2ClO_4$ の SDW 状態でも観測された．図10-14に $(TMTSF)_2ClO_4$ での観測例を示す．さらに，非線形伝導領域での狭帯域ノイズや NMR スペクトルの SDW の運動による尖鋭化現象も観測されている．

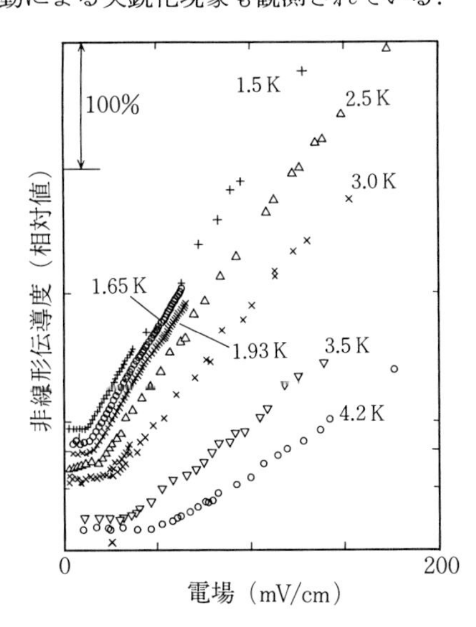

図10-14 急冷した $(TMTSF)_2ClO_4$ の SDW 状態における非線形電気伝導度．（野村一成・三本木孝：固体物理 **26** (1991) 163）

SDW のスライディング特性は，定量的にも CDW のそれと類似している．たとえば，しきい電場の大きさは 10〜50 mV/cm の範囲にあり，また交流電場に対する応答からピン止めされた SDW の振動モードの周波数は$(TMTSF)_2$ PF_6 で約 5 GHz と見積られている．これらの値は $NbSe_3$ での観測値とほぼ同程度であり，SDW に対するピン止め効果の大きさが CDW のそれと同程度であることを意味する．ところで 10-1 節 a 項で述べたように，CDW のピン止めは不純物ポテンシャルの 1 次で効くのに対して((9.46)式)，SDW のピン止めは不純物ポテンシャルの 2 次からしか効かない((10.4)式)．$(TMTSF)_2X$ の SDW の波数ベクトルは 1 次元軸方向に整合値をとるが，ピン止めセンターがランダムに分布していることを示す，引き延ばされた指数関数型緩和(9-4 節 b 項)の観測結果も報告されており，整合ピン止めポテンシャルが支配的であるとは考えにくい．SDW と CDW とでピン止め効果が同程度の大きさであるという実験結果は，むしろ単純な予想に反するものと言える．SDW のピン止めモードの振動子強度がきわめて小さいこともまた CDW の特性と同様だが，これも単純な予想に反する．CDW については電子系と格子系の結合によって CDW の有効質量 m^* がバンド電子の質量 m の 10^2 倍以上になるため振動子強度が小さくなると説明されるが，SDW の場合，10-1 節 a 項で述べた近似の範囲では $m^*=m$ であり，同じ説明は当てはまらない．CDW の誘電緩和で考察したような，個別電子と SDW 間の Coulomb 相互作用によって SDW の有効質量が著しく増大するという考え方が提案されているが，詳しい検討を必要とする問題である．SDW のスライディング現象そのものは検証されたものの，その特性の詳細はこれからの研究課題であると言える．

10-3 金属クロムの SDW

鉄などの 3d 遷移金属の示す金属磁性は磁性の中心テーマの 1 つとして古くから詳しく調べられているが，そのなかで，クロム(Cr)，および Cr を主体とする合金系は，磁性の正体が Fermi 面ネスティングを主因とする SDW である

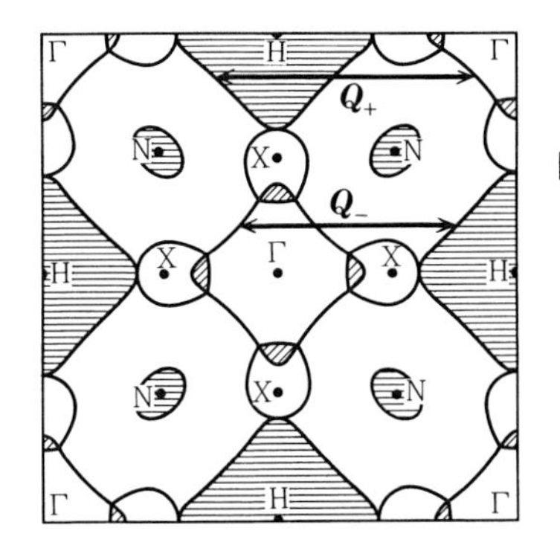

図 10-15　Cr の Fermi 面を(100)面で切断して見た図．Γ 点と X 点に電子の Fermi 面，H 点と N 点にホールの Fermi 面がある．Γ 点と H 点の Fermi 面のネスティングによって SDW が出現する．(D. G. Laurent, J. Callaway, J. L. Fry and N. E. Brener : Phys. Rev. **B23**(1981) 4977)

という点でユニークな存在である．純粋な Cr は体心立方の金属結晶で，図 8-3(c)がその Fermi 面のスケッチであるが，さらに図 10-15 に(100)面での断面図を示した．正 8 面体に近い形をした電子とホールの Fermi 面がそれぞれ Γ 点と H 点に存在し，両者はネスティングベクトル $\boldsymbol{Q}_{\pm}=(0,0,(1\pm\delta))$ でかなりの部分を重ね合わすことができる(単位は $a^*=2\pi/a$)．この Fermi 面構造から期待される不整合 SDW が転移温度，$T_{\mathrm{N}}\cong 311$ K，以下で出現することが中性子散乱実験で検証されている．立方晶の金属(低次元導体ではない)で出現する SDW という点でも Cr とその合金系はユニークな存在である．以下に，Cr の SDW に関する 2, 3 の基本的な現象を紹介する．

Cr に出現する SDW は，波数 $\boldsymbol{Q}_+(\equiv\boldsymbol{Q}_z)$ と $\boldsymbol{Q}_-(=-\boldsymbol{Q}_+)$ の平面波の重ね合わせ，すなわち，(10.3)式のタイプの SDW である．結晶の対称性から $\boldsymbol{Q}_z$ に同等な x と y 方向のネスティングベクトルがもちろん存在する．ただし，9-2 節 c 項で述べた MX_2 系の CDW と違って，これら 3 つの SDW が複数共存した multi-$\boldsymbol{Q}$ 状態は Cr のバンド構造からエネルギー的に不安定であると評価され，実験的にも single-$\boldsymbol{Q}$ の SDW 状態が観測されている．何の工夫もなしに試料を冷やすと 3 つの single-$\boldsymbol{Q}$ のドメインが入り組んだ状態が出現するが，結晶軸の方向に適当な大きさの磁場をかけながら冷却することにより，その方向の $\boldsymbol{Q}$ をもつ単一ドメインの SDW 状態を用意することができる．以下，ネスティングベクトル $\boldsymbol{Q}$ が z 方向に向いている単一ドメインの SDW 状態を考える．

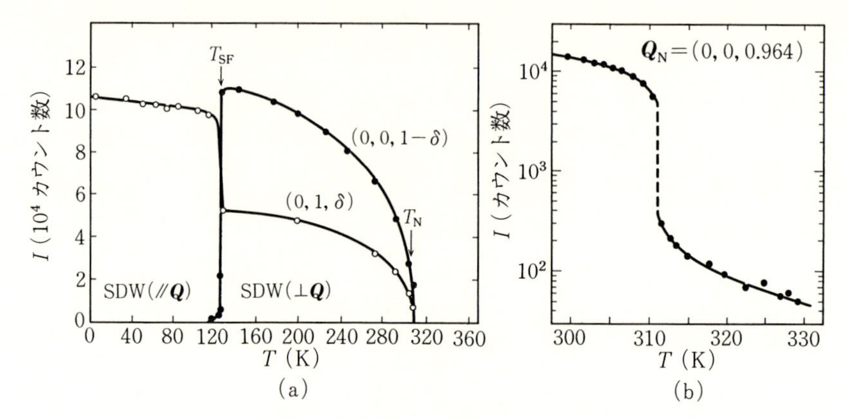

図 10-16 (a) Cr の磁気 Bragg 散乱強度 I の温度変化.(S. A. Werner, A. Arrott and H. Kendrick : Phys. Rev. **155**(1967) 528) (b) その T_N 近傍における詳細な観測結果.(B. H. Grier, G. Shirane and S. A. Werner : Phys. Rev. **B 31**(1985)2892)

中性子散乱による Cr の磁気 Bragg ピークの温度依存性を図 10-16(a)に示す.$(0, 0, 1-\delta)$ の積分散乱強度は T_N から低温に向かって増大していくが,$T \cong 123$ K($\equiv T_{SF}$)で突然消失する.$(0, 1, \delta)$ でのピーク強度は同じ温度でとびが見られるものの十分低温まで有限にとどまる.中性子散乱においては,中性子の散乱ベクトル $\boldsymbol{q}$ と散乱体の磁化(ベクトル)のなす角を $\theta_{\boldsymbol{q}}$ とすると散乱強度は $\sin^2\theta_{\boldsymbol{q}}$ に比例するから,図の結果は,$T_N > T > T_{SF}$ の温度領域では $\boldsymbol{Q}$ の横方向に向いていた SDW の磁化が,$T < T_{SF}$ では $\boldsymbol{Q}$ の縦方向に向きを変えたことを意味する.この $T = T_{SF}$ における転移は**スピン-フリップ転移**とよばれる.ネスティングベクトルの大きさ,$Q = 1-\delta$,の温度依存性は図 10-17(c)に示してある.低温で一定となる δ の値は,実空間では格子間隔の約 21 倍の長周期構造に対応する.なお,低温(4.2 K)における SDW 磁化のピーク値は 1 Cr 原子あたり $0.62\mu_B$ と見積られている.

Cr の SDW 転移で注意すべきは,$T = T_N$ での転移が 2 次ではなく弱いながらも 1 次相転移である点で,それを示すのが図 10-16(b)である.$(0, 0, 1-\delta)$ の積分散乱強度を T_N 近傍で精密に測定した結果で,T_N で不連続なとびが見えている.中性子散乱実験については,SDW 状態における励起モードの検証

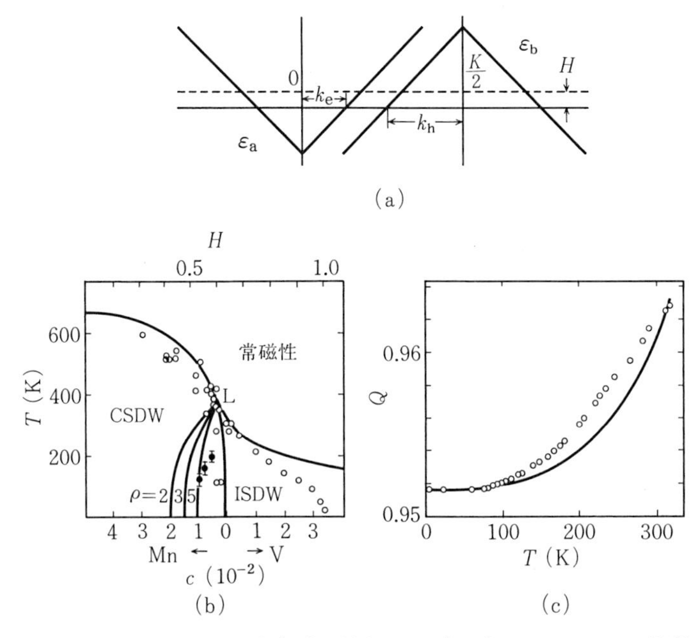

図 10-17 Cr およびその合金系に対する，1次元化された2バンド模型による解析．(a) バンド構造．Γ点近傍の電子のバンドとH点近傍のホールのバンドを図の $\varepsilon_a, \varepsilon_b$ で近似し，水平な実線が粒子溜の効果を考えないときの Fermi 準位とする(k_e, k_h がそれぞれの Fermi 波数)．Fermi 準位が破線にあれば，Γ点とH点の Fermi 面のネスティングが完全で，整合 SDW が出現するものとする．(b) 合金系の相図．実線は(a)図のパラメータ H に対する理論結果で，データ点は $Cr_{1-c}V_c$，および，$Cr_{1-c}Mn_c$ 合金の観測結果である．H と V および Mn の濃度 c との関係を図に示すようにとると，理論と実験の結果がほぼ符合する．整合(C)SDW と不整合(I)SDW とを分ける臨界曲線は粒子交換の特性 ρ に依存する(ρ が大きいほど粒子溜が大きい)．(c) 純粋 Cr のネスティングベクトルの大きさ Q の温度変化．データ点は観測結果．(K. Machida and M. Fujita : Phys. Rev. **B 30**(1984)5284)

も興味深い問題である．10-1 節 a 項の議論から，SDW の変形励起とスピン波励起(それぞれがギャップのあるモードとないモードをもつ)とが期待されるが，ギャップレス・モードの存在を示唆する観測例はあるものの，モードの特定はできていない．さらに，SDW 相から高温側の常磁性相にかけて，整合拡散モードとよばれる励起が (0, 0, 1) の Bragg 点で観測されているが，その正体はまだ明らかにされていない．

周期律表でCrの両隣に位置する遷移金属VとMnをCrに混ぜ合わせた合金系を考える．合金化によるバンド構造の変化が無視できるとすれば(rigid-bandの仮定)，たとえば，周期律表でCrの左側にあるVを混ぜれば3d電子の数が減るのでΓ点の電子のFermi面は細り，H点のホールのFermi面が太る．図10-15から明らかなように，この変化はFermi面のネスティング領域を減少させる方向の変化であり，SDW転移温度の減少などが期待される．このような，ネスティング効果が直接反映していると考えられるSDW特性を記述する簡単な理論模型として，粒子溜を伴った2バンド模型が詳しく調べられている．粒子溜とは，図10-15に示されている，X点とN点にそれぞれ電子とホールのFermi面を形成するバンドを指し，温度変化や合金化の過程で，直接SDWを担うΓ点とH点を中心とした2つのバンドとの間で電子をやり取りする．さらに簡単化して，2つのバンドの1電子エネルギーの波数依存性はネスティングベクトルの方向だけ取り出した1次元模型(図10-17(a))で記述されるものとする．このようにバンド構造を固定した上で基本的な3つのパラメータ，すなわち，完全なネスティングからのずれ(図10-17(a)のH)，電子間交換相互作用$\bar{V}_Q$の大きさを規定するSDWギャップの値(完全なネスティングの場合に生じる整合SDWでの値)，および，粒子溜のバンドとSDWを担うバンド間での粒子交換の特性(両バンドのFermi面における状態密度の比ρで指定)をいろいろ変えてみて，SDW特性とネスティング効果との関係を見る．その際，整合-不整合転移を正確に捉えるために，SDWの形として(10.3)式に加えてその高調波成分も考慮することにより，9-1節c項で述べたソリトン格子型のSDWも含めて，最も安定なSDW状態を調べる．このような解析から得られた結果の一例が図10-17(b)に示した合金系の相図である．この相図に関連したネスティングベクトルの大きさや磁化の大きさの温度変化も調べられており，たとえば，純粋Crのネスティング波数(＝SDWの波数)の温度依存性が図10-17(c)である．Cr合金系のネスティング効果に対する最も簡単な理論模型であるが，実験結果の特徴をよく捉えていると言えよう．

以上のように，金属Cr，およびCrを主体とした合金の磁性は，Fermi面のネスティングを主因とするSDWによるものと考えられている．ただし，単純なネスティング描像だけでは説明のできない問題が多々ある．すでに述べた，Crの $T=T_{\mathrm{N}}$ での転移が弱いながらも1次相転移であることやスピン-フリップ転移などがその典型である．あるいは，Crの磁性は格子の変形にきわめて敏感であるという問題がある．実際，T_{N} 直下のSDW相のCrはネスティングベクトルの方向にわずかに伸びた正方晶になっており，この特徴を生かして，結晶のある軸方向に張力をかけながら冷却することによっても単一ドメインのSDW状態を実現することができる．上述の2バンド模型に，不整合SDWが誘起するCDWと格子系とのカップリングを考慮することによって，このような磁気弾性効果のある側面は説明されるが，スピン-フリップ転移も含めた磁気異方性の起因などはまだ十分には明らかにされていない．3d遷移金属の物性を理解する難しさが，CrのSDW特性に関してもその様々な側面に現われているものと言える．

補章 I

メゾスコピック系の量子伝導再論

メゾスコピック系の研究は，試料作成技術の進歩とも相俟って，いろいろな方面に発展している．ここでは，そのなかから量子カオスと関連する問題，電子間の Coulomb 相互作用に起因する Coulomb ブロッケードの現象をとり上げ，その研究の現状について簡単に述べたい．

HI-1 メゾスコピック系と量子カオス

不純物や格子欠陥などによる不規則性の少ない試料を十分低温にすると，電子は試料中を散乱されることなくバリスティックに運動する．このような場合，電子の運動の仕方を決めるものは，試料の形，すなわち電子に対する境界条件である．そのときに現われる現象の 1 つが 4-5 節で述べたコンダクタンスの量子化であった．境界条件の効果はそのほかにもいろいろな形で現われるが，主として理論的な興味から注目されるのが，カオスとの関連である．

古典力学によると，自由度の少ない比較的単純な系でも簡単な周期運動が起こるのはむしろ稀で，きわめて複雑な非周期的運動になることが多い．このような場合，初期条件がわずかに異なる 2 つの運動を比べると，違いは時間とと

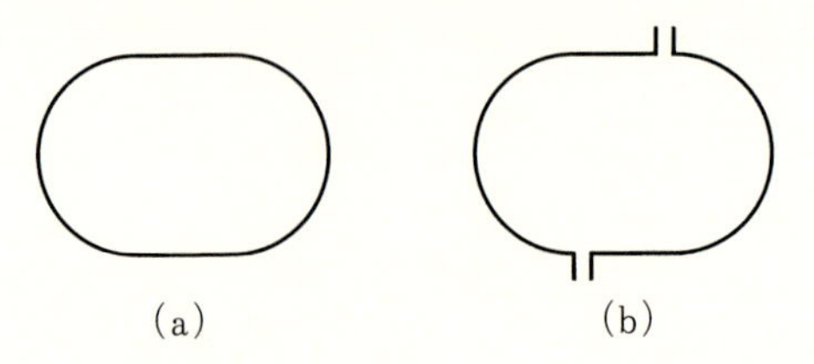

図 HI-1 (a)閉じたスタジアムビリアードと,(b)リード線のついたスタジアムビリアード.

もに拡大し,2つの運動はついにはまったく異なるものに変貌する.このような現象が**カオス**である.

では,カオスの運動を量子化したとすれば,何が起こるだろうか.まず第1に気づくことは,運動が周期的でないため,古典軌道に対する Bohr-Sommerfeld の量子条件が適用できないことである.また,カオスの軌道は位相空間を際限なく細かく埋めつくすが,量子力学では不確定性原理により位相空間の分解能に Planck 定数 h の限界がある.このように考えると,量子力学とカオスの間には基本的な矛盾があり,量子力学的にはカオスは存在しえないことになる.しかし,古典力学的にカオスを示す力学系(非可積分系)とそうでない力学系(可積分系)とでは,量子力学的な振舞いにもなんらかの質的な差異があるのではなかろうか.あるとすればそれは何か——これが**量子カオス**とよばれる問題において解明されるべき基本的な課題である.

カオスを示す力学系の1つに,2次元ビリアードにおける1粒子運動がある.ビリアードとはその名のように,境界で完全弾性的にはね返る1粒子の運動である.境界が円であれば粒子の運動は周期的になるが,図 HI-1(a)のような形(これをスタジアムビリアードという)の場合はカオスになる.この違いがコンダクタンスにどう現われるかを見るには,電流を流すリード線をつけなければならない(図 HI-1(b)).このような系について,数値計算と実験が行なわれ,議論がなされている.しかし,上に述べた課題に対する明快な答はまだ得られていない.

なお,このような系のコンダクタンスに関して,1つ興味深い現象が見出さ

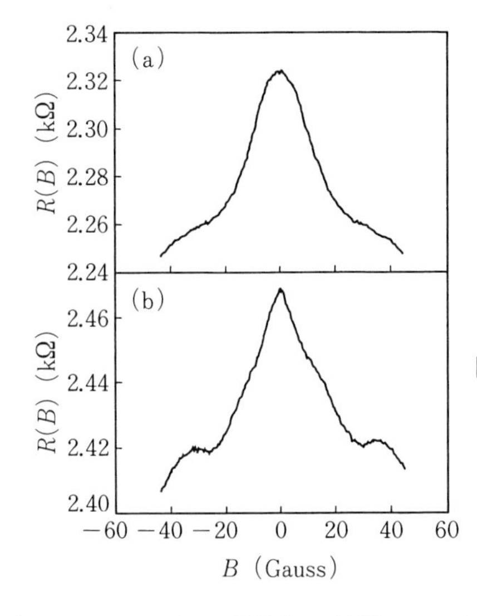

図 III-2 (a)スタジアムビリアードと(b)円ビリアードの温度 50 mK における負の磁気抵抗．試料は GaAs/$Al_xGa_{1-x}As$ 上に作成された．直径 ~1 μm．スタジアムと円とで磁場依存性に違いが見られる．(Chang ら(脚注文献)による.)

れている．それは弱局在の効果として負の磁気抵抗が見られることである(図 III-2)*．第3章で述べたように，弱局在効果は散乱された電子波の干渉によって生じるものだから，散乱が不純物ではなく境界で起こる場合にも現われるのである．

III-2 Coulomb ブロッケード

第 I 部第 4 章における量子伝導の取扱いでは，電子間相互作用はまったく無視されていた．実験においても，そこで論じられた範囲では，相互作用が重要な役割を果たす現象は見えていない．しかし，試料がさらに小さくなると事情は一変する．

図 III-3 のような微小なトンネル接合があったとしよう．接合は小さなコンデンサーでもあり，微小な接合の電気容量 C はきわめて小さい．このコンデンサーに $\pm q$ の電荷がたまったとすれば，その静電エネルギーは $q^2/2C$ であ

* A. M. Chang, H. U. Baranger, L. N. Pfeiffer and K. W. West : Phys. Rev. Lett. **73**(1994) 2111.

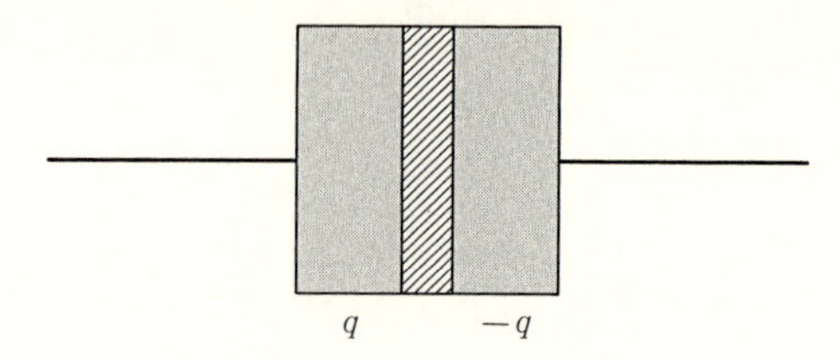

図HI-3 微小なトンネル接合.

る．ここで，電子が1個接合をトンネルすると，電荷は $\pm(q-e)$ に減少し，それに伴う静電エネルギーの変化は

$$\frac{(q-e)^2}{2C}-\frac{q^2}{2C} = -\frac{e(q-e/2)}{C}$$

となる．十分に低温では，それによってエネルギーが減少するのでなければ，トンネルは起きえない．そのための条件は $q>e/2$，接合に加わる電位差 V でいえば

$$V > \frac{e}{2C} \tag{HI.1}$$

である．この Coulomb 相互作用が電子のトンネルを妨げる現象を **Coulomb ブロッケード**(Coulomb blockade)という．

Coulomb ブロッケードが実際に起こるには，いくつかの条件が必要である．第1に，温度によるエネルギーのゆらぎが電子1個の静電エネルギーを上まわれば，ブロッケードは起きない．したがって，温度に対して

$$k_{\mathrm{B}}T \ll \frac{e^2}{2C} \tag{HI.2}$$

が必要になる．

低温でも量子ゆらぎが大きければブロッケードは起きない．トンネル接合の抵抗を R_{t} とすれば*，接合にたまった電荷が電子のトンネルによって消える時定数は $\tau_{\mathrm{t}}=R_{\mathrm{t}}C$ であり，それに伴うエネルギーの不確定さは h/τ_{t} である．

* R_{t} は電子のトンネル確率を抵抗の単位で表わしたもので，Landauer 公式で与えられるコンダクタンスの逆数に当たり，散逸を伴う通常の電気抵抗ではない．

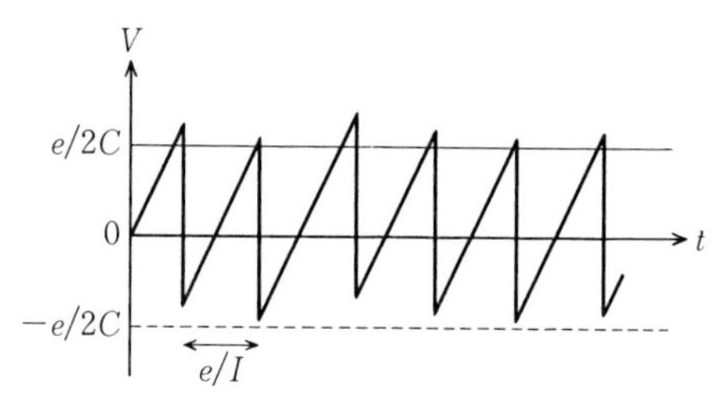

図 HI-4　容量 C の微小な接合に定電流 I を流したとき，接合にかかる電位差 V に現われる単電子トンネル(SET)振動．

したがって，これが1電子の静電エネルギーより小さいという条件は，電気容量 C には無関係に

$$R_{\mathrm{t}} \gg R_q, \qquad R_q = \frac{h}{e^2}\,(\cong 26\ \mathrm{k}\Omega) \qquad \text{(HI.3)}$$

となる．ここに，弱局在やコンダクタンスゆらぎに関してしばしば現われた量子的なコンダクタンス e^2/h がまた顔を出している．

このトンネル接合に一定の電流 I を供給しつづけたとしよう．コンデンサーが充電しても，接合に加わる電位差が式(HI.1)の値を超えないかぎり，Coulomb ブロッケードにより電子のトンネルは起きない．電位差が $e/2C$ を超えると，電子1個が接合をトンネルして電位差が e/C だけ減少し，ふたたび充電が始まる．この過程のくり返しによって，接合に加わる電位差は図 HI-4のように，およそ e/I の周期で時間的に振動すると考えられる．トンネルは量子力学的な過程であり，確率的に生じるから，振動は厳密に周期的ではない．この現象を**単電子トンネル(SET)振動**という．

微小なトンネル接合に関して，簡単な考察からは上記のような現象が期待される．しかし，じつは単一の接合についてこれを実験的に見ることは容易でない．その理由の1つは，接合につなぐリード線自身が大きな電気容量をもつために，これが接合に対して定電圧源として働いてしまうことがある．また，接合における電子の移動と外部につながれた回路との相互作用の効果も無視できない．

接合を電子がトンネルすると，それに伴い外部の回路には電流が流れる．外部回路にインダクタンス L のコイルがあるとすれば，それは振動数 $1/\sqrt{LC}$ の振動子と見なしうる．抵抗 R であれば，連続的な振動数分布をもつ振動子の集まりと置きかえてよい．このように考えると，この系は Caldeira と Leggett* が論じた，振動子系と相互作用しているトンネル粒子の模型そのものである．彼らはこの模型に基づいて，量子力学的なトンネル効果が外部自由度との相互作用によって抑制され，粒子の振舞いが古典的なものに移行することを論じたのであった．Coulomb ブロッケードの問題も，見方を変えれば，量子力学的なトンネル効果と Coulomb 相互作用によるその抑制，すなわち古典的な電子の局在との間の移行が，外部との相互作用によってどのように起こるかを解明することである．ごく大まかにいえば，Coulomb ブロッケードが起こるには，電子の量子的ゆらぎが抑制されるように，外部回路のインピーダンス Z について

$$|Z| > R_q \tag{HI. 4}$$

の条件が必要になる．この条件の実現が困難であることも，単独のトンネル接合における Coulomb ブロッケードの観測を難しくしている．

このような事情から，Coulomb ブロッケードは，実験では微小なトンネル接合を 2 個以上直列につないだもの，あるいは接合の 2 次元的なネットワークについて調べられている．このような場合には，接合の抵抗が十分に大きければ，接合によって外部と隔てられている部分の電荷は電子の電荷に量子化されるので，Coulomb ブロッケードの観測が容易になるのである**．

---

* A. O. Caldeira and A. J. Leggett : Ann. Phys. (NY) **149** (1983) 374.

** 実験の文献に関しては，巻末の文献[19]の中の小林俊一の解説参照．

補章 II

分数量子Hall効果と複合Fermi粒子

7-3節の最後に簡単に触れたJain* の階層構造を基本として，分数量子 Hall 効果の理解はその後大きく進んだ．Jain の提案した波動関数は

$$\Psi(z_1, \cdots, z_N) = P\prod_{i<j}(z_i - z_j)^p \Psi_{\tilde{\nu}}(z_1, \cdots, z_N) \tag{HII.1}$$

である．ここで，p は偶数，$\Psi_{\tilde{\nu}}$ は N 個の電子が $\tilde{\nu}$ 個の Landau 準位を完全に占めた状態の波動関数，P は基底 Landau 準位へ射影する演算子である．もちろん，$\tilde{\nu}=1$ は Laughlin の波動関数と全く同じである．$\Psi_{\tilde{\nu}}$ に対応する角運動量の最大値は $\tilde{M}=N/\tilde{\nu}$，したがって Ψ の角運動量の最大値は $M=N(p+\tilde{\nu}^{-1})$ であり，充填率 ν は $\nu^{-1}=p+\tilde{\nu}^{-1}$ となる．同様に $\Psi_{\tilde{\nu}}$ として，磁場を反転した場合の Landau 準位を N 個の電子が占めた状態をとると，それは $\nu^{-1}=p-\tilde{\nu}^{-1}$ の占有率の状態を与える．すなわち，一般に

$$\nu = \frac{\tilde{\nu}}{p\tilde{\nu}\pm 1} \tag{HII.2}$$

これは，例えば + の符号を選ぶと，$p=2$，$\tilde{\nu}=1, 2, 3, \cdots, \infty$ に対して，$\nu=$

---

* J. K. Jain : Phys. Rev. Lett. **63**(1989)199 ; Phys. Rev. **B41**(1990)7653 ; **40**(1989)8079 ; Adv. Phys. **41**(1992)105.

1/3, 2/5, 3/7, …, 1/2 のシリーズを与える．また，－を選び $p=4$，$\tilde{\nu}=1,2,3,\cdots,\infty$ とすると，$\nu=1/3, 2/7, 3/11, \cdots, 1/4$ のシリーズを与える．Jain は，有限個の電子系において，(HⅡ.1)で与えられる波動関数と厳密な波動関数との重なりを計算し，それが非常に大きいことを示している．ただし，少数電子系で波動関数を基底 Landau 準位へ射影することは比較的容易であるが，大きな電子系ではそれが困難なことなど，未解決の問題も残っている．

さて，原点で波動関数がゼロになる状態を考えよう．原点 $z=0$ に太さ無限小のソレノイドを突き通し，その磁束 ϕ を断熱的に増加する．磁束によるベクトルポテンシャルは，円筒座標で

$$(A_r, A_\theta) = \left(0, \frac{\phi}{2\pi r}\right) \qquad \text{(HⅡ.3)}$$

で与えられる．このベクトルポテンシャルは，原点を除くすべての位置で，ゲージ変換(原点では定義できないため，特異ゲージ変換と呼ばれる)

$$\boldsymbol{A} \to \boldsymbol{A} + \nabla\chi(\boldsymbol{r}), \qquad \chi(\theta) = -\frac{\phi\theta}{2\pi} \qquad \text{(HⅡ.4)}$$

により消去することができる．ただし，このゲージ変換に対応した電子の波動関数の変化は

$$\psi(\boldsymbol{r}) \to \psi(\boldsymbol{r})\exp\left(-i\frac{\phi}{\phi_0}\theta\right) \qquad \text{(HⅡ.5)}$$

となるため，実際には ϕ が磁束量子 $\phi_0=h/e$ の整数倍になる場合にのみ，このゲージ変換は可能である．これは，原点を貫く磁束 ϕ を増加すると，ハミルトニアンは変化するが，磁束量子 ϕ_0 ごとにもとに戻ることを示している．すなわち，

$$\mathcal{H}(\phi+\phi_0) = \mathcal{H}(\phi) \qquad \text{(HⅡ.6)}$$

したがって，磁束を変化させることにより，系の状態を ϕ_0 ごとに，異なる固有状態に変化させることができる．例えば，$\propto z^m$ の角運動量 $-m$ の状態は ϕ_0 により $\propto z^{m+1}$ の角運動量 $-(m+1)$ の状態へ変化する．一般には，z_0 に磁束量子 ϕ_0 を突き通すと電子の波動関数に $z-z_0$ が掛かると考えることができ，

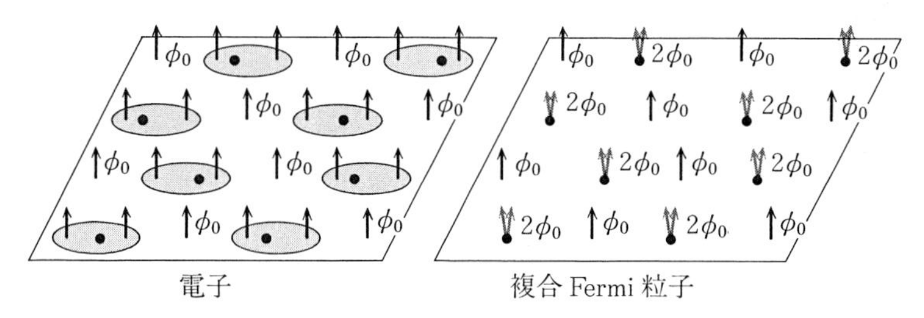

図 HII-1 各電子に磁束量子を2本ずつ付着して得られる複合粒子は $\tilde{B}=(1/3)B$ の強さの磁場を感じ，整数量子 Hall 効果を示す．

準正孔の波動関数は，z_0 に磁束 ϕ_0 を伴った状態になるのである．

Jain の波動関数(HII.1)は各電子の回りでの波動関数に z^p (p は偶数)がかかっている．これは電子に $p\phi_0$ の磁束を張り付けたと見なすことができる．充填率 $\nu^{-1}=p+\tilde{\nu}^{-1}$ の場合，2次元系には磁束量子 ν^{-1} 本あたり1個の電子が存在する．各電子に p 本磁束を張り付けると，残りは各電子あたり $\nu^{-1}-p=\tilde{\nu}^{-1}$ 本だけになり，それはまさに充填率 $\tilde{\nu}$ の整数量子 Hall 効果状態に対応する．すなわち，$\nu=\tilde{\nu}/(p\tilde{\nu}+1)$ の分数量子 Hall 効果状態は，各電子あたり p 本の磁束量子を張り付けた複合粒子の充填率 $\tilde{\nu}$ の整数量子 Hall 効果となる．張り付いた磁束量子の数 p は偶数であり，統計性が変わらないために，この p 本の磁束を張り付けた電子を複合 Fermi 粒子と呼ぶ．一方，$\nu^{-1}=p-\tilde{\nu}^{-1}$ の場合には，各電子に p 個の磁束量子を張り付けると，残りは複合 Fermi 粒子あたり $-\tilde{\nu}^{-1}$ となり，複合 Fermi 粒子は逆向きの有効磁場のもとで，充填率 $\tilde{\nu}$ の整数量子 Hall 効果を示すのである．例えば，$\nu=1/3$ の Laughlin 状態では，各電子に2本の磁束量子が張り付くと，磁束は各粒子あたり1本だけ残り，その磁場により複合粒子が $\tilde{\nu}=1$ の整数量子 Hall 効果を示すと考えるのである．これを図 HII-1 に示す．

この複合 Fermi 粒子模型は，Lopez-Fradkin* や Halperin ら**など，いろいろな研究者により，Chern-Simon のゲージ理論を用いた平均場近似により

---

* A. Lopez and E. Fradkin : Phys. Rev. **B44**(1991)5246 ; **47**(1993)7080.

** S. H. Simon and B. I. Halperin : Phys. Rev. **B48**(1993)17368 ; **50**(1994)1807.

数学的に定式化された．電子系のハミルトニアンを

$$\mathcal{H} = K + V \tag{HⅡ.7}$$

とかく．ここで，K は運動エネルギー

$$K = \frac{1}{2m}\int \psi^{+}(\boldsymbol{r})\left(\frac{\hbar}{i}\nabla + e\boldsymbol{A}(\boldsymbol{r})\right)^{2}\psi(\boldsymbol{r})d\boldsymbol{r} \tag{HⅡ.8}$$

であり，また，V は電子間の相互作用のポテンシャルエネルギー

$$V = \frac{1}{2}\int \psi^{+}(\boldsymbol{r})\psi^{+}(\boldsymbol{r}')v(\boldsymbol{r}-\boldsymbol{r}')\psi(\boldsymbol{r}')\psi(\boldsymbol{r})d\boldsymbol{r}d\boldsymbol{r}' \tag{HⅡ.9}$$

である．ただし，$\psi(\boldsymbol{r})$ は電子の波動関数，$\boldsymbol{A}(\boldsymbol{r})$ は磁場によるベクトルポテンシャル，$v(\boldsymbol{r}-\boldsymbol{r}')$ は電子間の相互作用のポテンシャルである．

電子の波動関数の代わりに，次式で与えられる複合粒子の波動関数 $\tilde{\psi}(\boldsymbol{r})$ を導入する．

$$\tilde{\psi}^{+}(\boldsymbol{r}) = \psi^{+}(\boldsymbol{r})\exp\left(-ip\int \theta(\boldsymbol{r}-\boldsymbol{r}')\rho(\boldsymbol{r}')d\boldsymbol{r}'\right) \tag{HⅡ.10}$$

ここで，$\theta(\boldsymbol{r}-\boldsymbol{r}')$ は $\boldsymbol{r}-\boldsymbol{r}'$ と x とのなす角度であり，$\rho(\boldsymbol{r})$ は $\boldsymbol{r}$ における電子の密度

$$\rho(\boldsymbol{r}) = \psi^{+}(\boldsymbol{r})\psi(\boldsymbol{r}) = \tilde{\psi}^{+}(\boldsymbol{r})\tilde{\psi}(\boldsymbol{r}) \tag{HⅡ.11}$$

である．p が偶数の場合には，$\tilde{\psi}(\boldsymbol{r})$ と $\tilde{\psi}^{+}(\boldsymbol{r})$ は，通常の Fermi 粒子の反交換関係を満足する．この複合 Fermi 粒子の波動関数を用いると，運動エネルギーは

$$K = \frac{1}{2m}\int \tilde{\psi}^{+}(\boldsymbol{r})\left(\frac{\hbar}{i}\nabla + e\boldsymbol{A}(\boldsymbol{r}) - e\vec{\mathscr{A}}(\boldsymbol{r})\right)^{2}\tilde{\psi}(\boldsymbol{r})d\boldsymbol{r} \tag{HⅡ.12}$$

とかける．ここで

$$\vec{\mathscr{A}}(\boldsymbol{r}) = \frac{p\hbar}{e}\int \frac{\vec{z}\times(\boldsymbol{r}-\boldsymbol{r}')}{|\boldsymbol{r}-\boldsymbol{r}'|^{2}}\rho(\boldsymbol{r}')d\boldsymbol{r}' \tag{HⅡ.13}$$

である．ただし，$\vec{z}$ は z 軸方向の単位ベクトルである．

平均場近似では，ベクトルポテンシャル $\vec{\mathscr{A}}$ に現われる電子の密度演算子 $\rho(\boldsymbol{r})$ をその平均 n で置き換える．すなわち，

$$\nabla \times \vec{\mathscr{A}} = B_{1/p}\vec{z} \tag{HⅡ.14}$$

ここで，$B_{1/p}$ は各電子に $p\phi_0$ の磁束を張り付けたことによる磁場の減少分

$$B_{1/p} = p\phi_0 n \tag{HⅡ.15}$$

である．その結果，運動エネルギーは

$$K = \frac{1}{2m}\int \tilde{\psi}^{+}(\boldsymbol{r})\left(\frac{\hbar}{i}\nabla + e\tilde{\boldsymbol{A}}(\boldsymbol{r})\right)^2 \tilde{\psi}(\boldsymbol{r})d\boldsymbol{r} \tag{HⅡ.16}$$

となる．ここで，$\tilde{\boldsymbol{A}}$ は，磁場

$$\tilde{B} = B - B_{1/p} \tag{HⅡ.17}$$

を与えるベクトルポテンシャルである．

さて，(HⅡ.2)で与えられる充填率 ν の場合には

$$\tilde{B} = \pm\frac{\nu B}{\tilde{\nu}} \tag{HⅡ.18}$$

となる．この磁場では，磁気長は $\tilde{l}^2 = (\tilde{\nu}/\nu)l^2$，したがって，各 Landau 準位の単位面積あたりの縮退度は $1/2\pi\tilde{l}^2 = (\nu/\tilde{\nu})/2\pi l^2$ となる．ここに，密度 $n = \nu/2\pi l^2$ の複合粒子を詰めると，Landau 準位の充填率は $\tilde{\nu}$ となる．これは，各複合 Fermi 粒子あたりの磁束が $\tilde{B}/n = \pm\tilde{\nu}^{-1}\phi_0$ となることと同値である．したがって，基底状態は $\tilde{\nu}$ 個の Landau 準位を完全に占めた整数量子 Hall 効果状態となる．この状態は，励起スペクトルに

$$\hbar\tilde{\omega}_{\mathrm{c}} = \hbar\omega_{\mathrm{c}}\frac{\nu}{\tilde{\nu}} \tag{HⅡ.19}$$

のギャップが存在するため，複合 Fermi 粒子の間の相互作用や，ゲージ場のゆらぎがあっても，十分よい基底状態を与えると考えるのである．

さて，上記の分数量子化列は $\tilde{\nu}\to\infty$ の極限で $\nu=1/p$ の偶数分母に集積する．$\tilde{\nu}\to\infty$ はゼロ磁場の極限である．これは，たとえば $\nu=1/2$ の状態では各電子に 2 本の磁束を張り付けると外部磁場がなくなってしまうことに対応する．実際 $p=2$ とすると，$\nu=1/2$，また $p=4$ とすると $\nu=1/4$ の場合に複合 Fermi 粒子の感じる外部磁場はゼロになる．

さて，$\nu=1/p$ (p は偶数)付近では，複合 Fermi 粒子の有効磁場は(HⅡ.17)

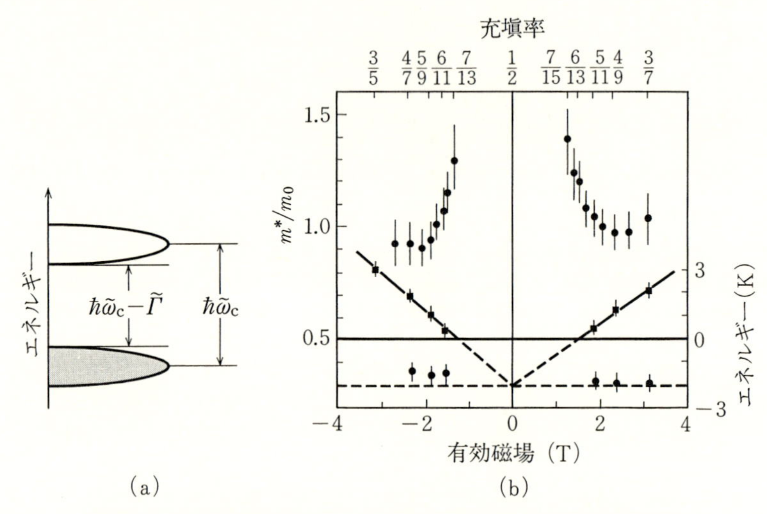

図 HⅡ-2 複合 Fermi 粒子の Landau 準位(a)と，$\nu=1/2$ の付近の磁気抵抗振動の温度変化から見積もられた複合 Fermi 粒子の励起ギャップ(■)と有効質量(●)の実験結果(b). 負のエネルギー領域の点は見積もられた Landau 準位の幅 $\tilde{\Gamma}$ である．(R. R. Du, H. L. Stormer, D. C. Tsui, A. S. Yeh, L. N. Pfeiffer and K. W. West : Phys. Rev. Lett. **73**(1994)3274)

で与えられる $\tilde{B}=B-B_{1/p}$ である．これは例えば，$\nu=1/3, 2/5, 3/7, \cdots$ の分数量子化列が磁場を変えて $\nu=1/2$ に集積する振舞いは，$\nu=1, 2, 3, \cdots$ という整数量子化がゼロ磁場に集積することと同じであることを意味している．すなわち，電気抵抗の磁場依存性が $B\to B-B_{1/2}$ とすると $B=0$ 付近の依存性と一致することが期待される．実際，図 7-2 からも明らかなように，実験的にもほぼこれが成り立っているようである．

さらにこれを押し進めると，$B_{1/p}$ をゼロ磁場とする Shubnikov 振動の振幅の温度変化は，有効磁場 $B-B_{1/p}$ に比例するサイクロトロンエネルギー $\hbar\tilde{\omega}_c$ で決まるはずである．比較的温度が高く振動の振幅の小さい領域では有効質量 m^* が，また低温で電気抵抗が活性化型の温度変化を示す領域では，図 HⅡ-2 (a)に示すように，サイクロトロンエネルギーから(複合 Fermi 粒子の)

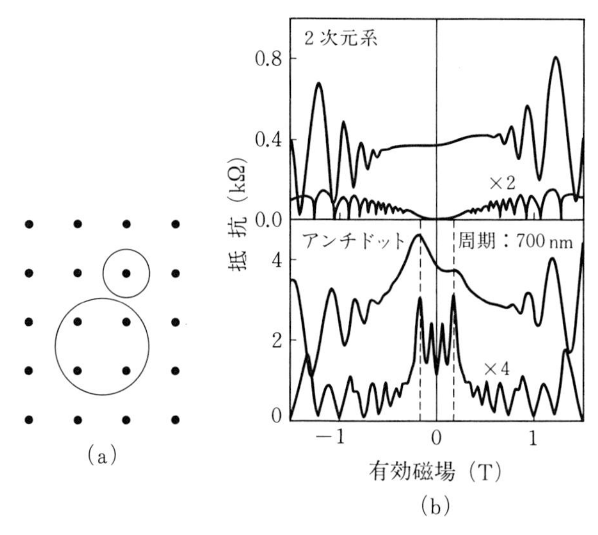

図 HⅡ-3 アンチドット格子の模式図(a)とそこで観測される磁気抵抗(b). (b)の上図は通常の2次元系, (b)の下図はアンチドット格子の場合であり, それぞれ, 上の実線が $B_{1/2}$ 付近, 下の実線が $B=0$ 付近での磁気抵抗を示す. アンチドット格子では, サイクロトロン軌道がアンチドットを囲む有効磁場(破線)で磁気抵抗が極大となる. (W. Kang, H. L. Stormer, L. N. Pfeiffer, K. W. Baldwin and K. W. West : Phys. Rev. Lett. **71**(1993)3850)

Landau 準位の幅 $\tilde{\Gamma}$ を引いたエネルギー $\hbar\tilde{\omega}_c-\tilde{\Gamma}$ が得られる. 図 HⅡ-2(b)にこのような実験結果の例を示す. 有効質量は $\nu=1/2$ 付近をのぞきほぼ一定で, $\nu=1/2$ に近づくと急激に発散しているように見える. 一方, 磁場によらない Landau 準位の幅を仮定すると, 活性化エネルギーは $\nu=1/2$ のまわりの有効磁場に比例し減少することと矛盾しない結果となる. ただし厳密には, 複合 Fermi 粒子に対する局在効果も考える必要があろう.

図 HⅡ-3(a)に示すように, 2次元系に周期的に電子の入れない領域であるアンチドットを周期的に配置した系を**アンチドット格子**(antidot lattice)とよぶ. アンチドット格子では, 古典的なサイクロトロン軌道がアンチドットをほぼきれいに囲む磁場で, 磁気抵抗が極大となることが知られている. これを**整合ピーク**(commensurability peak)とよぶ. もし, 複合 Fermi 粒子が $B-B_{1/p}$ の

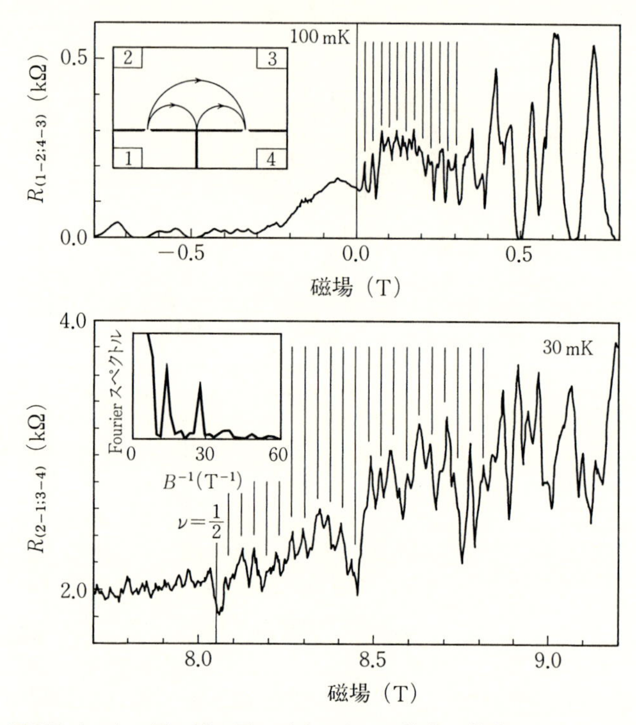

図 HⅡ-4 上の図の挿入図に示すように，片方の量子ポイントコンタクトから電子を打ち出し，もう一方のポイントコンタクトへ流入する電流を測定する．上の図はゼロ磁場付近の実験結果であり，正の磁場側で等間隔のピークが観測される．下の図は $\nu=1/2$ 付近での実験結果．（V. J. Goldman, B. Su and J. K. Jain : Phys. Rev. Lett. **72**(1994)2065）

磁場を感じて運動するのであれば，$B_{1/p}$ の付近で整合ピークが観測されるはずである．実際，図 HⅡ-3(b)に示すように，実験でも $\nu=1/2$ の付近でこのような整合ピークが観測された．それから複合 Fermi 粒子の古典的サイクロトロン軌道半径を見積もると，通常の 2 次元系と比べて $\sqrt{2}$ 倍だけ大きい．この差は，複合 Fermi 粒子がスピンをもたないために Fermi 波数が $\sqrt{2}$ 倍だけ大きいことにより説明されている．

図 HⅡ-4 の挿入図に示すように，**量子ポイントコンタクト**(quantum point

contact)とよばれる狭いポテンシャル谷の部分を通して電子を放出し，もう1つの量子ポイントコンタクトに流れ込む電子を測定することにより，古典的なサイクロトロン軌道半径を決めることが可能である．これは電子が散乱を受けずにバリスティック(弾道的ともいう)に運動する場合に特徴的な現象であり，**磁気フォーカシング**(magnetic focusing)とよばれる．磁場ゼロ付近と同様の磁気フォーカシングによる振動が$\nu=1/2$の付近でも観測されるが，これも複合 Fermi 粒子が有効磁場$B-B_{1/2}$により運動していることと矛盾しない．

平均場近似の範囲内では，分数量子 Hall 効果状態の励起のギャップは，バンドの質量mで決まる$\hbar\omega_c$で与えられる．通常，相互作用のある系では有効質量がその影響で変化するが，複合 Fermi 粒子の場合にも同じことが当てはまる．複合 Fermi 粒子の有効質量をm^*とすると，励起エネルギーは$(m/m^*)\hbar\tilde{\omega}_c$に変化する．一方，分数量子 Hall 効果状態での励起エネルギーは，

$$E_g(\nu) \approx \frac{C}{p\tilde{\nu}+1}\frac{e^2}{\kappa l} \qquad (C \sim 0.31) \qquad (\text{H II}.20)$$

で与えられることが数値計算などにより知られている．したがって，$\nu=1/p$付近$(\tilde{\nu}\gg 1)$でこれらを等しくおいて，

$$\frac{m}{m^*} = \frac{C}{p\nu}\frac{1}{\hbar\omega_c}\frac{e^2}{\kappa l} \qquad (\text{H II}.21)$$

を得る．これは，$\nu=1/2$，$B=10\,\mathrm{T}$に対して，$m^*\sim 4m\sim 0.27m_0$となり，$\sqrt{B}$に比例して磁場とともに増大する．この値は図 HII-2 に示す実験結果とは異なる．実際の系では，2次元電子の垂直方向の厚みや，Landau 準位間の混合などの効果などがあり，それが不一致の原因とも考えられる．

さて，$\nu=1/2$の基底状態は，複合 Fermi 粒子が Fermi 波数$k_F=\sqrt{4\pi n}=l^{-1}$までを占めた状態になる．この状態は有限の$\tilde{\nu}$の状態と異なり，励起スペクトルにギャップがなく，そのために複合 Fermi 粒子間の相互作用やゲージ場の平均値のまわりのゆらぎが大きな効果を引き起こす．Chern-Simon ゲージ理論に基づいたゆらぎの効果も研究されているが*，有効質量などの発散をはじめ，いくつかの困難が残っている．なお，Haldane は，有限個の電子を含む

平行4辺形型の形状の系の$\nu=1/2$の基底状態を調べ，それがゼロ磁場での自由電子のものと矛盾しないと主張している．

このように，複合 Fermi 粒子模型は，たいへん成功しているように見える．しかし，いくつか問題も残っている．例えば，(HⅡ.21)は

$$\frac{\hbar^2}{m^* l^2} = \frac{C}{p\nu}\frac{e^2}{\kappa l} \tag{HⅡ.22}$$

と書き直せるが，これは複合 Fermi 粒子の有効質量がバンド質量mに依存しないことを示す．強磁場極限では，サイクロトロンエネルギーが物理量に現われることはなく，エネルギースペクトルがすべて Coulomb エネルギー$e^2/\kappa l$で決まることから，これは当然の帰結である．複合 Fermi 粒子模型では，整数量子 Hall 効果と関係させるために，結論に影響するはずのないサイクロトロンエネルギーを人工的に導入しなければならない．これは理論として不自然である．また，Jain の波動関数と Chern-Simon 理論との関係もそれほど明らかではない．平均場近似の波動関数は各電子のまわりでzに比例してゼロになる．ゲージ場のゆらぎなどを取り入れて，はじめて波動関数がz^{p+1}などに比例するように変化するのである．

また，強磁場極限では$\nu=1/2$は電子-正孔対称性があり，$N=0$の Landau 準位に半分だけ電子が詰まった状態は，全部詰まった$\nu=1$の状態に正孔を$\nu=1/2$だけ詰めた状態と考えることができる．この場合，$k_F=\sqrt{4\pi n}$の大きさの Fermi 球(円といった方が正しい)を電子が占めた状態は，同じ大きさの Fermi 球を正孔が占めた状態と同じはずである．このような電子-正孔対称性との対応も問題であろう．これは，Jain が提案した波動関数に現われる基底 Landau 準位の空間への射影と関係していそうである．分数量子 Hall 効果の理解はまだ完全ではなく，さらに発展する余地がある．

---

* B. I. Halperin, P. A. Lee and N. Read : Phys. Rev. **B47**(1993)7312.

補章 III

低温領域におけるCDW・SDWのスライディング

CDW・SDW のスライディングについて，第 9 章，第 10 章では FLR 模型に基づいてその基本的な機構と競合ランダム系，および多自由度非線形動力学系としての側面を解説した．ここでは，前者，特に，低温領域で観測されるスライディング現象に関してさらに立ち入った説明を加えたい．

HIII-1 CDW スライディングの緩和機構

CDW 転移温度が $T_c \cong 180$ K の $K_{0.3}MoO_3$ の低温領域での電流-電圧(I-V)特性を図 HIII-1 に示す．明確なしきい電圧($V_T = 3$ mV)を読み取ることができる $T = 48$ K の I-V 曲線は，図には示されていないがそれより高温側で見られる I-V 曲線と同じ特性を示している．より低温($T = 40, 30$ K)になると，mV の領域では線形伝導電流や V_T は見えなくなり，かわって，数 V のオーダーのある電圧 $V_T{}^*$ で I がほとんど不連続的に立ち上がる．さらに低温の $T = 4.2$ K では $V_T{}^* \cong 2$ V で I のジャンプだけが見えている．以上の現象に対して，Littlewood は，9-4 節で触れた誘電緩和の温度変化にその起因があるとする議論を展開している．これを理解するためには，まず，誘電緩和についてさら

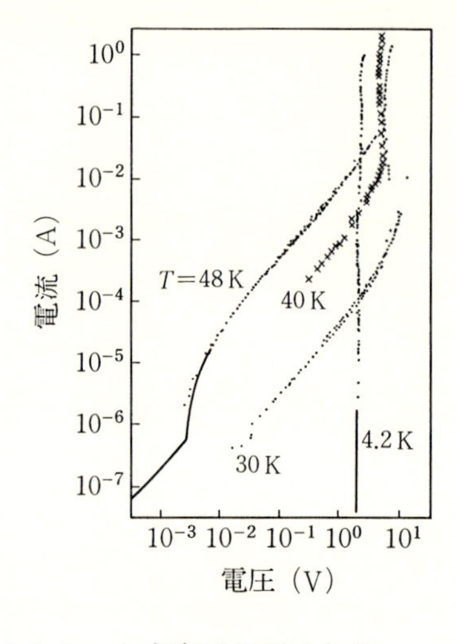

図 HⅢ-1 $K_{0.3}MoO_3$ の低温領域における I-V 特性．高電場側で負抵抗や曲線にわずかなシフトが見られるのは測定の問題と考えられている．(G. Mihály and P. Beauchêne : Solid State Commun. **63**(1987) 911)

に立ち入った考察が必要である．

ある1つの平衡配置 $\phi_0(\boldsymbol{r})$ にあるCDWの，交流外場に対する応答を考える．外場によって生ずるCDW配置の $\phi_0(\boldsymbol{r})$ からの変化を $\phi(\boldsymbol{r}, t)$ とする．$\phi_0(\boldsymbol{r})$ も $\phi(\boldsymbol{r}, t)$ も運動方程式(9.46)で決められる．ただし，式中の電場 E はネスティング方向のもので，ここでは E_x と表わす．E_x には，CDWの時空変化 ϕ に伴う電荷分布の変化((9.20a)式)によって誘起される成分もあるので，外から直接制御できない．そこで，外場として x 方向の交流電流 j_{ext} を考え，系の総電流密度 $\boldsymbol{j}$ を

$$\boldsymbol{j}(\boldsymbol{r}, t) = \hat{\varepsilon}\cdot\dot{\boldsymbol{E}} + \hat{\sigma}\cdot\boldsymbol{E} + \rho_{\mathrm{c}}\dot{u}\vec{x} + j_{\mathrm{ext}}\vec{x} \qquad (\mathrm{H}Ⅲ.1)$$

と表わす．ただし，右辺第1,2項は伝導電子($K_{0.3}MoO_3$ の場合，CDWギャップの上のバンドに熱励起された電子)の変位電流と伝導電流で $\hat{\varepsilon}, \hat{\sigma}$ はその誘電率テンソル，伝導度テンソル，第3項はCDW電流である($u=\phi/Q$，$\vec{x}$ はネスティング方向の単位ベクトル，ρ_{c} はCDWの電荷密度で，(9.20b)式中の n_{e} と(9.43)式以下の s を用いると $\rho_{\mathrm{c}}=-en_{\mathrm{e}}/s$)．電場 $\boldsymbol{E}(\boldsymbol{r}, t)$ はMaxwell方程式 $\nabla\times(\nabla\times\boldsymbol{E})=-\mu_0\partial\boldsymbol{j}/\partial t$ から決められる．E_x のFourier変換は

$$E_x(\boldsymbol{q}, \omega) = [i\omega\rho_{\mathrm{c}}u(\boldsymbol{q}, \omega) + j_{\mathrm{ext}}(\boldsymbol{q}, \omega)]R(\boldsymbol{q}, \omega) \qquad (\mathrm{H}Ⅲ.2)$$

で与えられる．関数 $R(\boldsymbol{q}, \omega)$ は一般の $\boldsymbol{q}$ についても容易に求められるが，特

に，縦モード($\boldsymbol{q}_L=(q_x,0,0)$)の場合，$R_L(q_x,\omega)=[\sigma_n-i\omega\varepsilon_n]^{-1}$ となる．ただし，σ_n,ε_n はそれぞれ伝導電子系の x 方向の伝導度，誘電率($\hat{\sigma},\hat{\varepsilon}$ の対角成分)である．また，j_{ext} で誘起される CDW の変位を

$$u(\boldsymbol{q},\omega)=\rho_c\sum_{\boldsymbol{q}'}G(\boldsymbol{q},\boldsymbol{q}';\omega)j_{ext}(\boldsymbol{q}',\omega)R(\boldsymbol{q}',\omega) \qquad (\text{HⅢ}.3)$$

と表わしたときの CDW の応答関数 $G(\boldsymbol{q},\boldsymbol{q}';\omega)$ は，

$$G^{-1}(\boldsymbol{q},\boldsymbol{q}';\omega)=[-m^*\omega^2-i\tilde{\gamma}\omega+Kq^2]\delta_{\boldsymbol{q},\boldsymbol{q}'}+\tilde{V}_{imp}(\boldsymbol{q},\boldsymbol{q}')-i\omega{\rho_c}^2R(\boldsymbol{q},\omega)\delta_{\boldsymbol{q},\boldsymbol{q}'} \qquad (\text{HⅢ}.4)$$

で与えられる．ただし，$\tilde{V}_{imp}(\boldsymbol{q},\boldsymbol{q}')$ はピン止め力の Fourier 成分で，並進対称性がないため $\boldsymbol{q},\boldsymbol{q}'$ に関して非対角的である．

縦モードの応答関数を，ピン止め力がない場合について考えると $\boldsymbol{q},\boldsymbol{q}'$ に関して対角的になり，

$$[G_L{}^{(0)}]^{-1}(q_x\to 0,\omega)=-m^*\omega^2-i\tilde{\gamma}\omega-\frac{i\omega{\rho_c}^2}{\sigma_n-i\omega\varepsilon_n} \qquad (\text{HⅢ}.5)$$

で与えられる．$\omega\gg\sigma_n/\varepsilon_n$ の高周波領域では，$[G_L{}^{(0)}]^{-1}\cong 0$ から，CDW のプラズマ振動 ${\omega_L}^2={\rho_c}^2/\varepsilon_n m^*\equiv{\Omega_p}^2$ が導かれる．一方，$\omega\ll\sigma_n/\varepsilon_n$ の低周波領域では，(HⅢ.5)式の右辺最終項は抵抗力となり，第2項と合わせて，有効抵抗係数は

$$\tilde{\gamma}_{eff}=\tilde{\gamma}+\frac{{\rho_c}^2}{\sigma_n} \qquad (\text{HⅢ}.6)$$

となる．CDW の変位に伴う電荷分布の変化に対して，伝導電子がそれをスクリーンするように振る舞う結果生じる緩和過程であり，σ_n が小さいほど緩和が大きくなる．これが**誘電緩和**(dielectric relaxation)である．

応答関数 G と CDW 電流の関係やピン止め力 $\tilde{V}_{imp}(\boldsymbol{q},\boldsymbol{q}')$ の取り扱いに関する詳細には立ち入らず，CDW に伴う伝導度 $\sigma_{CDW}(\omega)$ の結果だけを図 HⅢ-2 に示す．図中の基本周波数 Ω_0 はピン止め周波数で，$\tilde{V}_{imp}(\boldsymbol{q},\boldsymbol{q}')$ の特徴的な大きさを V_0 として，${\Omega_0}^2=V_0/m^*$ で与えられる．抵抗係数については，低温領域の $K_{0.3}MoO_3$ を想定して，$\tau_0\equiv\tilde{\gamma}/V_0=10\Omega_0$，$\tau_1\equiv{\rho_c}^2/\sigma_n V_0=10^6\Omega_0$ とした．両対数スケールでみた $\sigma_{CDW}(\omega)$ は $\omega\sim\Omega_0$ と $\omega\sim{\tau_1}^{-1}$ 付近に2つのプラトーをも

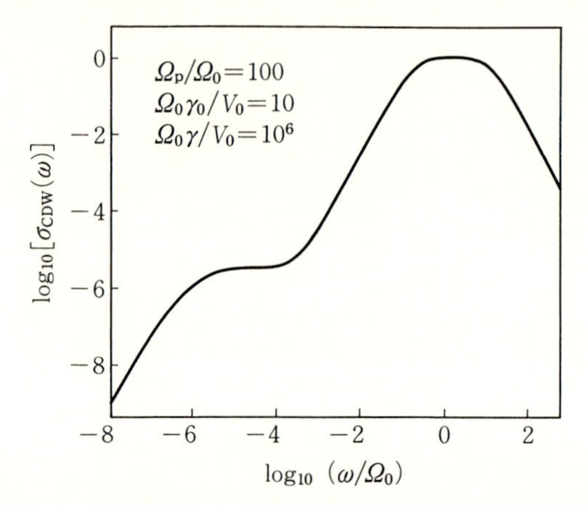

図HⅢ-2 伝導電子系とのカップリングを含めたFRL模型のCDW交流伝導度 $\sigma_{CDW}(\omega)$. 図中の γ_0, γ はそれぞれ本文の $\tilde{\gamma}, \tilde{\gamma}_{eff}$ である. (P. B. Littlewood : Phys. Rev. **B36**(1987)3108)

つ. 前者は過制動ピン止め振動の特徴であり, 単純なCDWの剛体模型((9.47)式)からも導出される. 後者が誘電緩和を導入することで初めて現われる構造で, さらに, そのプラトーでの $\sigma_{CDW}(\omega)$ の値が伝導電子の σ_n に(オーダー1の定数因子を除いて)一致するという結果が得られている.

上の結果は, $E>E_T$ における CDW の非線形直流伝導度 σ_{CDW}^{NL} に次のように適用される. 9-4節で指摘したように, 一般に, CDWのスライディングは剛体的な並進ではなく, CDW構造の時空変化を伴う. その変調周波数が $\tau_1{}^{-1}$ 程度以下であれば, 誘電緩和が効いて,

$$\sigma_{CDW}^{NL} \sim \sigma_{CDW}(\omega \sim \tau_1{}^{-1}) \sim \sigma_n \propto \exp\left(\frac{-2\Delta}{T}\right) \tag{HⅢ.7}$$

と推論され(2Δ はCDWギャップ), $K_{0.3}MoO_3$ の他, $NbSe_3$ を除いた多くのCDW系で観測されている結果と一致する.

さて, スライディングCDWの状態を一様に進行する部分とそれからの時空変化とに分けて, $u(\boldsymbol{r}, t)=vt+\phi(\boldsymbol{r}, t)/Q$ と表わす. 対応して電場を $E_x=E_{st}+E_1(\boldsymbol{r}, t)$ とする. これらを運動方程式(9.46)に代入し, 定常部分を取り

出すと，

$$\tilde{\gamma} v = \rho_c (E_{st} - \langle E_p \rangle) \qquad (\text{HⅢ}.8)$$

となる．ただし，ここではピン止め力を $\rho_c E_p$ と表わし，括弧 $\langle \cdots \rangle$ は空間平均を意味する．$\langle E_p \rangle$ を正確に評価することは容易でないが，v に対応する変調周波数が τ_1^{-1} より十分大きいような高速領域では誘電緩和は効かず，ピン止め力に関する摂動展開から，$\langle E_p \rangle \sim v^{1/2}$，と評価される．その逆の低速領域では，誘電緩和効果のため，

$$\langle E_p \rangle \sim (\tilde{\gamma}_{eff} v / \tilde{\gamma})^{1/\alpha} + E_T$$

と見積もられる．ここで第2項は，$v \to 0$ で $E_{st} \to E_T$ の要請から導かれる項で，また，指数 α はピン止め力に関する摂動の高次効果を考慮したものである．その値が1より小さくない限り，高速領域と低速領域を繋げた関数 $\langle E_p \rangle (v)$ は，v の非単調関数となる．したがって，(HⅢ.8)式と連立させて $v(E_{st})$ を解く問題には双安定性が存在し，ある E_{st} において低速分岐から高速分岐への不連続な跳びが生じる．これが図 HⅢ-1 の大きなしきい電場 E_T^*（V_T^* に対応）で出現している現象と考えられる．

以上の議論によれば，$E > E_T^*$ での CDW スライディングはほとんど剛体的な並進と見なされる．元来の抵抗係数 $\tilde{\gamma}$ の起因がフォノンやフェイゾンと CDW との相互作用によるものとすれば，$T \to 0$ で $\tilde{\gamma} \to 0$ となり，Fröhlich の超伝導が実現しているともいえる．ただし，$E > E_T^*$ でのスライディングにおいても狭帯域ノイズに相当する変調や広帯域ノイズが測定されており，また，E_T^* の値が試料や電極の付け方に依存していることもあり，多くの問題がまだ残されている．

HⅢ-2　量子力学的トンネリング

低温領域のスライディングのもう1つの側面が，図 HⅢ-3 に示した $(TMTSF)_2PF_6$ の SDW 相（T_c は 11.5 K）における I-V 特性に見られる．$T >$ 2 K のデータは，明確なしきい電場 E_T を示し，また，$E > E_T$ の非線形な

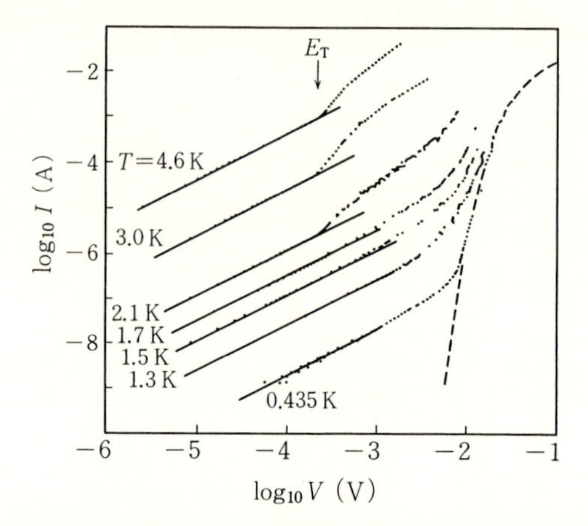

図 HⅢ-3 $(TMTSF)_2PF_6$ の低温領域における I-V 特性．実線は線形(オーム)抵抗，破線は $I=I_0 \exp(-V_0/V)$ を表わす(I_0, V_0 はフィットのパラメータ)．(G. Mihály, Y. Kim and G. Grüner : Phys. Rev. Lett. **67**(1991)2713)

SDW 電流 I_{SDW} と $E<E_T$ の線形な伝導電流 I_n が互いに相対的な大きさを保ちながら温度の低下とともに急激に減少している．誘電緩和の結果((HⅢ.7)式)に他ならない．さらに温度が下がると，I_{SDW} が I_n に比べて相対的に無視できるほど小さくなり，それに替わって，これまでの E_T よりは1桁以上大きな電場あたりで I-V 特性の非線形性が顕著となる．最も低温の $T=0.435$ K のデータは新たなタイプの非線形電気伝導の存在を強く示唆する．ただし，その I-V 特性は，前節の $E_T{}^*$ における不連続な跳びとは明らかに異なり，非線形電流部分は $I(E)\propto\exp(-E_0/E)$ によくフィットされる．この表式から，個別準粒子の Zener 型のトンネル過程がすぐ考えられるが，SDW ギャップを仮定して WKB 近似で解析すると，E_0 の理論値は観測値より2桁以上大きく出る．これは，かつて比較的高い温度領域における CDW スライディング現象に対して Bardeen が集団的な量子力学的トンネリングを提唱するに到った状況に類似している．

図 HⅢ-3 に類似した I-V 特性が CDW 系の単斜晶 TaS_3 薄膜でも観測されている．誘電緩和で説明される I-V 特性が $T>70$ K の高温領域で見られ，やや広いクロスオーバー領域を経て，$T<10\,\mathrm{K}$ の低温で，I_n は観測にかからないほど小さくなり，かわって，温度によらない非線形電流が高電場側で観測されている．後者もまた，$E_\mathrm{T}{}^*$ における不連続な跳びとは明らかに異なる．$(\mathrm{TMTSF})_2\mathrm{PF}_6$ の $I(E)$ ともわずかに異なり，むしろ，$I(E)\propto\exp[-(E_0/E)^2]$ によくフィットされる．

以上の2例のように，十分低温における温度によらない I-V 特性は，何らかの量子力学的過程を示唆する．実際，3次元CDW・SDWフェイゾン系において，渦糸対・渦輪の位相幾何学的な欠陥が量子力学的トンネル効果で生成される過程による非線形電流は，$I(E)\propto\exp[-(E_0/E)^a]$，ただし，渦糸対（渦輪）の場合 $a=1(2)$，と見積もられている．2つの実験結果と一致する関数形ではあるが，まだ十分な検証はなされていない．とはいえ，Bardeenが提唱していた，量子力学的トンネル過程としてのCDW, SDWの集団的なダイナミックスが低温領域で実現している可能性は大いにあり，今後の展開が待たれる．

参考書・文献

I　Anderson 局在と量子伝導

この分野は，未解決の問題が数多く残され，またこれからも新しい問題が生じる可能性のある分野であり，今も研究が精力的に進められている．したがって，まとまった教科書はまだ書かれていない．ここでは，雑誌等に掲載されたレビューや国際会議，ワークショップ等の会議録のなかから，まとまったものを紹介する．まず，Anderson 局在(1～3 章)に関しては，次のようなものがある．

［1］ Y. Nagaoka and H. Fukuyama (ed.): *Anderson Localization* (Springer, 1982)
1981 年，日本で開かれた Anderson 局在に関する国際会議(谷口シンポジウム)の会議録である．小規模な会議ではあったが，弱局在効果の研究が急速に進んだ 1979 年以降では，Anderson 局在をテーマにした最初の国際会議であり，この会議録もこのテーマについての最初の出版物であった．各論文は短いが，寄稿者には国内外の主要な研究者が顔をそろえており，充実した内容になっている．

［2］ Y. Nagaoka (ed.): *Anderson Localization*, Progress of Theoretical Physics Supplement No. 84, 1985
弱局在効果，量子 Hall 効果の研究に関しては，理論実験ともに日本の研究者の寄与が大きかった．この 1 冊は，日本における初期の研究の報告書であるが，これがそのまま弱局在，量子 Hall 効果の研究の総括的なレビューになっていることは見事である．このテーマの初期の研究に関しては，最もすぐれたレビューとしての価値をいまも失っていない．

［3］ G. Bergmann: *Weak Localization in Thin Films——A Time of Flight Experiment with Conduction Electrons*, Physics Report **107**(1984) No. 1

弱局在効果の理論と実験に関するすぐれたレビューである．著者は金属薄膜による実験を行なった実験家だが，理論の紹介もたいへんわかりやすい．本書でも参考にした点が多い．

日本語で書かれた，まとまった解説としては次の2編がある．

［4］ 福山秀敏：アンダーソン局在，物理学最前線2(共立出版，1982年)

［5］ 川畑有郷：アンダーソン局在のスケーリング理論，物理学最前線13(共立出版，1986年)

著者らはこの分野でも業績をあげている理論家で，[1],[2]にも寄稿している．それぞれ著者の特色のでた解説である．

このほか，雑誌に載った短い解説から数編をあげる．

［6］ 長岡洋介：アンダーソン局在，日本物理学会誌 **40**(1985)489

［7］ 福山秀敏：2次元系のアンダーソン局在，固体物理 **16**(1981)512

［8］ 川畑有郷：アンダーソン転移の理論，固体物理 **19**(1984)137

［9］ 前川禎通：アンダーソン局在と超伝導，固体物理 **19**(1984)654

［10］ 福山秀敏：アンダーソン局在と電子間相互作用，日本物理学会誌 **42**(1987)462

［11］ 冨田誠：乱れた媒質中での光の揺らぎとアンダーソン局在，日本物理学会誌 **46**(1991)927

[6]は本書1～3章の要約，[8]～[11]は本書では扱えなかった問題についても論じている．

メゾスコピック系の問題(4章)については，次の論文がくわしい．

［12］ S. Washburn and R. A. Webb: Aharonov-Bohm Effect in Normal Metal—Quantum Coherence and Transport, Advances in Physics **35**(1986)374

AB効果とコンダクタンスゆらぎを発見した実験家たちによるレビューである．発見にいたる試行錯誤についても語られていて，興味深い．

日本語で書かれた短い解説としては，次のようなものがある．

［13］ 伊沢義雅・海老沢丕道・前川禎通：極微細構造における量子伝導現象，固体物理 **22**(1987)475

［14］ 安藤恒也：量子輸送現象——局在と量子細線，固体物理 **24**(1989)187

以上は，本書で扱った比較的初期の研究を中心とした文献であるが，最近の研究を扱った新しい文献として，次の4点をあげておこう．

［15］ B. Kramer and G. Schön (ed.): *Anderson Transition and Mesoscopic Fluctuation*, Physica **A167**(1990) No. 1

1990年6月，ドイツのBraunschweigで開かれたワークショップの会議録で，氷上忍，Al'tshulerらが寄稿している．

［16］ C. W. J. Beenakker and H. van Houten: Quantum Transport in Semiconductor Nanostructures, Solid State Physics **44**(1991)1

［17］ S. Datta and M. J. McLennan: Quantum Transport in Ultrasmall Electronic Devices, Reports on Progress in Physics **53**(1990)1003

［18］ 特集・メゾスコピック系の物理，数理科学 1992 年 10 月号

補章に述べたことなど，メゾスコピック系の問題に関する全般的な解説として

［19］「メゾスコピック系の物理」特集号，固体物理 1993 年 11 月号

が便利である．この中に，量子カオスについては中村勝弘，Coulomb ブロッケードに関しては上田正仁，小林俊一の解説がある．このほかメゾスコピック系全般について

［20］ B. L. Altshuler, P. A. Lee and R. A. Webb(ed.): *Mesoscopic Phenomena in Solids*, Modern Problems in Condensed Matter Sciences vol. 30(North-Holland, 1991)

量子カオスについては，

［21］ K. Nakamura : *Quantum Chaos——A New Paradigm of Nonlinear Dynamics* (Cambridge Univ. Press, 1993)

Coulomb ブロッケードについては

［22］ H. Grabert and M. H. Devoret (ed.): *Single Charge Tunneling——Coulomb Blockade Phenomena in Nanostructures*, NATO ASI series (Plenum Press, 1992)

がある．

II　量子 Hall 効果

強磁場での輸送現象の出発点となるのは次の論文である．

［1］ R. Kubo, S. J. Miyake and N. Hashitsume: In *Solid State Physics*, edited by F. Seitz and D. Turnbull(Academic Press, New York, 1965) Vol. 17, p. 169

また，量子 Hall 効果の舞台となるシリコン表面反転層や半導体ヘテロ構造などの 2 次元電子系については，次の文献がある．

［2］ T. Ando, A. B. Fowler and F. Stern: Rev. Mod. Phys. **54**(1982)437

［3］ 日本物理学会編：半導体超格子の物理と応用(培風館，1984)

［4］ 安藤恒也：半導体超格子，物理学最前線 13(共立出版，1986)

［5］ 半導体ヘテロ構造超格子，物理学論文選集 224(日本物理学会，1984)

［6］ シリコン表面反転層 I, II，物理学論文選集 194, 195(日本物理学会，1977)

特に文献[2]には，2 次元系における強磁場の輸送現象も含め，その時期までのほぼすべての文献が網羅されている．量子 Hall 効果全般にわたる解説としては以下の文献も参考になる．

［7］ R. E. Prange and S. M. Girvin (ed.): *The Quantum Hall Effect* (Springer, New York, 1987)

［8］ 青木秀夫：量子 Hall 効果，物理学最前線 11（共立出版，1985）

［9］ H. Aoki: Rep. Prog. Phys. **50**(1987)655

［10］ 安藤恒也：量子力学と新技術，日本物理学会編（培風館，1987）p. 70

［11］ 川路紳治：量子力学と新技術，日本物理学会編（培風館，1987）p. 94

［12］ 安藤恒也：物性物理の新概念，福山秀敏編（培風館，1988）p. 159

整数量子 Hall 効果と強磁場下の Anderson 局在については，多少古いが

［13］ 安藤恒也：日本物理学会誌 **40**(1985)499

［14］ T. Ando: Prog. Theor. Phys. Suppl. **84**(1985)69

に詳しく議論されている．量子 Hall 抵抗の精密測定については以下の文献が参考となろう．

［15］ 川路紳治：応用物理 **58**(1989)

［16］ 中村彬：応用物理 **58**(1989)

［17］ K. Yoshihiro, J. Kinoshita, K. Inagaki, C. Yamanouchi, J. Wakabayashi and S. Kawaji: Prog. Theor. Phys. Suppl. **84**(1985)215; K. Yamashiro, J. Kinoshita, K. Inagaki, C. Yamanouchi, T. Endo, Y. Murayama, M. Koyanagi, A. Yagi, J. Wakabayashi and S. Kawaji: Phys. Rev. **B33**(1986)6874; J. Kinoshita, K. Inagaki, C. Yamanouchi, K. Yoshihiro, J. Wakabayashi and S. Kawaji: In *Proc. Int. Symp. Foundations of Quantum Mechanics II, Tokyo, 1986*, edited by M. Namiki *et al*. (Phys. Soc. Jpn., 1987) p. 150

トポロジカル不変量を用いた量子 Hall 効果の説明については以下の論文がある．

［18］ D. J. Thouless, M. Kohmoto, M. P. Nightingale and M. den Nijs: Phys. Rev. Lett. **49**(1982)405

［19］ J. Avron, R. Seiler and B. Simon: Phys. Rev. Lett. **51**(1983)51

［20］ Q. Niu, D. J. Thouless and Y.-S. Wu: Phys. Rev. **B31**(1985)3372

［21］ H. Aoki and T. Ando: Phys. Rev. Lett. **57**(1986)3093

［22］ K. Ishikawa: In *Proceedings of the 3rd International Symposium on Foundations of Quantum Mechanics, Tokyo 1989* (Phys. Soc. Jpn.) p. 70

［23］ N. Imai, K. Ishikawa, T. Matsuyama and I. Tanaka: Phys. Rev. **B42**(1990)10610

量子 Hall 効果における端状態の重要性については，現在もその研究が発展段階にあるために詳しくは触れられなかった．以下にいくつかの代表的な論文を挙げるので，参考になれば幸いである．

［24］ P. Streda, J. Kucera and A. H. MacDonald: Phys. Rev. Lett. **59**(1987)1973

［25］ J. K. Jain and S. A. Kivelson: Phys. Rev. Lett. **60**(1988)1542

[26] M. Büttiker: Phys. Rev. **B38**(1988)9375; **38**(1988)12724; Phys. Rev. Lett. **62**(1989)229

[27] H. Hirai, S. Komiyama, S. Hiyamizu and S. Sasa: In *Proceedings of the 19th International Conference on Physics of Semiconductors*, edited by W. Zawadzki (Polish Academy of Science, 1988) p. 55; H. Hirai and S. Komiyama: Phys. Rev. **B40**(1989)7767; H. Hirai and S. Komiyama, S. Sasa and T. Fujii: J. Phys. Soc. Jpn. **58**(1989)4086

[28] R. J. Haug, A. H. MacDonald, P. Streda and K. von Klitzing: Phys. Rev. Lett. **61**(1988)2797

[29] S. Washburn, A. B. Fowler, H. Schmid and D. Kern: Phys. Rev. Lett. **61**(1988)2801

[30] B. W. Alphenaar, P. L. MacEuen, R. G. Wheeler and R. N. Sacks: Phys. Rev. Lett. **64**(1990)677

分数量子ホール効果についての解説としては

[31] T. Chakraborty and P. Pietiläinen: *The Fractional Quantum Hall Effect* (Springer, Berlin, 1988)

があるが，前述の文献[7]にも非常に詳しい解説と文献リストがある．分数統計やエニオンについては以下の論文が詳しい．

[32] J. M. Leinaas and J. Myrheim: Nuovo Cimento **B37**(1977)1

[33] F. Wilczek: Phys. Rev. Lett. **49**(1982)957

[34] D. P. Arovas, J. R. Schrieffer and F. Wilczek: Phys. Rev. Lett. **53**(1984)722; Nucl. Phys. **B251**(1985)117

[35] S. Forte: Rev. Mod. Phys. **64**(1992)193

Laughlin 状態の励起として，準正孔・準電子などの分数電荷をもつ準粒子の他に，集団励起も存在する．本文中ではこれについてはまったく触れられなかったので，以下に代表的な論文をあげる．

[36] D. Yoshioka: Phys. Rev. **B29**(1984)6833; J. Phys. Soc. Jpn. **53**(1984)3740; **55**(1986)885; **55**(1986)3960; **56**(1987)1301

[37] F. D. M. Haldane and E. H. Rezayi: Phys. Rev. Lett. **54**(1985)237

[38] G. Fano, F. Ortolani and E. Colombo: Phys. Rev. **B34**(1986)2670

[39] F. D. M. Haldane: Phys. Rev. Lett. **55**(1985)2095

[40] W. P. Su: Phys. Rev. **B30**(1984)1069; Phys. Rev. **B32**(1985)2617

[41] S. M. Girvin, A. H. MacDonald and P. M. Platzman: Phys. Rev. Lett. **54**(1985)581; Phys. Rev. **B33**(1985)2481

[42] M. Saarela: Phys. Rev. **B35**(1987)854

また，Laughlin 状態の非対角長距離秩序についても本文中ではまったく触れることができなかった．以下に関連した論文の例をあげる．

［43］ S. M. Girvin and A. H. MacDonald: Phys. Rev. Lett. **58**(1987)1252

［44］ N. Read: Phys. Rev. Lett. **62**(1989)86

［45］ E. H. Rezayi and F. D. M. Haldane: Phys. Rev. Lett. **61**(1988)1985

［46］ S. C. Chang, T. H. Hansson and S. Kivelson: Phys. Rev. Lett. **62**(1989)82

最近出版された以下の文献でも，量子 Hall 効果に関する比較的詳細な解説が行なわれているので，参照されたい．

［47］ 安藤恒也編：量子効果と磁場，シリーズ物性物理の新展開(丸善出版，1994)

［48］ 青木秀夫，川上則雄，永長直人編：物性物理における場の理論的方法，物理学会論文選集 VI(日本物理学会，1995)

整数量子 Hall 効果についてのバルク電流描像と端電流描像に関連して，量子 Hall 効果の破壊の実験を含め，多くの研究が行なわれている．以下の文献からもその一端をうかがい知ることができる．

［49］ S. Kawaji, K. Hirakawa and N. Nagata : Physica **B184**(1993)17

［50］ S. Kawaji, K. Hirakawa, N. Nagata, T. Okamoto, T. Goto and T. Fukase : J. Phys. Soc. Jpn. **63**(1994)2303

［51］ Y. Kawaguchi, F. Hayashi, S. Komiyama, T. Osada, Y. Shiraki and R. Itoh : Jpn. J. Appl. Phys. **34**(1995)4309

［52］ S. Komiyama, Y. Kawaguchi, T. Osada and Y. Shiraki : Phys. Rev. Lett. **77**(1996)558

系の大きさが位相コヒーレンス長よりも短い古典的な場合にはバルク電流描像が，また，系全体がコヒーレントな量子的な場合には端電流描像が正しいと考えられる．実際，非弾性散乱の強さにより，その間でクロスオーバーすることが数値計算で示されている．

［53］ T. Ando : In *Computational Physics as a New Frontier in Condensed Matter Research*, edited by H. Takayama, M. Tsukada, H. Shiba, F. Yonezawa, M. Imada and Y. Okabe (Phys. Soc. Jpn., Tokyo, 1995) p. 133

量子 Hall 効果状態での端状態，あるいは強磁場における量子細線の構造が，図 6-14 のような単純なものではない可能性も，最近の研究で指摘されている．

［54］ D. B. Chklovskii, B. I. Shklovskii and L. I. Glazman : Phys. Rev. **B46**(1992)4026

［55］ D. B. Chklovskii, K. A. Matveev and B. I. Shklovskii : Phys. Rev. **B47**(1993)12605

［56］ T. Suzuki and T. Ando : J. Phys. Soc. Jpn. **62**(1993)2986

［57］ T. Suzuki and T. Ando : Physica **B201**(1994)345

［58］ K. Lier and R. R. Gerhardts : Phys. Rev. **B50**(1995)7757

分数量子 Hall 効果の複合 Fermi 粒子模型では，偶数個の磁束を各電子に張り付けるために，複合粒子の統計性を変えない．一方，奇数個の磁束を張り付けることにより，複合 Bose 粒子へ変換することもできる．例えば，$\nu=1/3$ 状態において，3 個の磁束を張り付けると，複合 Bose 粒子の有効磁場はゼロになり，ゼロ磁場での Bose 粒子の問題に帰着する．この場合には，分数量子 Hall 効果を複合 Bose 粒子の Bose 凝縮と見なすことができる．この複合 Bose 粒子に対しても，Chern-Simon ゲージ理論による平均場近似が定式化されている．この複合 Bose 粒子に関する文献を以下にあげる．

[59] D.-H. Lee and M. P. A. Fisher : Phys. Rev. Lett. **63**(1989)903

[60] B. Blok and X. G. Wen : Phys. Rev. **B42**(1990)8133 ; **42**(1990)8145

[61] D.-H. Lee and C. L. Kane : Phys. Rev. Lett. **64**(1990)1313

[62] S. C. Zhang : Int. J. Mod. Phys. **B6**(1992)25

[63] S. Kivelson, D. H. Lee and S. C. Zhang : Phys. Rev. **B46**(1992)2223

[64] Z. F. Ezawa, M. Hotta and A. Iwazaki : Phys. Rev. **B46**(1992)7765

[65] L. Pryadko and S. C. Zhang : Phys. Rev. Lett. **73**(1994)3282

分数量子 Hall 効果における端状態の役割についても全く触れられなかった．以下は，カイラル朝永-Luttinger 流体も含め，そのような研究の例である．

[66] C. W. J. Beenakker : Phys. Rev. Lett. **64**(1990)216

[67] A. H. MacDonald : Phys. Rev. Lett. **64**(1990)220

[68] X. G. Wen : Phys. Rev. **B41**(1990)12838 ; **43**(1991)11025 ; **44**(1991)5708 ; Int. J. Mod. Phys. **B6**(1992)1711

[69] C. L. Kane and M. P. A. Fisher : Phys. Rev. **B46**(1992)15233 ; Phys. Rev. Lett. **72**(1994)724

[70] C. de C. Chamon and X. G. Wen : Phys. Rev. Lett. **70**(1993)2605

[71] K. Moon, H. Yi, C. L. Kane, S. M. Girvin and M. P. A. Fisher : Phys. Rev. Lett. **71**(1993)4381

[72] C. L. Kane, M. P. A. Fisher and J. Polchinski : Phys. Rev. Lett. **72**(1994) 4129

[73] L. Brey : Phys. Rev. **B50**(1994)11861

[74] F. D. M. Haldane : Phys. Rev. Lett. **74**(1995)2090

[75] P. Fendley, A. W. W. Ludwig and H. Saleur : Phys. Rev. Lett. **74**(1995)3005

本文では，2 層系(2 次元系が 2 層狭い障壁を挟んで近接している系)の量子 Hall 効果については触れられなかった．以下の文献はこのような研究の一端である．

[76] D. Yoshioka, A. H. MacDonald and S. M. Girvin : Phys. Rev. **B39**(1989)1932

[77] G. S. Boebinger, H. W. Jiang, L. N. Pfeiffer and K. W. West : Phys. Rev. Lett. **64**(1990)1793

[78] A. H. MacDonald, P. M. Platzman and G. S. Boebinger : Phys. Rev. Lett. **65** (1990)775

[79] Y. W. Suen, J. Jo, M. B. Santos, L. W. Engel, S. W. Hwang and M. Shayegan : Phys. Rev. **B44**(1991)5947
[80] Y. W. Suen, L. W. Engel, M. B. Santos, M. Shayegan and D. C. Tsui : Phys. Rev. Lett. **68**(1992)1379
[81] J. P. Eisenstein, G. S. Boebinger, L. N. Pfeiffer, K. W. West and S. He : Phys. Rev. Lett. **68**(1992)1383
[82] Z. F. Ezawa and A. Iwazaki : Int. J. Mod. Phys. **B6**(1992)3205 ; Phys. Rev. **B47**(1993)7295 ; **48**(1993)15189 ; **51**(1995)11152
[83] X. G. Wen and A. Zee : Phys. Rev. Lett. **69**(1992)1811 ; Phys. Rev. **B47** (1993)2265
[84] M. Greiter, X. G. Wen and F. Wilczek : Phys. Rev. **B46**(1992)9586
[85] Y. W. Suen, M. B. Santos and M. Shayegan : Phys. Rev. Lett. **69**(1992)3551
[86] J. P. Eisenstein, L. N. Pfeiffer and K. W. West : Phys. Rev. Lett. **69**(1992) 3804 ; **74**(1995)1419
[87] S. R. E. Yang and A. H. MacDonald : Phys. Rev. Lett. **70**(1993)4110
[88] Y. Hatsugai, P. A. Bares and X. G. Wen : Phys. Rev. Lett. **71**(1993)424
[89] S. He, P. M. Platzman and B. I. Halperin : Phys. Rev. Lett. **71**(1993)777
[90] P. Johansson and J. M. Kinaret : Phys. Rev. Lett. **71**(1993)1435 ; Phys. Rev. **B50**(1994)4671
[91] N. E. Bonesteel : Phys. Rev. **B48**(1993)11484
[92] A. L. Efros and F. G. Pikus : Phys. Rev. **B48**(1993)14694
[93] C. M. Varma, A. I. Larkin and E. Abrahams : Phys. Rev. **B49**(1994)13999
[94] S. Q. Murphy, J. P. Eisenstein, G. S. Boebinger, L. N. Pfeiffer and K. W. West : Phys. Rev. Lett. **72**(1994)728
[95] Y. W. Suen, H. C. Manoharan, X. Ying, M. B. Santos and M. Shayegan : Phys. Rev. Lett. **72**(1994)3405
[96] Y. B. Kim and X. G. Wen : Phys. Rev. **B50**(1994)8078
[97] T. S. Lay, Y. W. Suen, H. C. Manoharan, X. Ying, M. B. Santos and M. Shayegan : Phys. Rev. **B50**(1994)17725
[98] K. M. Brown, N. Turner, J. T. Nicholls, E. H. Linfield, M. Pepper, D. A. Ritchie and G. A. C. Jones : Phys. Rev. **B50**(1994)15465
[99] I. L. Aleiner, H. U. Baranger and L. I. Glazman : Phys. Rev. Lett. **74**(1995) 3435
[100] A. Lopez and E. Fradkin : Phys. Rev. **B51**(1995)4347

GaAs/AlGaAs ヘテロ構造では，電子の g 因子は非常に小さく，Zeeman エネルギーがほとんど無視できる．そのため，実際の実験では，スピンの配置が大きな問題となる．

核磁気共鳴の実験によると，$\nu=1$ では電子のスピンが完全に揃った強磁性状態(量子Hall強磁性体あるいは量子Hall磁石と呼ばれる)にあるが，$\nu=1$ からずれると，急激に磁化が減少することが示された．$\nu=1$ からずれたときには，単なる1個の電子のスピン反転ではなく，トポロジカルな電荷をもつSkyrmionが励起され，そのために急激に磁化が減少するとの議論もある．以下は，このような量子Hall強磁性体についての文献である．

[101] D.-H. Lee and C. L. Kane : Phys. Rev. Lett. **64**(1990)1313

[102] S. L. Sondhi, A. Karlhede, S. A. Kivelson and E. H. Rezayi : Phys. Rev. **B47**(1993)16419

[103] S. E. Barret, R. Tycko, L. N. Pfeiffer and K. W. West : Phys. Rev. Lett. **72**(1994)1368

[104] H. A. Fertig, L. Brey, R. Cote and A. H. MacDonald : Phys. Rev. **B50**(1994)11018

[105] S. E. Barett, G. Dabbagh, L. N. Pfeiffer, K. W. West and R. Tycko : Phys. Rev. Lett. **74**(1995)5112

[106] N. Read and S. Sachdev : Phys. Rev. Lett. **75**(1995)3509

[107] M. Kasner and A. H. MacDonald : Phys. Rev. Lett. **76**(1996)3204

III　電荷密度波・スピン密度波

CDW・SDWに関して，すでに多くのテキスト，総合報告，会議録が出版されているが，筆者がおもに参考にした文献だけを挙げておく．

擬1次元導体全般に関するテキストと総合報告集

[1] 鹿児島誠一・三本木孝・長沢博著：一次元電気伝導体，物性科学選書(裳華房，1982)

[2] P. Monceau (ed.): *Electronic Properties of Inorganic Quasi-One-Dimensional Materials* (Reidel, Dordrecht, 1985)

CDWに関するテキスト([4]はCDWのスライディングについて詳しい)

[3] 鹿児島誠一：電荷密度波，物理学最前線9(共立出版，1985)

[4] 内野倉國光・前田京剛：擬一次元物質の物性，物理学最前線28(共立出版，1991)

CDW，SDWのダイナミックスに関する総合報告

[5] G. Grüner : The Dynamics of Charge-Densitiy Waves, Rev. Mod. Phys. **60**(1988)1129

[6] G. Grüner : The Dynamics of Spin-Density Waves, Rev. Mod. Phys. **66**

(1994)1

擬2次元導体に関する総合報告集

［7］ K. Motizuki (ed.): *Structural Phase Transitions in Layered Transition Metal Compounds* (Reidel, Dordrecht, 1986)

ポリアセチレンのソリトンに関する総合報告

［8］ A. J. Heeger, S. Kivelson, J. R. Schrieffer and W.-P. Su: Solitons in Conducting Polymers, Rev. Mod. Phys. **60** (1988) 781

有機導体の SDW（と超伝導）に関するテキスト

［9］ T. Ishiguro and K. Yamaji: *Organic Superconductors*, Springer Series in Solid-State Sciences 88 (Springer, Berlin, 1990)

金属クロム，クロム合金の SDW に関する総合報告

［10］ E. Fawcett: Spin-Density-Wave Antiferromagnetism in Chromium, Rev. Mod. Phys. **60** (1988) 209

［11］ E. Fawcett, H. L. Alberts, V. Yu. Galkin, D. R. Noakes and J. V. Yakhmi: Spin-Density-Wave Antiferromagnetism in Chromium Alloys, Rev. Mod. Phys. **66** (1994) 25

第2次刊行に際して

まえがきでも述べたように，本書は近年の物性物理の発展の中から3つのテーマをとり上げ，3人の著者によるほぼ独立な3部にまとめたものである．第1次刊行からおよそ4年がたち，新しいテーマであるだけにその間の進展も目覚しい．この第2版では初版にあった若干の誤植を訂正するとともに，初版では書ききれなかったこと，その後の発展の中から重要と思う事項を各部ごとに補章としてとり上げ，解説を行なった．

近年の物性物理の発展には，典型的な3つの方向があるように思う．1つは，物理の基本的な概念への寄与である．メゾスコピック物理の登場は，物理におけるマクロな系とミクロな系をつなぎ，それによってマクロ系とは何か，ミクロな系とは何かをより明確にした．メゾスコピック物理の中では，古典的なカオスと量子力学の関係が問題になり，いわゆる巨視的量子トンネル効果として量子力学と古典力学のつながりが具体的な現象によって解明されようとしている．

第2は，新しいタイプの多体的状態の発見である．最近とくに研究の盛んなLuttinger流体の研究はその1つだが，分数量子Hall効果を示す強磁場下の2次元電子系もきわめてユニークな多体的状態を形成する．かつて超伝導の

BCS 理論が出たとき，これで物性論は終りだといわれたことがある．いまこれらの発見を見ると，あらためて自然のもつ奥深さを痛感する．

第3は，単純な理想化された系から複雑な系へ向う進展である．最近「複雑さ」という言葉がよく聞かれるようになった．その背景には，生命体のような複雑な対象の研究には対象を単純な要素にバラバラにするのではなく，全体を1つのものとしてとらえる視点が必要だとする主張がある．物性物理に現われる複雑さとこのような「複雑さ」とをひとくくりにすることに私は疑問があるが，縮退した基底状態をもつスピングラスや CDW の問題が物性論に新しい分野を拓いたことは事実だと思う．

本書でとり上げた3つのテーマは，まさにこのような新しい発展をしつつある分野である．まえがきでは，これらのテーマに共通するものとして，低次元性と不規則性をあげたが，もう1つ付け加えるなら，発展しつつある若い分野だということがある．この講座の1巻としてこの3つのテーマをとり上げたことの意義が，4年を経てさらに明らかになったと思っている．

補章は長さの制限もあって十分な補足になっているとはいいがたい．不足は参考文献等によってさらに補っていただきたいと思う．

最後に，第1次刊行以来本書にご意見をお寄せ下さった方々に心よりお礼を申し上げる．

1996年10月

著者を代表して
長 岡 洋 介

索引

O, P

R

S

T

U, V, W

Y, Z

■岩波オンデマンドブックス■

現代物理学叢書　局在・量子ホール効果・密度波

2000年10月13日　第1刷発行
2016年8月16日　オンデマンド版発行

著　者　長岡洋介（ながおかようすけ）　安藤恒也（あんどうつねや）　高山一（たかやまはじめ）

発行者　岡本　厚

発行所　株式会社　岩波書店
〒101-8002　東京都千代田区一ツ橋2-5-5
電話案内　03-5210-4000
http://www.iwanami.co.jp/

印刷／製本・法令印刷

ISBN 978-4-00-730460-6　Printed in Japan